아이도 부모도 기분좋은 원칙
연결 육아

M세대 부모들의 양육 멘토 닥터 베키의
"훈육 중심에서 연결 중심으로 바꾸는 양육 전략"

아이도 부모도 기분좋은 원칙

베키 케네디 지음 · 김영정 옮김

KOREA.COM

들어가는 글

이제는 다르게 하자, 상처와 단절을 남기는 양육법은 바뀌어야 한다

> 베키 박사님, 다섯 살 난 딸이 있는데, 이 아이가 언니한테는 심술 맞게 굴고, 저희한테는 버릇이 없네요. 게다가 유치원에서는 통제가 안 되어서 문제를 일으키는 일이 잦습니다. 어찌해야 할지 모르겠어요. 박사님께 도움을 받을 수 있을까요?
>
> 베키 박사님, 기저귀를 뗀 저희 아이가 갑자기 온 집안에 오줌을 누고 다닙니다. 대체 왜 그럴까요? 당근과 채찍 요법으로 벌도 주고 칭찬도 해 봤지만 아무 소용이 없습니다. 박사님, 이걸 고칠 수 있을까요?
>
> 베키 박사님, 열두 살짜리 아이가 도통 말을 듣지 않습니다! 화가 나서 정말 미칠 것 같아요. 제발 도와주세요.

물론, 도울 수 있다. 우리는 이런 문제들을 해결할 수 있다. 나는 오랜 기간 개인 진료를 해 온 임상심리학자로서, 힘든 상황 속에서 좌절하고, 지치고, 절망에 빠진 채 문제를 해결해 보려고 찾아오는 수많은 부모를 상담해 왔다. 버릇없이 빈정대는 다섯 살짜리 꼬마나 퇴행 현상을 보이는 유아, 사춘기를 지나는 반항적인 십 대 등 부모들이 직면한 문제 상황은 제각각이지만, 그 문제 아래 숨은 부모들의 바람은 다 똑같다. 좋은 부모가 되고 싶다는 것이다. 상담하러 오는 부모들은 한결같이 이렇게 말한다.

"되고 싶은 부모의 모습이 있지만 어떻게 하면 그렇게 될 수 있는지 모르겠어요. 방법을 알려주세요."

상담을 진행할 때, 나는 부모와 함께 아이의 문제 행동을 먼저 살펴보기 시작한다. 문제 행동은 아이가, 그리고 가족 전체가 힘들어하는 문제를 풀어낼 단서가 된다. 행동을 자세히 살피다 보면 아이에 대해 더 잘 알게 되고, 아이가 필요로 하는 것이 무엇인지, 부모에게 부족한 기술은 무엇인지 알 수 있다. 어떤 부분에서 성장할 수 있는지, 무엇이 그 성장을 촉진할 수 있는지 파악할 수 있다.

그리고 우리는 "우리 아이의 문제가 뭔가요? 박사님이 바로잡아주실 수 있나요?"라고 묻는 단계에서 "내 아이가 무엇을 힘들어하고, 아이를 돕기 위해 나는 어떤 역할을 해야 하는가?"라는 질문으로 나아간다. "이러한 상황에서 내가 고민해야 할 문제는 무엇인가?"라고 질문하는 단계까지 나아가는 것도 내가 바라는 바다.

나는 상담을 진행하면서 문제 행동에 대한 대응책으로 타임아웃이나 칭찬 스티커, 처벌, 보상, 무시하기 같은 것들은 추천하지 않을 것이다. 그렇다면 나는 어떻게 이 문제들을 다루는가?

아이의 문제 행동들은 빙산의 일각일 뿐, 그 표면 아래에는 온전히 이해받기를 간절히 바라는 내면세계가 자리하고 있다. 나는 부모가 그 사실을 먼저 이해하길 권한다.

이제 다른 방식으로 해보자

컬럼비아대학에서 임상심리학 박사과정을 밟으며 클리닉에서 일할 때, 나는 아이들을 대상으로 놀이치료를 진행했다. 아이들을 치료하는 것은 아주 좋았지만, 주로 아이들만 상담하게 되어 있고 부모와는 보조적으로 대화를 나누는 방식이어서, 부모와의 접촉이 제한적인 것이 무척이나 아쉬웠다. 그때 나는 성인도 상담했는데, 양쪽의 상담 사이에 명백한 연결고리를 발견하고 그 사실에 매료되었다. 성인들에게는 어린 시절에 문제가 되었던 상황이 분명히 존재했다. 말하자면 욕구가 채워지지 않았거나 도움을 청해도 응답이 없어 오로지 울기만 했던 상황 말이다. 그래서 성인들에게 어릴 적 필요로 했지만 결코 채울 수 없던 것이 무엇인지 관찰하면, 아이들과 가족 치료에 도움이 될 것이라는 생각이 들었다.

나는 심리상담센터를 개원한 후 성인 대상 상담과 부모 교육을 병행했다. 그러다 나도 엄마가 되고 나서는 부모 교육의 비중을 늘렸다. 교육은 일대일 상담과 매달 열리는 부모 모임, 두 가지 형태로 진행되었다. 그러던 중 나는 임상의를 위한 교육 프로그램에 등록하게 되었다. 이 프로그램은 자녀 훈육과 문제 행동에 대한 '근거 기반'의 '가장 표준적'인 접근법을 제공한다고 내세웠다. 거기서 가르치는 방법은 논리적이고 '명쾌'해 보였다. 바람직하지 않은 행동을 사라지게 하고 보다 친사회적인 행동, 그러니까 더 고분고분하고 부모에게 더 편리한 언행을 하도록 고무하는 완벽한 체계를 배운 듯했다.

그런데 몇 주 후에 불현듯 그게 말도 안 된다는 생각이 들었다. '근거를 기반으로 한' 지침을 부모에게 전할 때마다 나는 마음이 좋지 않았다. 누군가가 나에게 사용한다면 분명 기분이 좋지 않을 것 같은 개입이 아이들에게 적용할 수 있는 올바른 접근법인가 하는 의심이 끊임없이 고개를 들었다.

이들 체계는 논리적으로는 말이 된다. 하지만 부모와 자녀 사이의 관계를 희생해 '나쁜' 행동을 없애고 복종을 강요하는 데 초점을 두고 있다. 예를 들어 타임아웃은 행동을 교정하기 위해 사용하라고 추천된다. 하지만 아이가 부모를 가장 필요로 하는 바로 그 순간에 아이를 멀리 떼어놓게 된다는 점에 대해서는? 음, 그러니까 부모는 대체 어디서 연민을 베푼단 말인가?

내가 깨달은 바는 이러하다. '근거 기반' 접근법들은 감정이나 사고, 충동과 같은 눈에 보이지 않는 정신적 현상보다는 눈에 보이는 행동에 초점을 맞추는 행동주의 학습 이론을 기반으로 한다. 행동주의는 아이의 문제 행동을 그 기저에 있는 채워지지 않은 욕구 표현이라기보다 겉으로 드러나는 모습 자체를 중요한 그림으로 이해한다. 그런 접근법들은 신호(아이한테 실제로 일어나고 있는 일)와 소음(눈에 보이는 행동)을 혼동했다. 우리의 궁극적인 목표는 특정 행동을 하게 만드는 것이 아니다. 한 인간을 바르게 양육하는 것이다.

이를 깨달은 이상 부모와 자녀 사이의 관계를 해치지 않고서도 효과적으로 가족 상담을 진행할 방법을 찾아야 했다. 그래서 나는 애착과 정신건강, 내면가족체계에 대해서 알고 있는 모든 것, 즉 나의 치료 활동에 영향을 준 모든 이론적 접근법을 사용해 구체적이고 접근 가능하며 이해하기 쉬운 상담 기법으로 풀어냈다.

양육 방식을 '행동 교정 중심'에서 '연결(유대감) 중심'으로 바꾼다고 해서 통제력이 자녀에게 넘어가지 않는다. 내 양육 방식은 타임아웃이나 처벌, 결과 중심주의, 무시하기를 사용하지 않지만 지나치게 관대하거나 오래가지 못할 만한 접근법은 아니다. 오히려 긍정적인 관계와 신뢰, 존중을 유지하면서 단호한 경계와 부모의 권위, 확고한 리더십을 촉진한다.

관계를 해치지 않고 아이의 행동을 바꾸는 양육 전략
(이 책을 100% 활용하는 방법)

부모들과 상담하면서 나는 '깊은 이해'와 '실용적인 전략' 두 가지를 함께 가져갈 수 있다고 자주 말한다. 나아가 더 깊은 '치유'가 이루어지기도 한다. 많은 양육 철학이 부모들에게 선택을 강요한다. 관계를 희생하면서 아이의 행동을 개선하든지, 더 나은 행동으로 이끌 확실한 길을 버리고 관계를 우선시하든지 선택하라고 말이다. 그러나 이 책에서 제공하는 접근법을 따르면 밖으로는 부모 노릇을 더 잘할 수 있게 되고, 안으로는 긍정적인 감정을 유지할 수 있다. 아이와의 관계도 강화할 수 있다. 게다가 아이가 점차 더 바르게 행동하고 협조적인 태도를 지니게 된다.

두 가지 전략을 함께 가져가는 것이 옳다는 메시지가 이 책의 상당 부분을 이루는 중심 내용이다. 여기서 주는 정보는 이론을 근거로 하며 전략이 풍부하다. 부모들은 자녀의 행동을 개선하기 위한 몇 가지 방법을 찾고자 나를 찾아오지만, 그보다 훨씬 더 많은 것을 얻어 간다. 문제 행동 뒤에 숨어 있는 자녀에 대한 세심한 이해와, 이를 바탕으로 실천해 볼 만한 방법들도 알게 된다. 당신도 이 책을 읽고 나서 같은 것을 얻게 되기를 바란다. 당신 자신에게도 친절하고, 자기 조절, 자신감을 새롭게 다지고, 자녀들에게도 이런 중요한 자질을 갖추게 할 준비가 되었다고 느끼게 될 것이다.

이 책 Part 1에서는 내가 실천하는 양육 원칙들이 소개된다. 집에서는 세 아이, 상담실에서는 내담자와 그들의 가족, SNS에서는 여러 해 동안 많은 부모와 소통하면서 이 원칙을 적용해 왔다. 이 원칙들을 통해 나는 자녀들과 부모들이 하루빨리 치유되고, 더욱 평화로운 가정생활을 누리도록 실질적인 전략을 제공하고자 했다. 원칙의 핵심은 부모가 자녀의 정서적 욕구를 이해함으로써 행동 개선뿐 아니라 가족 구성원이 서로 관계 맺는 방법을 바로잡는 것이다.

Part 2에서는 내가 '연결 감정 쌓기(building connection capital)'라고 부르는 것을 실행하는 법을 알게 될 것이다. 이 방법들은 부모 자녀 관계에서 유대감과 친밀감을 증대시키는 효과가 있다고 증명된 전략들이다. 문제가 무엇이든, 집안 분위기가 안 좋은 것 같은데 왜 그런지 알 수 없을 때조차 이들 중 한 가지를 실행해 상황을 반전해 볼 수 있다.

그런 다음, 부모들이 종종 내게 도움을 구하러 오게 만드는 어린 자녀의 특정한 문제 행동을 살펴본다. 예를 들면 형제자매 간 경쟁에서 발생하는 모든 현상, 시도 때도 없이 짜증 내기, 높은 불안감, 자신감 결여, 수줍음과 같은 문제들을 해결할 것이다. 해결책은 아이마다 달라야 한다. 내 자녀의 특별한 필요를 아는 사람은 부모뿐이다. 이들 전략은 문제 상황이 발생했을 때 생각을 달리할 수 있도록 해주고, 부모도 기분 좋고 아이에게도 안전한 방식으로 해결할 수 있도록 힘을 줄 것이다.

나는 당신이 부모로서 권위 있게 행동하면서도 유대감을 단단히 맺고, 엄격하면서도 따뜻하고, 단호하면서도 타당해 보일 수 있다고 믿는다. 이러한 접근법이 단지 논리적인 차원에서뿐 아니라 마음 깊숙한 곳에서 '옳다'는 느낌을 줄 것으로 믿는다. 왜냐하면 우리는 모두 우리 자녀가 좋은 아이이길, 자신은 좋은 부모이길 바라면서 더 평화로운 가정을 향해 나아가고자 하기 때문이다.

이 모든 것이 가능하다. 굳이 하나만 선택하지 않아도 된다. 우리는 전부 가질 수 있다.

CONTENTS

PART 1

마음의 중심 원칙편

부모와 아이에게 최선, 양육의 열 가지 원칙

CHAPTER 1 / 원칙 1.

우리의 내면은 선하다

나는 당신과 당신의 자녀 모두 마음이 선하다고 생각한다. 자식을 '버릇없는 골칫덩어리'라고 부를 때도 당신의 마음은 선하다. 누나가 쌓아놓은 블록 탑을 무너뜨리지 않았다고 우기는(심지어 당신이 그 장면을 눈으로 봤는데도) 아이도 마음은 선하다. 내가 '내면이 선하다'라고 말하는 것은 우리 모두 본질적으로 연민을 지니고 있고, 애정이 넘치며, 관대하다는 의미다. '내면이 선하다'라는 원칙은 우리가 하려는 모든 작업의 동력이 된다. 나는 아이들과 부모들의 마음이 선하다고 믿는다. 그래서 그들이 나쁜 행동을 하는 '이유'가 무엇인지 궁금하다. 이런 궁금증이 있었기 때문에 나는 변화를 만드는 데 효과적인 틀과 전략을 개발할 수 있었다.

이 책에서 이 원칙만큼 중요한 것은 없다. '내면이 선하다'라는 원칙은 앞으로 나올 모든 내용의 기반이 된다.

"좋아, 천천히 하자. 나는 본래 좋은 사람이고, 내 아이도 착한 아이야."

이렇게 말하고 나면 좌절과 분노에 이끌려 반응했을 때와는 다른 방식으로 문제를 대하게 된다.

우리는 분명 좌절과 분노에 운전대를 맡기기 쉽다. 자신을 냉소적이고 부정적이라고 말하거나 자기 자녀를 못된 녀석으로 치부하고 싶은 부모는 없다. 하지만 아이를 키우다 힘이 들면, 흔히(대부분 무의식적으로) 아이가 '못됐다'고 가정하고 상황을 처리하게 된다. 아이가 못된 마음을 먹고 부모를 애먹인다고 보는 것이다. 그래서 '저 녀석이 저래 놓고도 정말 안 걸릴 거라고 생각하나?'라고 의아해한다. 때로는 아이 성격에 문제가 있다고 생각해서 "넌 어째 그 모양이니?"라고 따진다. 아이가 일부러 반항하거나 도발한다고 여겨서 "너도 그 정도는 잘 알잖아!"라고 소리친다. 같은 방식으로 자기 자신도 비난한다. '난 대체 왜 이럴까? 아이한테 그렇게 말하는 게 아니었는데!'라며 절망과 자기혐오, 수치심이라는 소용돌이에 휩쓸린다.

양육에 대한 조언들은 대부분 아이를 신뢰보다는 통제에 초점을 맞추어 대하라고 하고, 아이를 안아 주는 대신 방으로 들여보내게 한다. 아이가 도움이 필요한 상태에 있다는 사실보다는 부모를 교묘히 조종하고 있다는 꼬리표를 붙이는데, 이는 아이가 못됐다는 것을 전제로 한다. 하지만 나는 진심으로 '우리는 모두 마음이 선하다'고 믿는다.

분명히 말하지만, 아이를 선한 존재로 본다고 해서 나쁜 행동을 눈감아 주거나 응석받이로 키워서는 안 된다. '선한 내면'이라는 관점에서 아이를 키우면 '무엇이든 용서하자'라는 접근법으로 이어져 아이를 자기중심적이거나 통제가 안 되는 상태로 만들 수 있다는 오해가 생긴다. 그러나 나는 "우리 애는 마음이 착하니까 친구에게 침을 뱉는 건 대수롭지 않은 일이야"라든가 "우리 애는 마음이 착하니까 언니한테 욕을 좀 해도 괜찮아"라고 말하는 사람을 본 적이 없다. 사실은 그 반대다. 우리 모두 마음이 선하다는 사실을 이해하면 '사람'(자녀)과 '행동'(밉다고 말하며 때리는 무례함)을 구분할 수 있게 된다. 사람과 행동을 구분해서 보는 것은 영향력 있는 변화를 끌어내면서 관계를 지키는 데도 중요한 열쇠가 된다.

아이가 선하다고 가정하면 당신은 가정의 든든한 지휘자가 될 수 있다. 아이가 선하다고 확신하면 아이에게 '제대로' 행동하고 옳은 일을 할 능력이 있다고 믿게 되기 때문이다. 아이들은 모두 이러한 유형의 리더십을 갈망한다. 자기를 올바른 길로 인도해 줄 것으로 믿어지는 사람 말이다. 이러한 리더십은 아이를 안심시키고, 평온하게 하며, 감정 조절 능력과 회복력이 발달할 수 있도록 해 준다. '나쁜 사람'으로 보일 걱정 없이 무엇이든 시도해 보고 실패도 할 수 있는 안전한 공간을 제공하는 것은 자녀를 성장시킬 뿐 아니라 궁극적으로 부모와 더 연결되어 있다고 느끼게 한다.

'선한 내면'이라는 관점에서 아이를 키우기가 생각보다 더 힘들 수 있다. 특히 힘에 부치거나 긴장감이 팽팽한 순간에는 더욱 그렇다. 그런 경우, 다음과 같은 두 가지 이유로 인해 아무 생각 없이 즉각적으로 반응하거나 심지어 기본적인 태도를 덜 관대한 쪽으로 가져가기 쉽다.

첫 번째 이유는 우리가 본능적으로 부정적인 편견을 지니고 있어서다. 우리는 자녀(또는 나 자신, 배우자, 심지어 세상 전체)의 잘하는 모습보다는 문제 행동에 더 많은 관심을 기울이게 된다. 두 번째 이유는 자신의 어린 시절 경험이 내 자녀의 행동을 인식하고 반응하는 방식에 영향을 미치기 때문이다. 우리 중 많은 이의 부모는 우리에게 호기심보다는 판단, 이해보다는 비판, 토론보다는 처벌부터 했다(그분들에게도 이와 똑같이 대했던 부모가 있었을 것이다). 올바른 방향으로 나아가고자 의도적으로 노력하지 않으면 역사는 반복된다. 그 결과, 많은 부모가 자녀의 행동을 '자녀가 무엇을 필요로 하는지 알아내는 단서'로 삼기보다는, '자녀가 어떤 사람인지 가늠하는 척도'로 본다.

만약 행동을 정체성이 아닌 욕구의 표현으로 본다면 어떨까? 그러면 우리는 아이에게 결점이 있다고 부끄러워하거나 아이와 거리를 두어서 아이를 외롭게 만들기보다는, 내면의 선함에 가까이 다가가도록 도울 수 있고 그 과정에서 행동도 개선할 수 있다. 관점을 바꾸기는 쉽지 않지만, 너무나 해볼 만한 가치가 있는 일이다.

회로를 다르게 연결하기

"

당신은 세 살이다. 새로 태어난 여동생을 두고 사람들이 모두 탄성을 지르며 귀엽다고 난리다. 가족들은 당신에게도 그 상황에서 행복해야 한다고 말하지만, 당신은 여동생이 생긴 데 적응하기 힘들다.

그래서 여동생의 장난감을 빼앗고 짜증을 내다가 급기야 속마음을 드러낸다. “저 아기 병원으로 돌려보내 버려요! 난 재 싫어!” 그다음에 무슨 일이 일어나는가? 당신의 부모님은 어떻게 반응하는가?

당신은 일곱 살이다. 아빠가 분명히 먹지 말라고 한 초코쿠키가 정말 먹고 싶다. 당신은 지시받거나 끊임없이 하지 말라는 말을 듣는 걸 못 견디겠다. 그래서 부엌에 혼자 남게 되자마자 쿠키를 손에 쥔다. 그런데 아빠가 바로 그 장면을 목격한다. 그때 무슨 일이 일어나는가? 아빠는 어떻게 하는가?

당신은 열세 살이고, 글쓰기 숙제를 하느라 애를 먹고 있다. 부모님께 숙제를 다 했다고 말했는데, 나중에 선생님이 당신이 숙제를 내지 않았다고 부모님께 전화를 했다. 그다음에 무슨 일이 일어나는가? 집에 가면 부모님이 뭐라고 하는가?

”

당신의 어린 시절을 되돌아보고 당신의 부모는 앞의 몇 가지 상황에서 어떻게 반응했을지 상상해 보라. 이제 이러한 사실을 고려해 보자. 우리는 누구나 실수한다. 나이에 상관없이 누구나 바람직하지 않은 행동을 하게 되는 힘든 순간이 있다. 어린 시절에는 특히 더 심하다. 우리 몸은 어린 시절 힘든 상황을 지나면서 자신에 대해 평가하고 반응하는 회로를 갖추어나가기 시작하는데, 그 방식은 부모님이 내가 힘들 때 나에 대해 어떻게 평가하고 반응하는지를 모방하면서 이루어진다.

달리 말하면, 내적으로 힘들 때 내가 자신에게 어떤 식으로 말하는지 생각해 보면 된다. 예를 들어 "너무 예민하게 굴지 마"라든가 "난 너무 예민하게 반응해" "난 너무 멍청해"라고 하는지, 아니면 "난 최선을 다하고 있어"라든가 "난 그냥 관심받고 싶을 뿐인데"라고 말하는지는 내가 어릴 적 힘들었을 때 부모님이 나에게 어떻게 말하거나 대했는지에 달렸다. 앞 상황들의 "그다음에 무슨 일이 일어나는가?"라는 질문에 대한 자신의 답변을 자세히 살펴보는 것이 우리 몸의 회로를 이해하는 데 매우 중요하다는 의미다.

여기서 '회로'란 무슨 의미일까? 어린 시절에 우리 몸은 어떤 조건에서 사랑과 이해를 받는지, 어떤 조건에서 거절당하고 벌을 받고 홀로 남겨지는지를 배워 간다. 그렇게 수집한 '데이터'는 생존에 매우 중요하다. 어리고 무력한 아이의 주된 목표는 자신을 돌보는 사람과의 애착을 극대화하는 것이기 때문이다. 이때 학습한 것들은 우리가 성장하는 과정에 지속적으로 영향을 끼친다. 그래서 자기한테 사랑과 관심을 가져다주는 것이라면 모두 신속하게 포용하지만, 거부되거나 비판받거나 틀렸다고 주장되는 부분은 단절하고 '나쁨'이라는 꼬리표를 붙이려 한다.

여기서 중요한 것은, 우리의 어떤 부분도 사실은 나쁘지 않다는 것이다. "저 아기, 병원으로 돌려보내 버려요! 난 재 싫어요!"라는 말 뒤에는 가족 내에서 버림받을지 모른다는 엄청난 공포와 위협을 느끼며 고통스러워하는 한 아이가 있다. 쿠키를 집어 드는 반항심의 이면에는 삶의 다른 부분에서 무시당하고 통제받는다고 느껴 온 아이가 있다. 학교 과제를 제대로 제출하지 않은 행동 이면에는 불안해하며 과제를 해내려고 고군분투한 아이가 있다.

'나쁜 행동'의 뒤편에는 항상 착한 아이가 있다. 그런데도 부모가 그 뒤편에 있는 착한 아이를 알아보지 못한 채 늘 가혹하게 행동을 중단시키는 것에만 집중하면, 아이는 자신을 나쁜 아이라고 내면화한다. 나쁜 짓은 어떤 대가를 치르더라도 중단되어야 하므로, 아이는 자신의 '나쁜 아이' 부분을 없애고 대신 '착한 아이' 부분, 즉 인정받기 위해 가혹한 혼잣말 등으로 자신을 혼내는 반응을 강화해 간다.

당신은 어렸을 때 '나쁜' 행동을 하면 무엇이 뒤따른다고 배웠는가? 비판과 처벌, 외로움이 따른다고 배웠는가, 아니면 지켜야 할 선이 있다는 것과 어떤 상황에서도 공감받고 부모와 연결되어 있음을 배웠는가? 이제 우리는 한 사람의 '나쁜 행동'이 그가 내적으로 힘들어하는 신호라는 것을 안다. 당신은 당신의 투쟁을 비판하라고 배웠는가, 아니면 연민을 갖고 대하라고 배웠는가? 비난하라고 배웠는가, 아니면 호기심을 가지라고 배웠는가?

우리는 우리를 양육한 사람들이 했던 대로 자신에게 반응한다. 그리고 이는 우리가 자녀에게 반응하는 방식의 발판이 된다. 이것이 바로 '나쁜 내면'이 대물림되기 쉬운 이유다.

부모님은 나의 투쟁을 가혹하고 비판적으로 대했다.

→ 나는 마음이 힘들 때 내가 좋은 사람이 아닐지도 모른다고 의심하도록 배웠다.

→ 어른이 된 지금, 나는 자책과 자기비판으로 나의 투쟁을 대한다.

→ 내 아이가 나의 고통스러운 감정을 건드리는 나쁜 행동을 하면 내 몸에서 이 같은 회로가 작동된다.

→ 나는 내 아이의 투쟁에 가혹한 반응을 하게 된다.

→ 나는 내 아이에게도 똑같은 회로를 만들어서 아이가 힘들 때 자신의 선함을 의심하도록 배우게 한다.

당신이 물려받은 사고의 패턴은 당신의 잘못이 아니다. 오히려 그 반대다. 이 책을 읽고 있는 당신이 그 악순환의 고리를 끊는 사람, 특정한 해로운 패턴이 당신 대에서 멈추게 할 사람이라는 의미다. 당신에게는 잘못이 전혀 없다. 당신은 용감하고 대담하며 자녀를 그 누구보다 사랑한다. 악순환의 고리를 끊는 것은 길고 긴 싸움이고, 그것을 떠맡은 당신은 대단한 사람이다.

가장 관대하게 해석하기

내면의 선함을 찾는 일은 다음과 같은 단순한 질문을 하는 것에서 시작할 수 있다.

"방금 일어난 일을 어떻게 가장 관대하게 해석할 것인가?"

나는 내 아이들과 친구들에게 이런 질문을 자주 한다. 그리고 결혼 생활과 나 자신에 대해서도 더 많이 질문하려고 노력한다. 나는 이 질문을 할 때마다, 심지어 마음속으로만 말하더라도 몸이 더 나긋해지고 다른 사람들과 훨씬 더 기분 좋게 상호작용하게 된다.

예를 들어 큰아들 생일 때 큰아들만 데리고 선물을 사러 나갈 계획을 세우고, 그전에 작은아들에게 마음의 준비를 시키고자 이렇게 전했다고 해보자. "토요일 계획을 말해 줄게. 그날은 형 생일이라 아빠랑 엄마는 형이랑 선물을 사러 나갈 거야. 두 시간 정도 외출할 텐데 그동안 할머니께서 너랑 함께 계실 거란다." 그러자 작은아들은 이렇게 대답한다. "엄마랑 아빠가 나 빼고 형만 데리고 나간다고? 미워! 엄마 나빠!" 방금 무슨 일이 벌어진 건가? 이럴 땐 어떻게 대응해야 할까? 여기 몇 가지 선택지가 있다.

① "엄마 나쁘다고? 엄마가 장난감 새로 사준 지 얼마나 지났다고! 고마워하지는 못할망정 그런 말을 해!"
② "그런 말 들으니까 엄마 슬퍼지네."
③ 무시하고 자리를 뜬다.
④ "와, 충격적인 말인데? 너 정말 엄청 서운하구나. 뭐 더 하고 싶은 말 있으면 해봐. 들어줄게."

나는 아이의 행동을 가장 관대하게 해석한 후 개입하는 네 번째 선택지를 좋아한다. 첫 번째 선택지는 아들의 반응을 그저 버릇없고 배은망덕한 것으로 해석한다. 두 번째는 아들의 감정이 너무 강렬하고 무서워서 다스리기 힘들고, 보호자와의 애착 안정성을 위협한다고 가르친다(자녀가 양육자에게 미치는 영향에 초점을 맞추면 제한이나 공감이 아니라 그 감정에 함께 휩쓸려가게 될 수 있다. 애착에 대해서는 4장 참조). 세 번째 선택지는 아들이 말도 안 되는 행동을 하고 있고, 그의 감정 따위는 부모에게 중요하지 않다는 메시지를 보낸다. 아이의 반응에 대한 가장 관대한 나의 해석은 이러하다.

'흠, 이번 외출에 무척 끼고 싶구나. 그럴 만도 하지. 섭섭할 거야. 질투도 나고. 그런 감정들을 감당할 수 없어서 마음에도 없는 상처 주는 말을 한 거야.'

내 아이의 선함을 근거로 공감적인 해석을 내리면 아이가 뱉은 말이 나쁜 아이라는 표시가 아니라 고통의 표시임을 읽어내게 한다. 가장 관대하게 해석하기는 자녀가 밖으로 표출하는 행동(상처 주는 말이나 행동)보다 자녀의 내면에서 일어나는 일(강렬한 감정, 큰 걱정, 강한 충동, 설명하기 힘든 압도적인 기분)에 주의를 기울이라고 가르친다. 그리고 우리가 이 관점을 실천에 옮기면 우리 자녀들에게도 이러한 방식으로 사고하도록 가르치게 된다.

내면에서 일어나는 일에는 생각이나 감정, 감각, 충동, 기억, 이미지가 포함된다. 자기조절능력은 자기 내면을 인식하는 능력에서 자란다. 그래서 부모는 자녀의 외적인 것보다 내적인 것에 집중함으로써 자녀가 내면적으로 건강하게 문제를 해결해 나갈 기반을 만들어 주어야 한다.

자녀의 행동을 가장 관대하게 해석한다는 것은 자녀를 '물러터지게 대한다'는 의미가 아니다. 감정조절능력을 기르는 데 도움이 되는 방식으로 자녀의 행동을 바로 잡아주고, 그와 함께 유대감과 친밀한 관계도 유지한다는 의미다.

내가 '가장 관대하게 해석하기'를 좋아하는 또 다른 이유가 있다. 우리 자녀는 자신이 별난 행동을 할 때에도, 즉 자신의 감정을 감당할 수 없는 상황에서도 부모가 자기를 이해해 주기를 기대한다. "나는 지금 어떤 사람인가? 나쁜 짓을 하는 나쁜 아이인가, 아니면 힘든 시간을 보내는 착한 아이인가?" 자녀는 부모의 반응대로 이 질문에 대한 답, 즉 자신을 바라보는 시선을 만들어 간다. 만약 내 자녀가 진정한 자신감을 가지고 자신에 대한 건강한 시선을 가지고 자라기 바란다면, 아이가 문제를 해결하려고 몸부림치느라 바람직하지 못한 행동을 하더라도 부모는 여전히 아이를 선한 사람으로 생각하고 있음을 알려 줘야 한다.

자녀의 행동은 부모가 자녀를 어떻게 바라보느냐에 달렸다. 부모가 자녀에게 이기적이라고 말하면 아이는 더욱 자신의 이익만 좇아 행동한다. 내가 아들에게 여동생이 훨씬 더 예의 바르다고 말하면 어떨지 맞혀 보라. 아들은 계속 무례하게 굴 것이다. 하지만 반대로 아이에게 "넌 지금 힘든 시간을 보내고 있지만 여전히 착한 아이야. 엄마는 언제나 네 옆에 있어"라고 말하면, 아이는 자신이 벌이는 고군분투에 공감받았다고 느끼고 안정될 가능성이 더 크다. 이는 아이가 상황을 정리하고 더 나은 결정을 내리도록 도와준다.

언젠가 큰아들이 여동생과 과자를 나눠 먹을지 말지 다툰 적이 있다. 나는 이렇게 말하고 싶었다. "네 동생이라면 너랑 나눠 먹었을 거야! 너도 착한 모습을 보여 봐!" 그러나 내 안에서 또 다른 목소리가 큰 소리를 냈다. '아주 관대하게! 정말 관대하게!' 그래서 대신 나는 이렇게 말했다.

"엄마는 네가 나눌 줄 알고 마음이 넓다는 걸 알아. 엄마는 나갈게. 네가 동생이랑 이 문제를 해결할 수 있을 거야."

나는 아들이 여동생에게 "네가 원하는 크래커는 못 주겠어"라고 말하는 소리를 들었다. 하지만 딸 아이는 크래커 대신 프리첼을 몇 개 얻어먹을 수 있었다. 완벽한 결과라고 할 수 있을까? 아니다. 하지만 완벽을 추구한다면 성장은 놓칠 것이다. 나는 성장의 열렬한 팬이다. 아들은 작은 희생을 선택한 것이다. 그걸로 됐다.

고군분투하면서도 자신의 선함을 찾는 법을 배우는 것보다 더 가치 있는 일은 없다. 그렇게 함으로써 차분히 생각해 보고 변화할 수 있는 역량이 커지기 때문이다. 좋은 결정은 우리의 본 모습 그대로도 문제가 없다고 느끼고, 보호자와의 관계가 여전히 안전하다고 느끼는 데서 시작된다. 진정 좋은 사람으로 인정받는 것보다 더 안심되는 일은 없다. 그러니 이 책에서 다른 내용은 몰라도 이것만은 꼭 기억하라. 당신은 마음이 선하다. 당신의 아이도 마음이 선하다. 변화를 꾀하려는 모든 시도를 시작하기 전에 이 진실부터 떠올린다면 당신은 올바른 길 위에 서게 될 것이다.

CHAPTER 2 / 원칙 2.
두 가지 모두 진실이다

상담을 온 두 아들의 엄마는 좌절감과 자책감에 빠져 있었다. 화도 매우 나 있었다. 그녀의 자녀들은 훌륭하고 배우자도 다정했지만, 그녀는 아이들과 함께하는 시간을 즐겁게 보내지 못하고 끊임없이 이것저것 가르치느라 지쳐 있었다. "저도 좀 가볍게 살아봤으면 좋겠어요. 하지만 누구 한 사람은 규칙을 정하고 일이 잘 돌아가게 해야 하잖아요." 다른 부모에게도 그러했듯이, 내가 공들인 부분은 그녀가 두 가지를 다 할 수 있다는 생각을 인정하게 하는 것이었다. 여유 있으면서도 단호하고, 가볍고 유쾌하면서도 권위를 보일 수 있다는 생각 말이다. 둘 다 할 수 있을 뿐 아니라 가라앉은 기분도 좋아질 것이다. 게다가 가족 체계까지 더 안정될 것이다.

자녀에게 벌을 주지 않고도 아이 행동을 개선시킬 수 있고, 기대할 건 확실히 기대하면서도 유쾌함을 잃지 않을 수 있다. 경계를 정하고 지키게 하면서도 사랑을 보여 줄 수 있고, 부모 자신과 자녀를 동시에 돌볼 수 있다. 이와 마찬가지로 부모는 가족을 위해 옳은 결정을 내릴 수 있고, 때때로 아이가 그것에 반발해 화를 낼 수 있다. 우리는 안 된다는 제한을 지키게 하면서, 그 일로 실망한 자녀의 마음도 다독일 수 있다.

여러 현실을 동시에 인정하는 능력은 건강한 관계에서 매우 중요하다. 한 공간에 두 사람이 머무르면 감정이나 생각, 욕구, 관점이 각각 두 개씩 존재한다. 여러 사실을 동시에 인정할 수 있는 능력(우리와 상대방의 능력)은 두 사람이 서로 충돌하더라도 자신이 인정받고 있음과 진정성을 느끼게 해준다. 여러 가지가 동시에 가능하다는 생각으로 두 사람이 서로 어울릴 수 있고 친밀감을 느끼게 되는 것이다. 두 사람이 서로 단단하게 연결되려면 절대적으로 옳은 사람은 아무도 없다는 가정이 필요하다. 사람은 '설득이 아닌 이해'를 통해 안정감을 느끼기 때문이다.

여기서 '설득이 아닌 이해'라는 말은 무슨 뜻일까? 이해는 다른 사람의 관점이나 감정, 경험에 대해 더 많이 보고 배우려고 노력한다는 말이다. 그때 우리는 기본적으로 상대방에게 이러한 메시지를 전한다. "당신과 저는 서로 다른 마음을 경험하고 있군요. 저는 당신에게 무슨 일이 일어나고 있는지 알고 싶어요." 이 말은 당신이 거기에 동의하거나 따르겠다는(이것은 '한 가지만 옳다'는 관점을 의미할 것이다) 의미가 아니고, 우리 모두 '틀렸다'거나 우리 모두에게 진실이 없다는 의미도 아니다. 이는 상대의 마음을 알아보기 위해 자신의 생각을 잠시 옆으로 밀어두겠다는 의미다. 이해의 목표는 '연결', 바로 이 한 가지다. 자녀는 부모와의 연결을 통해 감정을 조절하고 자신의 마음이 선하다고 느끼는 법을 배우기 때문에, 연결은 의사소통의 목표로서 수없이 등장할 것이다.

이해의 반대는 무엇인가? 여기에서는 설득이다. 설득은 단 하나의 사실, 즉 '단 하나만이 진실'이라고 증명하려는 시도다. 설득은 '옳은 것'이 되려는 시도다. 그 결과, 다른 사람은 '틀리다'로 만들려고 한다. 누군가를 설득하려고 할 때, 우리의 말에는 기본적으로 이런 의미가 담긴다. "당신은 틀렸어요. 당신은 오해하고 있고, 잘못 기억하고 있고, 잘못 느끼고 있고, 잘못 경험하고 있어요. 내가 왜 옳은지 설명해 줄게요. 그러면 당신은 이해하고 받아들이게 될 거예요." 설득은 한 가지 목표만 염두에 둔다. 옳은 것으로 바꾸겠다는 것이다. 이 과정의 불행한 결과로 상대방은 인정받지 못한다고 느낀다. 그래서 사람들은 대부분 분노하며 투쟁적으로 반응한다. 상대방이 자신의 현실과 가치를 인정하지 않는다는 기분이 들어서다. 상대방이 자기를 봐주지도, 들어주지도 않는다는 느낌이 들면 두 사람 간의 연결은 불가능하다.

이해('두 가지 모두 진실')와 설득('단 하나만 진실')은 정반대의 접근 방식이기 때문에 어떤 상호작용에서든 자신이 어떤 태도를 가지고 있는지에 주목하는 것이 가장 효과적인 첫걸음이다. '단 하나만 진실'이라는 관점을 가지면 우리는 다른 사람의 경험을 판단하려고 한다. 상대의 다른 생각과 감정이 자신이 가진 진실을 공격하는 것처럼 느껴지기 때문이다. 결과적으로 당신은 자신의 관점을 증명하려 들 것이고, 그러면 결국 상대방도 자기 경험의 진실성을 지켜야 하므로 방어 태세가 된다. 그래서 '단 하나만 진실'인 관점에서는 논쟁이 쉽게 벌어진다. 사람들은 각자 대화의 내용을 두고 서로 논쟁하고 있다고 생각하지만, 현실은 각자 자신이 실제적이고 진실된 경험을 가진 가치 있는 사람이란 사실을 지키려고 애쓰는 중이다.

이와 반대로 '두 가지 모두 진실'인 관점을 가지면, 우리는 상대의 경험을 궁금해하고 받아들인다. 상대를 더 알아갈 기회처럼 느껴서 마음을 열고 상대에게 다가간다. 그러면 상대방도 마음의 빗장을 푼다. 양측 모두 이해받는다고 느끼게 되고, 관계는 더 돈독해진다.

심리학자 존 가트맨(John Gottman)과 줄리 가트맨(Julie Gottman)이 개발한 성공적인 결혼에 관한 '가트맨 방식'의 핵심 기둥은 두 가지 관점이 유효하다는 사실을 받아들이는 것이다. 임상심리학자 페이 도엘(Faye Doell)도 '이해'하려고 듣는 사람이 '대응'하려고 듣는 사람에 비해 전반적으로 관계 만족도가 더 높다고 말한다.* 《아직도 내 아이를 모른다*The Whole-Brain Child*》(알에이치코리아, 2020)의 공동 저자인 소아정신과 의사 대니얼 시겔(Daniel Siegel)은 여러 관계에 있어 '공감받는 느낌'이 결정적으로 중요하다고 언급한다. 여러 연구에 따르면, 최고의 기업 경영자는 직원들과 소통할 때 말하기보다 더 많이 듣고 인정해 준다. 자신이 항상 옳다고 생각해 직원들을 설득하려고 하기보다, 직원들의 말을 듣고 그들의 마음을 알려고 한다.**

'두 가지 모두 진실'이라는 관점을 지니면 자신의 마음을 읽는 데

---

* Faye Doell, "Partners' Listening Styles and Relationship Satisfaction: Listening to Understand vs. Listening to Respond"(graduate thesis, University of Toronto, 2003).

** J. H. Zenger and J. Folkman, The Extraordinary Leader: Turning Good Managers into Great Leaders (New York: McGraw-Hill, 2002). 한국어판: 존 H. 젠거·조셉 포크먼 저, 《탁월한 리더는 어떻게 만들어지는가》, 김앤김북스, 2005

도 도움이 된다. 여러 가지가 동시에 가능하다는 생각은 내가 자녀를 사랑하면서도 혼자만의 시간을 갈망할 수 있다는 사실을 인정하게 해 준다. 내가 아이를 안전하게 키울 보금자리가 있음에 감사하면서도 양육에 더 많은 도움을 받는 사람들을 질투할 수 있음을 받아들인다. 나는 좋은 부모이면서 때때로 아이에게 소리칠 수 있음을 인정한다. 반대로 보이는 많은 의견이나 감정을 동시에 알아채고 읽어내는 능력은 정신 건강의 핵심이다. 이에 대해서는 심리학자 필립 브롬버그(Philip Bromberg)가 가장 잘 표현한 것 같다. "건강은 여러 현실이 놓인 공간 사이에서 그것들을 하나도 잃지 않고 서 있는 능력이다. 그러니까 건강은 여러 자아가 되면서도 하나의 자아처럼 느낄 수 있는 능력인 것이다."*

자기 내면에 존재하는 여러 감정이나 생각, 충동, 감각 중 하나라도 나를 완전히 삼킬 만큼 전부가 '되지' 못하게 하면서도 각각을 알아차릴 때, 즉 감정의 폭풍이 몰아치는 상황에서도 나 자신을 찾을 수 있을 때('나의 어떤 부분은 긴장하고 있고, 어떤 부분은 흥분하고 있구나' '나는 아이들에게 소리 지르고 싶어 하지만, 한편으로는 진정해야 하는 걸 알고 있어') 최고의 상태에 있는 것이다. 다시 말해 우리는 두 가지(혹은 그 이상!) 모두 진실이라는 것을 깨달을 때 가장 건강한 자기 자신이 되는 것이다.

'두 가지 모두 진실'이라는 관점에서 자녀를 키우면, 우리는 더 든든한 어른이 될 수 있다. 좀 더 미시적인 차원에서 볼 때, '두 가지 모

---

* P. M. Bromberg, "Shadow and Substance: A Relational Perspective on Clinical Process" Psychoanalytic Psychology (1993), 10:147-68.

두 진실'이라는 관점은 우리가 가진 문제의 해답이 되는 것 같다. 나는 아이에게 TV를 그만 보라고 말할 수 있고 그래서 아이는 화가 날 수 있다. 나는 아이가 거짓말을 해서 화가 나지만 동시에 아이가 무엇이 두려워서 사실대로 말하지 못했는지 궁금해할 수도 있다. 나는 아이의 불안이 말도 안 된다고 여기면서도 여전히 아이가 필요로 하는 것에 공감할 수 있다. 그리고 아마도 가장 와닿을 이야기로, 나는 고함을 지르면서도 사랑이 넘치는 부모가 될 수 있다. 나는 일을 엉망으로 만들기도 하지만 바로잡을 수도 있고, 내뱉은 말을 후회하지만 다음에는 더 잘할 수도 있다.

'두 가지 모두 진실'이라는 관점은 종종 모순된 것처럼 보이는 세상을 이해하는 데 도움이 된다. 특히 자신의 감정을 부모가 알아주고 허용해 주고 있으며, 감정이 모든 생각을 압도해 자신의 말과 행동에 영향을 미치고 있음을 알아차려야 할 아이에게 매우 중요하다. 부모의 목표도 대부분 그것이다. 부모로서 우리는 최선이라고 생각하는 결정을 내릴 수 있고, 그 결정을 자녀가 어떻게 느낄지 염려할 수 있다. 이 둘은 완전히 별개지만, 두 가지 진실을 모두 수용하려고 애쓰면, 즉 두 가지 현실을 모두 허용하려고 노력하면 자녀에 대한 이해를 쌓아 나가고 아이와 연결될 수 있다.

사회적 관계에서도 이 생각을 적용할 수 있다. 당신은 직장에서 한 해 동안 실적이 좋았고, 연말 평가에서 오랫동안 미뤄졌던 임금 인상을 약속받았다. 하지만 회의 때 대표가 이런 소식을 전한다. "예산이 대폭 삭감되었습니다. 그래서 몇 사람을 내보내야 해요. 당신은 남겠지만 당신 월급을 인상해 줄 도리가 없네요. 내년에는 약속했던 대로 임금을 받을 수 있기를 바랍니다!"

잠시 멈추고 자신을 확인해 보라. 당신은 어떤 기분이 드는가? 실망스러운가? 아니면 감사한가? 행복한가? 화가 나는가? 뭐라 단언하기 힘들지 않은가? 나는 두 가지 모두 사실이라고 생각한다. '나는 회사에 남게 되어서 기쁘기도 하고, 약속받은 월급을 받지 못해서 실망스럽기도 하다.' 이제 대표에게 일어나는 일과 당신에게 일어나는 일을 분리해 보자. 대표가 내린 결정은 이러하다. '나는 이 직원의 고용을 유지할 수는 있지만, 올해는 월급을 올려줄 수 없다.' 당신에게 드는 기분은 실망과 배신, 분노, 약간의 안도감이다. 당신이 분노한다고 해도 대표의 결정은 바뀌지 않을 것이다. 대표의 논리 또한 당신의 감정을 바꾸지 못할 것이다. 둘 다 말이 된다. 둘 다 사실이다.

우리는 단 하나의 사실만 선택할 필요가 없다. 우리의 삶에는 앞뒤가 딱 들어맞지 않는 현실이 많이 존재한다. 그것들은 그냥 공존하고 있다. 그러니 우리가 할 수 있는 최선은 그것을 모두 인정하는 것이다. 직장에 남게 된 것이 감사하다고 해서 임금이 인상되지 않은 데 대한 실망감을 누를 필요는 없다. 월급에 대한 당신의 아쉬움이 아직 직장을 다닐 수 있다는 안도감을 별것 아닌 일로 만들지도 않는다.

계속해 보자. 다음 날 대표가 약간 우울해 보이는 당신을 보았다. 그는 어쩔 수 없는 사정으로 월급을 올려줄 수 없는 사실 한 가지만 있을 수 있는 일이라고 생각한다. 그래서 당신에게 다가와 이렇게 말한다. "당신 월급을 인상해 줄 수가 없었어요. 힘내요! 그래도 직장이 있다는 건 감사한 일이잖아요." 기분이 어떤가? 마음속에서 무슨 일이 일어나고 있는가? 당신은 내적인 비난('내가 왜 이러지, 나는 너무 자기중심적이야!') 또는 외부를 향한 비난('대표는 왜 저러지, 너무 자기중심적이잖아!')이 갑자기 확 올라오는 것을 느낄 수도 있고, 아니면 속이 부글부글 끓거나 자신이 평가절하된 기분이 들 수도 있다. 만약 이런 감정들을 내버려 둔다면 이는 직장과 대표에 대한 원망으로 이어질 테고, 결국 당신은 일에 최선을 다하고 싶지 않을 것이다.

왜 한 가지만 진실이라는 것이 그렇게 기분 나쁘게 느껴지는 걸까? 왜 한 가지만 진실이라는 반응이 별로 이상적이지 않은 행동들을 연쇄적으로 일어나게 만드는 걸까? 기본적으로 우리는 다른 사람으로부터 자신의 경험과 감정, 진심을 인정받기 바란다. 다른 사람의 인정을 받는다고 느낄 때 실망감을 다스릴 수 있고, 다른 사람의 관점을 고려할 수 있을 만큼 충분히 안전하다고 느끼며, 자기 내면이 선하다고 느낀다.

대표가 당신에게 "월급을 올려줄 도리가 없었어요. 당신은 충분히 실망할 만해요. 나라도 그럴 겁니다"라고 말했다면, 그 순간 당신의 감정 방향은 완전히 바뀌었을 것이다. 대표는 임금 인상을 해주지 못한 것에 사과할 필요조차 없다. 대표가 임금이 인상될 수 없는 것과 그에 대한 당신의 부정적인 감정이 정당하다는 두 가지 사실이 모두 맞다고 인정한다면, 당신은 모두 잊고 넘어갈 수 있다.

'두 가지 모두 진실'이라는 관점은 우리가 논의하게 될 많은 양육 문제에 등장한다. 자녀의 저항에도 경계를 정해 주는 법, 자녀와의 권력 투쟁에서 벗어나는 법, 자녀의 무례함을 다루는 법, 자녀를 키우는 것이 힘들게 느껴질 때 마음을 다잡는 법 등등. 나는 당신이 이 개념을 삶의 다른 분야에도 적용해 보길 바란다.

이건 양육서지만, 핵심은 관계에 관한 것이다. 내가 당신과 공유하고 있는 원칙들은 자녀뿐만 아니라 배우자나 친구, 가족, 그리고 아마도 가장 중요한 자기 자신과의 관계에도 적용된다. 그러니 다음 예시를 읽으면서 잠시 멈추고 자신에게 물어보라. "이 생각이 내 인생 어디에 또 유용한가?" '두 가지 모두 진실'이라는 생각은 필요한 곳 어디에서나 실행에 옮길 수 있다.

'두 가지 모두 진실'이라는 관점으로 저항에 부딪혀도 경계 유지하기

갈등의 공통 지점은 다음과 같다. 자녀가 자기 연령에 맞지 않는 TV 프로그램이나 영화를 보고 싶어 한다. 당신은 이를 허락하지 않았고, 아이는 매우 화가 났다. 친구들은 모두 봤는데 자기만 못 보게 한다며 당신을 나쁜 부모라고 한다. 그리고 "다시는 엄마랑 이야기하지 않을 거야"라며 떼를 쓴다.

- **당신의 결정:** 우리 아이는 이 TV 프로그램 또는 영화를 볼 수 없다.
- **자녀의 감정:** 속상하고, 실망스럽고, 화나고, 소외된 느낌.

만약 이들 중 하나만 진실일 수 있다면, 당신은 자녀의 감정에 압도될 것이다. 그리고 자녀의 감정을 돌보는 것과 당신의 결정이 연관되어야만 한다고 생각한다면, 분명 자신이 선하고 사랑 넘치는 부모임을 스스로에게 증명하기 위해 마음을 바꿀 것이다. 하지만 두 가지 모두 진실이라면 어떨까? 그러면 당신은 자녀에게 해당 영상을 볼 수 없다는 지침을 유지하면서, 아이의 속상하고 실망스러운 마음을 인정해 주는 두 가지 일을 동시에 할 수 있게 된다.

자녀를 위한 결정이지만 자녀를 속상하게 할 만한 일일 때, 자녀에게 이렇게 말할 수 있을 것 같다.

"지금 두 가지 일이 일어났는데, 둘 다 있을 수 있는 일이야. 엄마는 네가 그 영상을 볼 수 없다고 결정했고, 그래서 너는 속이 상하고 화가 났어. 네 감정을 엄마도 알겠고, 속상해할 만해."

당신은 단호하게 양육의 경계를 설정하는 것과 자녀의 감정을 다정하게 받아 주는 것, 둘 중 하나를 선택할 필요가 없다. 둘 다 진실이니까.

때로는 '두 가지 모두 진실'이라는 접근 방식이 대단하게 느껴질 수 있다. '내가 해냈어! 부모 노릇을 잘하고 있는 거야!' 하지만 당신의 만족과 달리 아이는 여전히 화를 누그러뜨리지 않을 수 있다. 결국 이는 문제를 즉시 해결하거나 상황을 종료시킬 마법 같은 구호가 아니라, 장기적으로 도움이 될 유대감을 형성하도록 돕는 방법이다.

"속상할 만해."

이렇게 말해 보자. 그러면 아이는 이렇게 말할 것이다. "나 진짜 화났어! 엄마 미워!" 먼저 부모인 나의 감정을 다스리고 내가 내린 결정을 스스로 인정해 준다('난 옳은 결정을 내렸어. 날 믿자'). 그런 다음 계속 아이의 마음을 인정해 준다.

"그래, 그럴 거야. 네가 속상한 거 알아. 엄마도 이해해."

이제 경계를 유지한다. 기회를 봐서 하고 싶은 말을 더한다.

"우리가 볼 수 있는 다른 영화들이 많이 있어. 그중에서 하나를 고르고 싶으면 말해 봐."

"오늘 저녁에 우리가 함께할 만한 재미있는 것이 있을까?"

여기서 기억하라. 이로써 당신은 두 사람 모두에게 해야 할 일을 이미 다 한 것이다.

'두 가지 모두 진실'이라는 관점으로 권력 투쟁에서 벗어나기

'부모 vs 자녀'와 같은 권력 투쟁은 거의 언제나 '두 가지 모두 진실'이라는 관점이 붕괴될 여지를 갖는다. 외출 준비를 할 때 아이와 벌이는 씨름을 생각해 보자.

부모: "놀이터에 놀러 나가려면 코트를 입어야지!"
자녀: "아니야! 안 추워, 이대로 나갈 거야!"

당신은 코트를 입느냐 마느냐를 두고 이야기하고 있다고 생각할 수 있다. 하지만 사실은 둘 다 '인정받고 싶은 마음'을 표현하는 중이다. 당신은 부모로서 아이의 건강을 걱정하고 있음을 인정받고 싶고, 아이는 독립적이고 자기 몸을 알아서 챙기는 사람으로 보이고 싶다. 인정받지 못한다고 느끼면 문제를 해결할 수 없다. 그래서 지금처럼 권력 투쟁이 벌어지는 순간에는 문제 해결을 최우선 목표로 삼아서는 안 된다. 이때의 최우선 목표는 '두 가지 모두 진실'이라는 사고방식을 다시 찾는 것이어야 한다. 자신의 경험과 욕망이 진정 인정받고 있다고 느끼는 순간, 마음의 빗장이 풀린다. 결국 인간은 인정받기 위해 가장 많은 에너지를 쏟는다. 이는 거의 언제나 가장 중요한 사실이다.

이 시나리오에서 두 가지 모두 진실이라는 생각을 적용하면 '부모 vs 자녀'에서 '부모와 자녀' 문제로 생각을 전환할 수 있다. 이게 전부다! 이제 우리는 한 팀이 되어 같은 문제를 바라보며 어떻게 해결할지 고민할 수 있게 되었다.

부모: "밖에 나가려면 코트를 입어야 해. 날씨가 너무 추워!"

자녀: "안 추워! 난 괜찮다고."

부모: "엄마는 네가 감기에 걸릴까 봐 걱정돼. 바깥에는 바람이 심하게 불거든. 넌 그렇게 춥지 않을 거라고 생각하는 것 같은데, 확실히 괜찮을 것 같단 말이지?"

자녀: "응."

이제 선택지가 많아졌다. 대화할 여지가 생긴다.

부모: "어떻게 하면 좋을까? 엄만 우리 둘 다 괜찮다고 느끼는 좋은 생각이 나올 거라 믿어."

자녀: "코트를 가지고 나갔다가 추우면 그때 입을래."

부모: "아주 좋은 생각이야."

아이가 존중받는다고 느끼고 부모가 자신을 반대하는 사람이 아니라 같은 편이라고 느낄 때, 그리고 문제 해결에 동참하기를 요청받을 때 바람직한 일이 일어난다.

물론 당신이 아이에게 코트를 입으라고 고집해야 하는 경우가 있다. 바깥 날씨가 영하 10도에 바람도 쌩쌩 분다. 이는 타협할 여지를 둘 수 있는 문제가 아니라 안전과 직결된 문제다.

부모: "엄마는 부모니까 네 건강을 지키는 게 중요해. 네가 감기에 걸리지 않으려면 코트를 입고 나가야 해. 넌 스스로 결정하는 걸 좋아하니까 엄마가 이래라저래라하는 게 기분 나쁠 거야."

자녀: "코트 안 입을 거야."

부모: "바깥에 나가려면 코트를 입어야 해. 그것 때문에 넌 기분이 나쁠 수 있어. 코트 입는 걸 좋아할 것까진 없지."

부모는 일방적으로 결정하면서도 아이의 감정을 인정했다. 부모는 바깥에서 코트를 입어야 한다는 경계를 설정했다. 그런 다음 아이 마음에 생길 부정적 감정을 인정해 주었다. 부모는 결정을 내렸고, 아이는 자기감정을 가졌다. 어떤 한 사람이 옳은 게 아니다. 두 가지 모두 진실이다.

'두 가지 모두 진실'이라는 관점으로 아이의 무례함에 대응하기

내가 부모들에게서 듣는 흔한 시나리오가 하나 더 있다. 부모가 아이에게 식사 시간이나 잠들기 전에 영상을 볼 수 없다는 지침을 주면 아이는 소리를 지른다. "엄마 미워! 진짜 나빠!"

먼저 무슨 일이 벌어지고 있는지 이해해 보자. 겉으로 드러나는 아이의 행동이 아이 마음의 감정을 보여주는 창이라면, 아이가 아무렇게나 내뱉는 말은 아이가 감당할 수 없는 통제 불능의 감정을 표현하는 것이다. 기억하라, 당신 자녀의 내면은 선하다. 아이의 나쁜 행동은 감당할 수 없는 통제 불능의 감정에서 나온 것이다. 우리가 그 어쩔 수 없는 감정을 감당할 수 있도록 어떻게 도울 수 있을까? 바로 연결이다.

자녀: "엄마 미워! 엄마 진짜 나빠!"

부모: '이건 아이가 속상하다는 마음 표현이야. 이 행동은 아이가 나에 대한 진짜 생각을 표현하는 신호가 아니야. 이 상황을 제대로 받아들이지 못해 힘든 거야.' 이렇게 스스로 마음을 다독인 다음 아

이에게 단호하게 말한다. "엄마는 그런 말 안 좋아해. 네가 정말 속상한 마음인 건 알겠어. 어쩌면 엄마가 모르는 다른 일로 화가 났을 수도 있지. 엄마는 잠깐 진정해야겠어. 아마 너도 그럴 거야. 마음이 가라앉은 다음 이야기하자."

여기서 부모는 자신의 마음을 상하게 한 아이의 행동을 정확하게 표현했다. 하지만 그 행동이 진실의 자리를 차지하도록 내버려 두지 않았다. 그리고 아이가 자기감정을 표현하는 것은 그럴 수 있다고 인정해 주었다.

'두 가지 모두 진실'이라는 관점으로 나쁜 감정에 대처하기

'두 가지 모두 진실'이라는 관점은 우리가 죄책감에 빠지거나, 자녀를 혼란스럽게 하고 있을지도 모른다고 염려하는 것처럼 '나쁜 부모가 된 것 같은' 기분에 휩쓸리려고 할 때 강력한 힘을 발휘한다. 상황이 힘들다고 느껴질 때 '두 가지 모두 진실'이라는 의미의 '나는 힘든 시간을 보내고 있는 좋은 부모'라는 말을 되새겨 보자.

이런 상황에서는 '하나만 진실이다'라는 생각에 빠지기 쉽다. '나는 나쁜 부모야. 모두 엉망으로 만들고 있어. 도저히 이건 해결하지 못하겠어. 난 최악이야.' 이런 자기 대화는 죄책감과 수치심으로 내면을 가득 채운다. 그런 마음일 때, 우리는 변할 수 없다. 수치심에 대해 나중에 자세히 설명하겠지만, 지금 이것만은 알아야 한다. 수치심은 우리를 불안하게 만드는 끈적한 감정이다. 그래서 우리가 '나는 나쁜 부모'라는 것이 유일한 사실이라고 자신을 설득하면 할수록 자신이 만든 함정에 빠지고 만다. 그러면 기분 좋지 않은 방식으로 더 많이 행동하게 되고, 자신이 가치 없다는 확신이 더 커지게 된다.

대안은 무엇일까? 항상 그렇듯, 우리는 '행동'(우리가 하는 일)과 '정체성'(우리의 본질)을 분리해야 한다. 이는 자신의 잘못에 눈을 감는다거나 자기변명을 늘어놓으라는 의미가 아니라, 자신이 좋은 사람이라는 사실과 곤란한 상황을 호전시키기 위해 열심히 노력할 수 있다는 사실을 의미한다. 그러니 이 원칙을 지키며 계속 반복해서 이렇게 말하라.

"두 가지 모두 진실이야. 지금은 힘든 시간이지만 난 좋은 부모야. 난 힘든 시간을 겪고 있는 좋은 부모라고."

CHAPTER 3 / 원칙 3.

자기 역할을 알아야 한다

——————— 어떤 체계에서든 역할과 책임에 대한 명확한 정의는 원활한 운영에 매우 중요하다. 그 반대도 마찬가지다. 구성원들이 자기 역할을 혼란스러워하거나 다른 사람들의 기능에 영향을 미치기 시작할 때 그 체계는 흔들린다. 가족 체계(그렇다, 가족도 하나의 체계다)도 다르지 않으며, 가족 구성원들에게는 각자 할 일이 있다. 부모는 경계를 설정하고, 인정과 공감을 통해 안전을 지키는 역할을 한다. 자녀는 자신의 감정을 경험하고 표현함으로써 탐험하고 배우는 일을 한다. 역할에 관해서 우리는 모두 각자의 선을 지켜야 한다. 자녀는 부모가 정한 경계를 무시하거나 바꾸려 해서는 안 되고, 부모도 자녀의 감정을 두고 간섭해서는 안 된다.

가족 내에서 어떤 역할은 다른 역할보다 우선시된다. 안전은 행복에 우선하고, 자녀가 부모를 기쁘게 하는 것에도 우선한다. 부모의 역할은 무엇보다도 자녀의 몸과 마음을 안전하게 지키는 것이다. 부모가 이 역할에 실패했을 때(특히 부모가 자녀의 부정적 반응을 염려하는 데서 비롯된 실패라면) 아이로서는 그것을 알아차리는 것만큼 두려운 일이 없다. 이때 아이는 무의식적으로 이런 메시지를 받는다. '내가 통제 불능일 때, 거기에 개입해서 나를 도울 사람이 없구나.'

물론 당신의 자녀는 자기 행동을 제지함으로 안전을 지켜 준 부모에게 고마워하지 않을 것이다. 하지만 장담하건대, 자녀는 부모가 그렇게 해주길 바란다. 부모가 개입해야 아이가 건강한 성인으로 성장하는 데 필요한 감정조절능력을 기를 수 있기 때문이다. 그러니 당신이 형제자매끼리 투닥거리는 것을 막으려고 아이를 떼어놓을 때나 서로 때리는 걸 막으려고 아이의 손목을 붙잡을 때, 발버둥치는 아이를 진정시키려고 방으로 데려가 함께 앉아 있어야 할 때, 이렇게 생각하자. '나는 우리 아이를 안전하게 지키고 있어. 아이는 감정을 표현하고 있고. 우리는 각자 자기가 해야 할 일을 하는 거야. 난 이 문제를 해결할 수 있어.'

안전이 우리의 중요한 목적지라면, 경계는 거기에 도달하기 위한 경로다. 우리는 자녀를 사랑하는 마음에서 경계를 정한다. 아이가 스스로 좋은 결정을 내릴 수 없을 때 보호해 주고 싶기 때문이다. 우리는 어린 자녀가 차도를 향해 돌진하고 싶은 충동을 이기지 못할 수도 있다는 것을 알기 때문에 차도 가까이에서 걷지 못하도록 한다. 아이가 공포영화를 보고 느낄 공포심을 아직 감당할 수 없음을 알기에 어린 자녀에게 공포영화를 보지 못하도록 한다. 우리는 자녀에게 경계를 확실히 그어 줘야 한다(그렇다고 무섭게 해야 하는 건 아니다!). 발달 단계상 아이가 스스로 자신을 안전하게 지킬 수 없을 때, 부모가 자신을 보호해 줄 수 있음을 아이도 알아야 하기 때문이다.

아이는 왜 자신을 안전하게 지킬 수 없는 걸까? 간단히 말해, 강렬한 감정을 조절하는 능력보다 강렬한 감정을 느끼는 능력을 더 많이 갖추고 있기 때문이다. 강렬한 감정을 느끼는 능력과 그것을 조절하는 능력 간의 괴리는 통제되지 않는 이상 행동으로(때리고, 차고, 소리를 지르는 것) 드러난다.

소아정신과 의사 대니얼 시겔(Daniel Siegel)과 심리치료사 티나 페인 브라이슨(Tina Payne Bryson)은 공저서《아직도 내 아이를 모른다 *(The Whole-Brain Child)*》에서 아이들이 자주 통제 불능 상태가 되는 이유를 이렇게 설명한다. 아이의 뇌를 이층집에 비유한다면, 아래층의 뇌는 충동이나 감정뿐 아니라 호흡과 같은 가장 기본적인 기능을 담당한다. 위층의 뇌는 계획이나 의사 결정, 자기 인식, 공감 같은 더 복잡한 과정을 책임진다. 그런데 뜻밖의 문제가 있다. 강렬한 감정과 감각이 특징인 아래층 뇌는 어린 시절에 완성되고 기능한다. 하지만 위층의 뇌는 스무 살을 훌쩍 지나서까지도 계속 발달한다. 둘 사이의 시간 차이가 말도 못 하게 크지 않은가! 아이가 미래를 계획하거나 자기를 성찰하거나 공감하기를 힘들어하는 것은 당연하다. 이들은 모두 위층 두뇌의 영역이다. 이 사실을 기억하는 것이 중요하다. 아이가 감정에 압도되어 자기 행동을 통제하고 좋은 결정을 내리지 못하는 모습은 발달 단계상 정상이다. 부모한테는 너무 피곤하고 불편한 일이다. 그게 정상이다.

이렇게 비유한 이층집에서 부모는 기본적으로 계단이 된다. 부모의 주된 기능은 아이의 아래층 뇌(압도적인 감정)와 위층 뇌(자기 인식,

조절, 계획, 의사 결정)를 연결하는 것이다. 이 목표를 이루려면 부모의 역할을 잘 알아야 한다. 부모는 자녀가 여러 가지 다양한 감정을 느끼고 새로운 경험을 하도록 안내해야 한다. 세상이 아이에게 무엇을 던지든 대처할 수 있는 힘을 길러 주어야 한다. 아이가 자기감정을 억제하거나 외면하는 것이 아니라 모든 감정과 인식, 생각과 충동을 관리하는 방법을 배우게 안내해야 한다. 부모는 이러한 교육의 가장 중요한 매개자이며, 그러한 교육은 설교나 논리를 통해서가 아니라 아이와 함께하는 경험을 통해서 이루어진다.

어쩌면 과소 평가되고 있을 수 있지만, 아이가 감정을 조절할 수 있게 돕는 것은 그들을 안전하게 보호하는 데 있어 중요한 부분이다. 자녀의 마음속에서 감정의 불길이 타오른다고 상상해 보라. 집에 불이 났을 때, 가장 먼저 해야 할 일은 불길이 더 커지지 않게 하는 것이다. 집에 불이 나지 않도록 확실히 예방해야겠지만, 그것은 화재가 진압되고 자신이 안전하다고 느낄 때나 가능한 일이다. 부모가 경계를 제대로 설정하지 못하거나 아이가 자신의 격렬해진 감정을 제대로 조절하지 못한다면, 그것은 마치 불이 났는데 방문을 모두 열고 기름을 더 부어서 온 집안에 불이 번지도록 하는 것과 같다. 우선 억제해야 한다.

언어와 신체를 사용해 경계 표현하기

경계부터 정해야 한다. 부모는 언어와 신체를 모두 사용해 경계를 표현한다. 내가 '신체'라고 말하는 것은 무력을 사용해 힘을 가졌다고 보여 주거나 위협하는 것이 아니다. 아이를 다치게 하거나 겁주는 것은 절대 용납되지 않는다. 절대, 절대 안 된다. 하지만 아이의 안전을 지키려면 때때로 어쩔 수 없이 몸을 써야 한다. 첫째가 둘째를 때리지 못하도록 첫째의 손목을 붙들어야 할 수 있다. 아들을 조리대에서 떼어놓아야 하는데 말을 듣지 않으면, 아들이 울고불고 소리를 질러도 번쩍 들어 안전한 곳으로 이동해야 한다. 카시트를 채우려는데 아이가 싫다며 거부하면 억지로 아이의 몸을 움직이지 못하게 해서라도 채워야 한다. 이것도 경계에 속한다.

내가 물리적으로 강제하는 것을 좋아할까? 아니다. 그러지 않는 게 좋다. 나는 아이가 먼저 협조할 가능성이 커지도록 연결하고 조절하는 노력을 선호한다(이 문제에 대해서는 나중에 더 많이 이야기하자). 하지만 일이 그런 식으로 진행되지 않을 때, 즉 일이 엉망이 되어서 코앞에 안전 문제가 닥쳤을 때, 부모는 부모가 할 일을 해서 아이를 안전하게 지켜야 한다.

부모가 자기 역할을 안다고 해서 부모 노릇을 하기가 쉬운 것은 아니다. 얼마 전 개인 상담에서 한 엄마가 이런 말을 했다.

"두 아이가 사이좋게 놀고 있나 보려고 놀이방에 들어갔더니 애들이 트럭이랑 블록, 작은 피규어들을 여기저기 배치해 두었더군요. 그 장면이 참 예뻤어요. 그런데 애들이 어디다 무엇을 둘지를 놓고 다투기 시작했어요. 그러다 첫째가 피규어 하나를 집어 들더니 동생한테 던졌어요. 그리고 다른 걸 또 던지더라고요. 저는 첫째한테 말했어요.

'던지지 마, 당장 멈춰!' 하지만 첫째는 제 말을 듣지 않았어요. 그러고는 다른 것을 던지고 또 던졌어요. 정말 난장판이었다니까요!"

이 엄마에게는 아무 문제가 없다. 첫째(또는 둘째)에게도 아무 문제가 없다. 그럼 이게 무슨 일인가? 경계가 정해져 있지 않았다. 경계는 아이에게 무언가를 하지 말라고 말하는 것이 아니라, '아이에게 부모가 무엇을 할 것이라고 말하는 것'이다. 경계는 부모의 권위를 상징하며, 아이에게 어떤 것을 해달라고 부탁하는 것이 아니다.

이 사례에서 엄마가 생산적으로 개입하려면 아이들 사이로 들어가 첫째의 손이 닿는 곳에 있는 피규어를 치우고 "엄마는 네가 이 장난감들을 던지지 못하게 할 거야"라고 말해야 한다. 혹은 놀이방에 정성껏 늘어놓은 피규어들을 망치고 싶지 않다면 엄마는 첫째를 다른 방으로 데리고 가서 함께 앉아 있어야 한다. 이런 것들이 경계다. 대부분의 부모는 "던지지 마, 당장 멈춰!"라고 말하는 것으로 반응하지만, 그것은 경계가 아니다. 다음은 경계의 다른 예다.

- "엄마는 네가 동생을 때리지 못하게 할 거야." 이렇게 말하면서 첫째와 둘째 사이에 끼어들어 첫째가 동생을 때리지 못하도록 막을 수 있는 위치에 선다.
- "엄마는네가 가위를 들고 뛰어다니지 못하게 할 거야." 이렇게 말하면서 아이가 움직일 수 없도록 아이의 엉덩이를 손으로 감싸 안는다.
- "TV보는 시간 끝났어. 이제 TV 끌 거야." 이렇게 말하면서 TV를

끄고 리모컨을 아이 손이 닿지 않는 곳에 둔다.

다음은 경계가 아니라 아이에게 부모가 할 일을 대신해 달라고 하는 것과 다름없는 예들이다. 이런 시나리오에서는 부모가 어떤 행동을 그만하게 하려고 의도했음에도 대개 상황은 더 심각해진다. 이는 아이가 '말을 듣지 않아서'가 아니라 아이의 몸이 강제성을 충분히 느끼지 못해서다. 아이에게 자신을 안전하게 지켜 주는 단호한 어른의 부재는 본래 문제보다 더욱 감당하기 힘든 일이다.

"제발 동생 좀 그만 때려!" "그만 뛰어! 엄마가 그만 뛰라고 했잖니! 가위 들고 계속 뛰어다니면 간식은 못 먹을 줄 알아!" "이 프로그램 끝나면 그만 본다고 하지 않았어? 너는 그 약속을 못 지키니? 꼭 이렇게 일을 힘들게 만들어야겠어?"

이러한 말에서 부모는 아이의 발달 단계상 참을 수 없는 충동이나 욕망을 참으라고 아이에게 요구했다. 때리는 아이에게 때리지 말라거나, 뛰어다니는 아이에게 뛰지 말라거나, TV를 더 보고 싶다는 아이에게 불평하지 말라고 한 것이다. 그런 말을 아이에게 꼭 하고 싶다면 말릴 수 없지만(나도 이런 말을 다 하면서 산다) 그래 봐야 먹히지 않을 것이다. 왜냐고? 우리는 다른 사람을 통제할 수 없기 때문이다. 우리가 통제할 수 있는 것은 우리 자신뿐이다.

아이에게 부모가 해야 할 일을 해달라고 부탁하면, 아이는 더 제멋대로 행동할 가능성이 커진다. 그런 부탁은 기본적으로 "엄마는 너를 통제할 수 없어. 엄마가 지금 뭘 해야 할지 모르겠어서 너한테 책임을 넘기고 네가 알아서 멈추라고 하는 거야"라는 메시지와 같기 때문이다. 이는 아이에게 매우 두려운 일이다. 통제 불능 상태의 아이는 안전하고 든든하고 확고한 경계를 제공할 어른이 필요하다. 그래서 부모의 경계 설정은 일종의 사랑의 메시지다. "내가 널 붙잡아 줄게. 난 네가 이렇게 행동하지 못하게 할 거고, 널 압도하고 있는 통제 불능의 행동으로부터 너를 보호할 거야."

이것이 통제 불능의 상태일 때 우리가 원하는 것 아닌가? 차분하게 상황을 통제하며 아이가 다시 안심할 수 있도록 곁에 있어 주는 것 말이다. 물론 부모의 역할은 아이를 안전하게 지키는 데서 그치지 않는다. 부모는 자녀의 정서적 보호자이기도 하다. 그래서 인정과 공감이라는 두 가지 중요한 역할이 추가된다.

인정과 공감이라는 두 가지 중요한 역할

'인정'은 다른 사람의 정서적 경험을 두고 그 감정을 멀리하라고 설득하거나, 그 감정에서 벗어나야 한다고 논리적으로 이해시키는 것이 아니다. 그저 실재하는 진실로 바라봐 주는 과정이다. 인정은 이렇게 말하는 것과 같다. "당신은 화가 났군요. 그럴 수 있어요." 다른 사람의 경험이나 진실을 무효화하거나 무시하면 이렇게 들릴 것이다. "그렇게 화낼 필요는 없잖아? 넌 너무 예민해. 그러지 좀 마!"

기억하라. 모든 인간은, 아이든 어른이든 자기 모습 그대로 인정받고 싶은 엄청난 욕구가 있고, '우리의 본모습은 우리가 내면에서 느끼는 것과 연결되어 있다'. 다른 사람에게 인정받을 때, 우리는 자기 생각과 감정을 조절하기 시작한다. 다른 사람이 진짜라고 전한 정보를 '차용'하기 때문이다. 반대로 상대로부터 내 감정을 무시당하면 우리는 자신을 통제하기가 더 힘들어지거나 감정이 고조된다. 내면을 있는 그대로 인정받지 못했기 때문이다. 이것만큼 끔찍하게 느껴지는 경험도 없다.

정서적 보호자인 부모의 두 번째 역할은 '공감'이다. 공감은 다른 사람의 감정을 이해하고 거기에 연결할 수 있는 능력이다. 이는 다른 사람의 감정이 정말로 타당하다고 가정하는 데서 비롯된다. 그래서 인정('내 아이는 진정한 정서적 경험을 하고 있다')이 먼저고, 공감('나는 내 아이가 느끼는 감정을 그대로 둔 채, 이해하고 연결하려고 노력할 수 있다')이 나중이다. 공감은 궁금해할 수 있어야 가능하다. 공감은 판단이 아니라 배우겠다는 태도로 아이의 정서적 경험을 탐구하게 해 준다.

아이는 공감을 받으면(사실 누구라도 공감을 받으면) 마치 그 사람이 자기편이 되어 자신의 감정적 부담을 일부 떠안아 주는 듯한 기분이 든다. 결국 감정은 너무 커서 통제하고 억제하기 힘들 경우에만 행동으로 표출되는 것이다. 누군가 우리를 공감하며 맞이할 때 대니얼 시겔이 말한 '느껴지는 느낌(feeling felt)'을 경험하게 된다. 우리의 몸 또한 자신의 정서적 경험에 다른 누군가가 함께하고 있음을 감지한다. 이는 경험을 다루기 쉽게 만들어 감정을 조절하는 능력을 키우는 데 도움을 준다.

아이가 그런 감정조절능력을 강화하면 감정이 행동으로 나타날 가능성이 작아진다. 이것이 아이가 "나는 동생에게 너무 화가 나!"라고 말하는 것(분노를 조절하면서)과 자기 동생을 때리는 것(통제 불능인 상태에서) 간의 차이다. 아이가 "뛰고 싶어!"라고 말하는 것(충동을 조절하면서)과 가위를 손에 쥐고 거실을 뛰어다니는 것(통제 불능인 상태에서) 간의 차이이며, 아이가 "지금 당장 TV를 보고 싶어"라고 말하는 것(실망감을 조절하면서)과 떼를 쓰는 것(통제 불능인 상태에서) 간의 차이다.

공감과 인정으로 아이는 확실히 자기 내면이 선하다고 느끼게 되는데, 사실 공감과 인정의 기능은 훨씬 더 심오하다. 어린 시절의 중요한 발달 과제 중 하나는 건강한 감정조절능력을 키우는 것이다. 감정이 생기고 그것을 관리하는 방법을 키워 가는 것, 감정이나 생각, 충동에 압도당하지 않고 중심을 잡아 자기 자신을 찾는 법을 배우는 것이다. 부모의 공감과 인정은 아이가 조절 능력을 키우는 데 도움을 주는 매우 중요한 요소다. 그래서 부모인 우리는 공감과 인정을 '온화한' 부모가 되기 위한 선택적 요소가 아니라 자녀의 발달을 책임졌다는 책임감에서 비롯된 필수 자질로 받아들여야 한다.

이제 전체 그림을 보았으니 앞에서 나온 경계 설정의 예를 다시 살펴보고, 여기에 인정과 공감을 어떻게 통합할 수 있는지 알아보자.

- "동생을때리지 못하게 할 거야." 이렇게 말하면서 아이들 사이로 들어가 첫째가 둘째를 때리지 못하게 할 위치에 선다. "네가 속상한 거 알아! 네 물건이라면 죄다 손대는 동생이 있는 건 힘든 일이야. 그래도 엄마가 있잖아. 엄마랑 블록 작품을 안전하게 지킬

방법을 찾아보자."

- "아빠는네가 가위 들고 뛰어다니지 못하게 할 거야." 이렇게 말하며 아이를 부드럽게, 그리고 단단히 붙든다. "네가 뛰어다니고 싶은 건 알아! 가위를 내려놓고 다니든지, 아니면 하던 일 다 하고 뛰어다니는 게 어때? 둘 다 하고 싶다고? 아빠는 네가 위험한 일을 하게 내버려 두지 않을 거야. 투정을 부려도 어쩔 수 없어. 아빠는 그만큼 너를 많이 사랑해. 투덜거려도 돼. 그건 이해할게."
- "TV보는 시간 끝났어. TV 끌 거야." 이렇게 말하면서 TV를 끄고 리모컨을 아이의 손이 닿지 않는 곳에 둔다. "TV 보다 중간에 끄면 힘들지. 내일은 뭘 보고 싶은지 말해 줘. 잊어버리지 않게 적어 둘게."

경계와 인정, 공감이 아이가 조절 기술을 배우는 데 어떻게 도움이 된다는 것일까? 경계는 자녀에게 아무리 커다란 감정이라도 영원히 통제할 수 없는 상태로 남지는 않는다는 것을 알려준다. 아이는 부모의 경계, 그러니까 "네가 그걸 하도록 허락하지 않을 거야"라고 말하고 위험한 행동을 하지 못하도록 막는 것을 느끼고 싶어 한다. 다음과 같은 메시지를 몸속 깊이 느끼기 위해서다. "이 감정은 마치 온 세상을 뒤덮고 파괴하는 것 같아. 너무 커 보여. 하지만 난 그걸 잠재울 방법이 있다는 것을 '부모님이 정해 준 경계 속에서' 느끼고 있어. 이 감정은 무섭고 나를 꼼짝 못 하게 할 것 같지만, 부모님한테는 이게 무섭지 않다는 걸 알겠어." 시간이 지나면서 아이는 부모의 통제성을 흡수해 자기 자신에게도 통제성을 적용할 수 있게 된다.

한편, 인정과 공감은 아이가 투쟁하는 가운데서도 자신의 선함을 발견하게 해 준다. 우리는 흔히 이렇게 생각한다. '난 변해야 해. 변해야만 내가 가치 있고 사랑스럽게 느껴질 거야!' 하지만 완전히 정반대다. 자신을 선하다고 느껴야 힘든 감정이 나의 정체성을 집어삼키지 못하게 그 감정을 통제할 수 있다. 평소에 부모가 아이의 감정과 생각의 경험을 인정하고 공감해 주면 기본적으로 아이에게 이렇게 말하는 것이 된다. "지금 네 모습 그대로 소중해. 넌 사랑스럽고 좋은 아이야."

이제 당신은 부모로서 해야 할 일을 알게 되었다. 자녀에게 경계를 설정해 주고, 자녀를 인정하고 공감해 주면서 정서적으로나 신체적으로 안전하게 지키는 것이다. 그러면 자녀가 가족 내에서 해야 할 일은 무엇인가? 사실 그보다는 부모로서 할 일에 집중하는 것이 더 중요하다. 그것이 우리가 통제할 수 있는 일이기 때문이다. 하지만 조직 내 다른 사람의 역할을 이해하는 것도 도움이 된다. 이것이 '자기 역할을 알라'는 원칙이기도 하니까 말이다.

가족 안에서 아이가 해야 할 일은 자기감정과 욕구를 경험하고 표현하면서 탐색하고 배우는 것이다. 이를테면 자기가 무엇을 할 수 있는지, 무엇이 안전한지, 가족 안에서 자신의 역할이 무엇이며 자기에게 얼마나 많은 자율성이 주어져 있는지, 새로운 것을 시도할 때 어떤 일이 일어나는지 배우는 것이다. 아이는 경계를 시험하듯 부딪혀 보고, 새로운 도전을 강행하고, 다른 사람과 함께 어울리는 등 탐색 과정을 통해 자기 역할을 배워 간다. 때로는 부모에게 도전하고, 요구하기도 하고, '말썽도 피우면서' 자기 할 일을 한다.

가족 체계라는 전체적인 그림에서 보면 각자의 역할에 맞게 멋진 상호작용을 이루어가는 것이 보인다. 말하자면 아이는 감정을 표출하고, 부모는 그것을 인정하고 공감하는 것이다. 아이의 감정들이 위험한 행동으로 바뀔 때도 부모는 여전히 인정과 공감을 유지하되, 적절한 경계를 설정해 개입하면 된다.

가족 체계의 여러 역할을 이해하고 나면 자녀가 투쟁하는 순간을 새로운 프레임으로 바라볼 수 있다. 아이가 투쟁하는 모습을 자기 할 일을 하고 있는 것으로 본다면, 아이가 못된 짓을 하는 나쁜 아이가 아니라 자기 할 일을 하는 착한 아이라는 사실을 떠올리는 데 도움이 될 것이다.

아들에게 내가 일을 보러 나가야 한다고 말하자 아들이 싫다며 울어 젖히는 상황이 이어졌을 때, 나는 이렇게 생각했다. '겉으로 나타나는 데이터만 보면 상황이 엉망인 것처럼 보여. 하지만 잘 생각하면 우리는 자기 할 일을 하고 있을 뿐이야.'

그런 다음 나는 다시 상황을 검토했다. 나는 떼를 쓰는 아이에게 이렇게 이야기했다.

"엄마가 일하러 가면 네가 힘들다는 거 알아. 넌 엄마가 옆에 있는 걸 좋아하니까. 엄마가 일하는 동안 아빠가 너랑 같이 있을 거고, 엄마는 꼭 돌아올 거야."

나는 내가 옳다고 생각하는 경계를 정했다. 그리고 말로 '인정'하고 '공감'한다는 것을 아들에게 표현했다. 아들은 저항했다. 계속해서 떼를 쓰며 울었다. 아들은 자기 할 일을 하는 것이다. 아들은 감정을 느끼고 그대로 표현했다. 거기에 나는 이렇게 반응했다.

"엄마도 네가 힘들다는 거 알아. 속상한 일이지. 그래도 엄마가 너를 사랑하는 거 알지?"

그런 다음 떠났다. 인정, 공감, 경계. 그럼에도 아들은 울었다. 아들과 나는 각자 할 일을 잘했다고 생각한다. 분명히 말해 이런 상황은 기분 좋은 순간이 아니다. "휴, 멋졌어!"라고 축하할 일이 아닌 것이다. 하지만 내 역할을 되새기면서 나는 나를 비난하거나('내가 뭔가 잘못하고 있는 건가?') 아이를 비난하는 감정에('내가 나간다고 아직도 울고 있다니 아들에게 무슨 문제가 있는 거지?') 휩쓸리지 않기로 했다. 부모로서 이렇게 힘겨운 순간에 자기 역할을 명확하게 알고 견뎌 내는 것은 엄청난 성과다. 나한테는 확실히 그랬다.

CHAPTER 4 / 원칙 4. 유년기가 중요하다

우리는 왜 양육에 신경을 쓰는 걸까? 우리는 왜 경계를 정하고, 끓어오르는 화를 누르고, 감정을 다루고, 행동의 이면에 담긴 더 깊은 투쟁을 읽어내려는 것일까? 이 중 뭐 하나라도 정말 중요하기나 할까? 어린아이들은 이 시기를 기억이나 할까?

양육은 중요하다. 그리고 아이들은 0세에서 1세까지, 1세에서 2세, 2세에서 3세까지를 포함해 이 시절을 모두 '기억'할 것이다. 물론, 우리가 일반적으로 '기억'이라고 부르는 방식으로는 기억하지 못한다. 하지만 언어로는 기억할 수 없다 해도 더 강력한 것, 즉 자기 '몸으로' 기억한다. 말을 떼기 전부터 아이는 부모와의 상호작용을 바탕으로 어떤 것이 용인되고 어떤 것이 수치스러운지, 어떤 것을 감당할 수 있고 어떤 것을 감당할 수 없는지 배운다. 이래서 어린 시절의 '기억'은 나이가 들어서 형성되는 기억보다 더욱 강력하다. '부모가 자녀의 유년기에 어떻게 상호작용하느냐는 자녀가 세상으로 들고 나갈 청사진을 결정한다.' 아이는 부모와의 상호작용을 통해 수집한 정보를 소화하고, 거기서부터 세상을 일반화한다.

우리는 이미 이에 대해 언급했다. 하지만 다시 다룰 만한 가치가 있다. 유년기에 경험한 관계들은 우리가 자신의 어떤 부분을 사랑스럽게 느끼는지, 어떤 부분을 억제하려고 하는지, 어떤 부분을 수치스러워하는지에 영향을 미친다. 즉 어린 시절 부모와의 경험은 아이가 자신을 어떻게 생각하는지, 다른 사람에게 무엇을 기대하는지, 무엇을 안전하고 좋다고 느끼는지, 무엇을 위협적이고 나쁘다고 느끼는지에 영향을 미친다. 예를 들어 어린 여자아이가 너무 예민하게 굴지 말라는 말을 끊임없이 듣고 자랐다면, 일찍부터 자신의 감정이 '잘못되었다'고 생각해 사람들을 밀어낼 것이다. 만약 아버지가 아들에게 줄곧 울지 말라고 했다면, 그 아이는 나중에 그때의 기억을 분명하게 떠올리지는 못하더라도 연약함을 거절과 연관시킬 것이다.

아이의 어린 시절은 정서 조절의 바탕이 되는데, 정서 조절이란 자기감정과 충동을 관리하고 반응하는 능력이다. 어린 시절의 경험은 '지나치거나' '잘못된' 감정인지, 감당할 수 있고 허용되는 감정인지를 결정한다. 내가 양육에 이렇게 열정적인 이유는 부모와 자녀 사이에 기분 좋은 순간을 더 많이 만들고 싶어서가 아니다. 물론 그것도 좋은 일이지만, 어린 시절이 성인기의 토대가 되기 때문이다. 자신에 대한 만족감과 실패에 대한 아량, 경계에 대한 확고함, 자기주장을 해도 된다는 믿음, 다른 사람과 연결되면서 느끼는 신뢰감 등은 모두 삶에 필요한 중요 역량이며, 이 역량은 어릴 때 갖춰진다. 유년기는 앞으로 100년을 위한 발판인 것이다.

인간의 뇌는 놀랄 만큼 유연하고 회로를 재배치할 수 있어서, 잊어버릴 수 있고 다시 배울 수 있고 변할 수 있다는 사실에 주목하자. 만약 앞의 몇 단락을 읽고 나서 부모로서의 죄책감이 지나치게 몰려오거나 '때를 놓친 것' 같아서 걱정된다면, 자녀가 이미 성장해서 늦었다는 생각이 든다면 잠시 멈추라. 그런 죄책감에 안녕을 고하고, 당신이 자신과 자녀와의 관계에 공을 들이는 좋은 부모라는 사실을 기억하라. 회복은 매우 중요하고 항상 해낼 수 있는 일이다(그래서 5장의 제목이 '너무 늦지 않았다'이다).

다음에 이어질 내용에서 나는 양육이 힘겹지만 잘 해내도록 이끌 동기가 되도록, 유년기가 중요한 이유를 제시하고자 한다. 어떤 부분에서든 해당 내용을 읽고 수치심과 죄책감이 올라온다면 잠시 멈추라. 10장 '자기 돌봄'에 대한 내용으로 넘어가서 제안된 전략을 몇 가지 연습해 보고 다시 이 부분으로 돌아오라. 우리 모두 최선을 다하고 있다. 만약 자녀가 이미 커서 '어린 시절'을 지났다 해도 양육이 힘든 건 사실이다. 당신은 이전 시간을 훌륭하게 지났고, 지금도 그러고 있다.

유년기의 영향을 이해하려면 부모와 자녀의 관계를 다루는 두 가지 심리 모델, 즉 애착 이론과 내면가족체계에 대한 기본적인 이해가 필요하다. 이 이론들을 종합해 보면, 우리가 의식적으로 기억하지는 못하더라도 유년기가 미래에 결정적인 영향력을 미치는 이유를 이해할 수 있는 틀이 생긴다.

안정 애착이 형성되는 시기

아기는 양육자와 '애착' 관계를 맺으려는 동력을 선천적으로 가지고 태어난다. 1970년대에 애착 이론을 공식화한 심리학자 존 볼비(John Bowlby)는 애착을 '근접성의 체계'로 설명했다. 애착 대상과 가까이 있을 방법을 터득한 아이들은 위로와 보호를 받을 가능성이 컸던 반면, 애착 대상과 더 멀리 떨어진 아이들은 그 가능성이 낮아져 생존 확률이 줄어든다는 것이다. 볼비가 설명한 것처럼 애착은 단순히 있으면 좋은 정도가 아니라 생존 요소다. 결국 아이는 애착을 통해 음식이나 물, 정서적 안정 같은 모든 기본 욕구를 공급받기 때문이다. 애착 이론에 따르면 인간은 생존에 필요한 위로와 안전을 제공받을 애착 대상을 찾아 접촉하려는 회로를 갖추게 된 것이다.

아이는 양육자와의 초기 경험을 바탕으로 다양한 애착 유형을 만들어낸다. 이렇게 형성된 애착 유형은 아이의 내적작동모델(internal working model)에 영향을 준다. 아이는 애착 대상인 양육자와의 상호작용을 통해 양육자의 민감성, 가용성, 일관성, 회복성, 반응성을 학습하고, 이를 토대로 내적작동모델을 구성한다. 이렇게 구성된 내적작동모델은 유년기에 자기 자신 및 타인과 상호작용하는 방식뿐 아니라 성인이 되어 맺게 되는 관계에도 영향을 미친다. 아이는 몇 가지 질문을 바탕으로 부모와 나누는 상호작용을 여과한다.

나는 사랑스럽고, 선하고, 존재하는 것이 바람직한가?

나는 인정받을 만한가?

화가 나는 상황일 때 나는 다른 사람에게 무엇을 기대할 수 있는가?

어찌할 바를 모를 때 나는 다른 사람에게 무엇을 기대할 수 있는가?

상대방과 의견이 다를 때 나는 그 사람에게 무엇을 기대할 수 있는가?

이러한 질문에 대한 대답을 양육자로부터 흡수해 자신이 어떤 모습일 때 허용되고 세상이 어떻게 반응하는지를 일반화한다. 부모는 단순히 자녀에게 TV를 그만 보라고 하거나 잠자리에 늦게 들지 말라고 말할 뿐이지만, 아이는 부모의 반응을 완전하게 이해하지 못한 채 부모와의 관계에서 힘든 순간을 초래할 수 있는 욕망과 감정을 가져도 되는지, 애착을 유지하는 데 안전한지 아닌지를 배우는 것이다.

아이는 생존을 위해 부모에게 전적으로 의존하고 있으며, 이 사실을 뼛속 깊이 알고 있다. 그래서 자신이 처한 환경에 대한 자료를 수집한 다음, 그에 따라 애착을 극대화하고 될 수 있는 대로 부모와 가깝게 지내는 쪽으로 회로를 만들어 간다. 이 모든 것, 즉 부모가 자녀의 요구에 어떻게 대응하는지, 자녀 내면의 감정을 얼마나 다양하게 인정하는지, 힘들고 어려운 순간을 겪고 나서 자녀와의 관계를 어떻게 회복하는지, 부모가 얼마나 안정적인지 아니면 감정적으로 반응하는지 등 모든 행동은 가족 단위를 훨씬 뛰어넘는 파급 효과를 갖는다.

여기서 중요한 점은 아이가 유년기에 획득한 데이터를 기반으로 세상에 대한 기대를 형성하면서 환경에 적응할 회로를 스스로 갖춰 간다는 것이다. 유년기의 회로 배치는 유년기 이후에 자기 자신이나 타인과 관계를 맺어가는 방식에도 영향을 준다. 아이가 부모와의 상호작용을 통해 어떻게 애착을 형성하고, 이렇게 쌓은 애착이 어떻게 작동하고 반응하게 만드는지 몇 가지 예를 살펴보자. 물론 다음은 일반화된 사례들로, 그저 한 번 일어날 법한 일을 바탕으로 한 것이 아니라 여러 번의 상호작용에서 일관된 패턴으로 노출되었을 때를 가정한 것이다.

행동: 유치원 앞에서 아이가 부모와 헤어지지 않으려 울고 있다.

- **부모의 반응 #1:** "뚝! 울면 못 써!"
- **아이의 애착 회로 #1:** 약한 모습을 보이면 웃음거리가 되고 인정받지 못하는구나. 가까운 관계에서 약한 모습은 보이지 말아야지. 그건 안전하지 않아.

- **부모의 반응 #2:** "오늘은 헤어지기 힘든가 보네. 어떤 날은 좀 그럴 수 있지. 아빠는 네가 유치원에서 안전하게 잘 지낼 거라고 생각해. 아빠가 제시간에 너를 데리러 올 거야. 우리 이따가 만나자."
- **아이의 애착 회로 #2:** 다른 사람이 내 기분을 중요하게 생각하는구나. 약해진 기분이 들거나 기분이 좋지 않을 때도 나는 인정받고 지지받는구나. 친밀한 관계에서는 약한 모습도 안전해.

행동: 아침 식사 때 아이스크림을 못 먹게 하자 아이가 떼를 쓴다.

- **부모의 반응 #1**: "너 그렇게 성질을 내고 있으면 엄마는 한마디도 안 할 거야. 네 방에 가 있다가 진정되면 나와."
- **아이의 애착 회로 #1**: 뭔가 원하는 걸 말하면 나는 사람들과 멀어지는구나. 나쁜 사람이 되는 거야. 그래서 버림받고 혼자 남게 돼. 사람들은 쉽고 고분고분할 때만 나를 곁에 두고 싶어 해.

- **부모의 반응 #2**: "아이스크림 먹고 싶구나. 그런데 아침 식사로는 먹을 수 없어. 네 건강에 좋지 않아. 못 먹어서 속상한 마음은 엄마한테 말해도 돼."
- **아이의 애착 회로 #2**: 나는 내가 좋아하는 걸 원할 수 있구나. 친한 사이에서는 내가 원하는 걸 표현해도 되는 거야.

행동: 아이가 친구 생일 파티에 초대받았는데 입구에서 들어가기 싫다며 엄마한테 매달린다.

- **부모의 반응 #1**: "여기 네가 모르는 사람도 없잖아. 어서 들어가자! 걱정할 것 하나 없어."
- **아이의 애착 회로 #1**: 내 감정은 이상하고 과장돼서 믿을 수가 없어. 내가 어떤 기분이어야 하는지 다른 사람의 말을 따라야 하는구나.

- **부모의 반응 #2**: "뭔가 좀 낯설구나. 엄마는 널 믿어. 잠시 시간을 가져 봐. 친구들과 어울릴 준비가 됐는지 너 스스로 알 수 있을 거야."

- **아이의 애착 회로 #2:** 내 느낌을 믿어도 되겠어. 조심스러운 기분이 들어도 되는 거야. 나는 내 느낌이 뭔지 알고, 다른 사람도 나를 존중하고 지지해 줄 거라고 기대할 만해.

우리 아이들은 태어난 첫날부터 무엇이 친밀감을 가져다 주는지, 무엇이 거리감으로 이어지는지 배운다. 그에 따라 행동을 조절하는데, 이는 모두 안정 애착을 맺기 위한 본능적 반응이다. 첫 번째 부모 반응에서(이러한 반응이 일상에서 주로 반응하는 상호작용 패턴이라고 가정한다면) 아이는 특정 감정이 '애착을 위협한다'고 배운다. 아이에게는 생존이 애착에 달려 있으므로, 수치심이나 자책과 같은 반응을 통해 자신의 감정과 생각을 억제하려고 할 것이다. 두 번째 부모 반응에서(다시 말하지만, 이것이 일상에서 주로 반응하는 상호작용 패턴이라고 가정한다면) 아이는 자신의 감정이 어떻든 타당하며 친밀한 관계에서는 수용받는다고 배운다.

분명히 말하지만, 두 번째 부모 반응을 보인다고 해서 자녀의 문제 행동이 즉각적으로 해결되지 않는다. 갑자기 눈물을 뚝 그치고 떼쓰기를 멈추는 일은 없다. 하지만 다음 두 가지 일이 이어질 것이다. 단기적으로는 자녀가 자신의 실망감을 다룰 만한 감정조절능력을 키워 갈 수 있다. 장기적으로는 자녀가 수치심이나 자기혐오, 방어보다는 자기 신뢰나 수용, 다른 사람들에 대한 개방성을 쌓아 가게 된다.

이제 빨리감기를 해보자. 수십 년이 지난 후, 아이는 부모와의 상호작용으로 만들어진 애착 체계로 내적작동모델을 구성했고, 이를 토대로 세상에 나아가려고 한다. 이제 아이는 자기가 학습한 내용을 다른 친밀한 관계에도 적용하려 한다. 아이는 어쩌면 '내 연약함은 친밀한 관계라도 표현해서는 안 돼. 나는 오직 나 자신만 의지해야 해'라거나 '상대방이 들어줄 거라는 확신이 없으면 요구하지 말아야 해. 상대방의 기분에 맞추는 게 중요해'라고 생각할는지 모른다.

만약 자녀가 의존과 독립 사이에서 균형을 맞추고, 다른 사람과 친밀감을 느끼면서도 여전히 자신을 잃지 않으며, 자신의 취약점을 밝히고 지지받을 수 있는 관계를 맺어 가기 바란다면, 유년기에 노력을 기울여야 한다. 아이가 부모를 통해 정서적 안전 기지를 단단히 다져 놓을수록, 그리고 그 관계 안에서 느낄 수 있는 감정의 폭이 넓을수록 어른이 되어서 더 안전하고 안정적인 관계를 맺게 된다.

부모는 어떻게 자녀와 안정 애착을 형성해 자녀가 성장하면서 다른 사람과도 안정 애착을 증진시킬 수 있도록 도울 수 있을까? 일반적으로 민감한 반응과 따뜻함, 예측 가능성, 좋지 않은 상황에서도 회복력을 보여 주는 것 등을 포함한 안정된 부모의 모습은 아이에게 '안전 기지'를 제공한다. 부모를 안전 기지로 여기는 아이는 세상을 안전하게 느끼고, '여기서 일이 잘못되더라도 누군가 내 곁에서 위로해 줄 것'이라고 생각하게 된다. 부모에게 더 많이 의지할수록 세상에 대한 더 많은 호기심과 탐구심을 가진다. 부모와 안전한 관계를 맺고 있다고 믿을수록 자기 자신을 더 신뢰한다.

달리 말하면, 의존성과 독립성은 반대되는 것이 아니라 오히려 서로를 지지하는 기능을 한다. 두 가지 모두 진실이 되는 것이다! '아이가 부모에게 더 많이 의지하고 신뢰할 수 있다고 느낄수록 더욱 독립적일 수 있다.' 누군가 자신을 판단하기보다 이해하고 지지해 줄 것이라는 자신감을 가지고 있으면, 뭔가 일이 잘못되더라도 자신을 위로할 수 있게 된다. 그래서 부모의 지지와 신뢰를 받고 자란 아이는 적극적이고 자신만만하며 용감한 어른으로 성장할 수 있다.

내면의 다양한 면모를 수용하는 시기

내면가족체계(Internal Family Systems)는 한 사람을 하나의 면에서만 보는 것이 아니라 그 사람 안에 존재하는 다양한 면모를 고려하는 치료 모델이다. 내면가족체계는 기본적으로 내면이 다양한 부분으로 자리하고, 하위 성격으로 세분되어 있다고 가정한다.

당신 자신을 생각해 보라. 어쩌면 당신은 가까운 사람들한테는 외향적이지만, 낯선 환경에서는 내향적일 수 있다. 필요할 때는 자기를 내세우지만, 다른 사람이 앞장서야 할 때는 물러설 수 있다. 직업적으로는 자신감이 있지만, 사회적 환경에서는 소극적일 수 있다. 당신에게는 용감한 자아와 불안한 자아, 자신 있는 자아와 공손한 자아가 있다. 당신은 어떤 한 가지 모습이 아니라 다면적인 사람이다. 이들 중 어느 부분도 다른 부분보다 나쁘거나 우월하지 않다. 당신은 이 모든 것의 총합이며, 각 부분 중 하나가 '말썽을 부릴' 때에도 마음이 안정되어 있을수록 자신의 반응을 편하게 받아들이게 된다.

자신감이나 강인함, 자존감은 이 사실을 이해하는 능력에 달려 있다. 우리가 부정적 감정에 압도당해 민감해지는 것은 우리 내면의 어떤 한 부분이 더 커져서 강력하게 작용하는 것이다. 이때 우리는 정체성이라는 길을 잃고 커져 버린 특정 감정이 되기도 한다.

우리가 내적, 외적으로 갈등하거나 공존하고 있는 여러 감정을 '다양한 부분'이라는 말로 표현할 수 있다. 그러니까 고통을 겪으면서도 안정감을 느끼고, 갈등을 겪으면서도 중심을 잃지 않고, 자신이 선한 사람이라는 걸 알면서도 노여운 생각이 드는 경우 말이다. 상담을 진행하면서 나는 '다양한 부분'이라는 말이 성인에게 어떻게 자유와 동정심, 안도감, 힘든 경험을 조절하는 능력을 주는지 보고 또 보게 된다. 그리고 그 말이 얼마나 강력한지 보았기 때문에 나는 어린아이에게도 '다양한 부분'이라는 말을 적극 적용한다. 아이가 어릴 때 경험하는 감각이나 느낌, 생각은 부모를 힘들게 하는 부분이 아니라 부모가 아이와 연결될 수 있는 고리가 된다는 생각에서다.

내면가족체계와 애착 이론을 함께 살펴보면, 아동의 초기 발달을 보다 섬세하게 이해할 수 있게 된다. 애착 이론은 생존과 욕구 충족을 위해 부모에게 애착하는 법을 배운다는 것을 알려준다. 그 결과, 아이는 '무엇이 나의 생존을 극대화할 것인가?'라는 렌즈를 통해 자신이 처한 환경을 받아들인다. 이러한 이해를 내면가족체계와 결합하면 그 렌즈는 더 미묘한 차이를 갖게 된다.

'나의 어떤 부분이 연결과 관심, 이해, 수용을 가져다 주지? 그 부분이 애착을 극대화해서 생존 가능성을 높여 주니까 그 부분을 더 많이 꺼내야겠어! 나의 이런 부분들은 훌륭하고, 다루기 쉽고, 다른 사람과 가까이 지내는 데 도움이 돼. 그것들로 세상과 더 많이 연결될 수 있어. 나의 어떤 부분이 단절과 거리감을 불러오지? 그런 부분들은 애착을 위협해서 생존 가능성을 낮추니까 없애야 해. 나의 이런 부분들은 나쁘고 감당할 수 없어. 사랑받을 수 없게 만들어. 그것들은 세상과 연결하는 데 방해가 돼.'

아이는 부모와의 상호작용을 바탕으로 이런 내용을 학습한다. 부모의 말뿐 아니라 여러 경험을 통해서 말이다. 아이는 자신의 어떤 부분이 부모를 미소 짓게 하고, 질문하고, 포옹하고, 함께 있게 만드는지("그런 기분이 들 수 있어. 그것에 대해 더 이야기해 볼래? 엄마가 들어 줄게"), 반대로 자신의 어떤 부분이 부모에게 처벌받고, 거부당하고, 비판받고, 멀어지게 만드는지("지금 당장 네 방으로 가! 네가 이러면 엄만 네 곁에 있지 않을 거야!") 배운다.

내면가족체계를 고안한 심리학자 리처드 슈워츠(Richard Schwartz)는 다음과 같이 말했다. "나는 사랑받고 있지 않다는 말은 나는 사랑받을 만하지 않다가 되고, 나쁜 일이 내게 벌어졌다는 말은 나는 나쁜 사람이다가 된다." 아이는 양육자와의 경험에서 자신이 어떤 사람인지에 대한 더 큰 메시지를 추론한다. 부모가 아이와 연결되어 바라봐 주는 감정, 즉 부모가 관심을 두고 지켜봐 주는 감정은 자녀에게 자신의 부분들이 감당할 만하고, 믿을 만하고, 가치 있다는 메시지를 전한다. 부모가 아이의 감정을 다룰 때 억제하거나, 처벌하거나, 거부하거나, 혹은 '더 좋아 보이는' 것으로 억지로 만들려고 하면 아이는 자신의 일부가 나쁘거나 사랑받을 만하지 못하거나 '너무 과하다'고 배운다.

이러한 이유로 행동을 '그 이면에 존재하는 감정이나 경험'과 구분하는 것이 중요하다. 통제 불능 상태가 되어 '나쁜 행동'을 하는 아이를 제재해야 하지만, 그 행동 아래 고통받고 충족되지 않은 욕구를(내면가족체계의 언어로 말하면 아이의 한 부분) 읽어 주고 받아 줘야 할 절실한 상황임을 함께 인식해야 한다. 아이는 부모와의 상호작용을 특정한 순간에 대한 반응이 아니라 자신이 누구여야 하는지를 알려주는 메시지로 해석한다. 그래서 자녀가 "저 아기 미워, 병원으로 돌려보내 버려!"라고 말했을 때, 부모가 "동생한테 그렇게 말하면 못 써. 동생을 사랑해야지!"라고 소리치면, 자녀는 자기 말이 부적절했다는 것을 배우는 게 아니라 질투와 분노는 위험한 감정이니 절대 가져서는 안 된다고 학습한다. 아이가 보이는 모습('나쁜' 행동)과 아이가 어떤 사람인지(선한 내면)를 분리하는 것이 중요한 이유다.

우리는 자녀가 때리는 모습(행동)을 보이기 바라지 않지만, 화가 났다고 말할(감정) 권리는 갖기를 바라야 한다. 자녀가 가게에서 난리를 치기(행동) 바라지는 않지만, 자기 욕망을 스스로 말할 권리(감정)는 지니길 바라야 한다. 자녀가 저녁으로 시리얼만 먹기(행동)를 바라지는 않지만, 자기 몸에 대한 주권을 갖고 어떻게 하면 몸이 편안한지 알아챌 수 있다(감정)고 믿어 주어야 한다.

만약 부모가 자녀의 행동 속에 숨겨진 감정을 분명히 인식하고, 자녀가 어떤 모습이더라도 사랑하는 마음은 변함이 없다는 것을 보여 주지 않는다면, 자녀는 행동과 감정을 하나로 뭉개버릴 것이다. 그러면 안정 애착을 맺으려면 자기 행동 아래 놓인 감정을 부인해야 한다고 학습하게 되고, 이는 장기적으로 문제를 일으킬 관계 패턴으로 이어진다.

유년기가 중요하다. 유년기는 우리 아이가 자기를 자신 있고, 독립적이며, 건강한 대인관계를 맺을 수 있다고 인식하는 어른이 될 것인가, 그렇지 못할 것인가를 결정할 시기다. 물론 그 어떤 것도 간단하지 않다. 이러한 자질은 삶의 어느 단계에서나 기를 수 있다. 당신의 자녀가 아직 어려서 이 문제를 굳이 지금 힘겹게 적용할 만한 가치가 있는지 의문이 든다면(어린아이를 키우는 것은 정말 힘든 일이니까) 확실히 그럴 만한 가치가 있다는 점을 알게 된 것을 위안으로 삼으라. 당신이 공들이는 이 일은 항상, 정말 항상 그럴 만한 가치가 있다.

CHAPTER 5 / 원칙 5.
너무 늦지 않았다

"너무 늦지 않았나요?" 부모들이 내게 가장 많이 하는 질문이다. 나는 항상 이렇게 답한다. "아닙니다." 그 말이 언제나 사실이기 때문이다. 부모들은 종종 이렇게 말한다. "하지만 제 아이는 이미 세 살이에요. 처음 3년이 가장 중요하다고 들었어요." "제 아들은 여덟 살이에요. 이미 나이가 많이 든 것 같아요." "제 딸은 열여섯 살이라서 이젠 기회가 없는 것 같아요." 가끔 이런 말도 듣는다. "저는 이제 할머니가 됐어요. 제 아이들을 다른 방식으로 키웠더라면 좋았을 텐데 너무 늦은 것 같아요, 그렇죠?"

다시 말하지만, 아니다! 자녀와 관계를 회복하고 다시 연결되어 자녀의 성장 궤적을 바꾸기에 너무 늦지 않았다. 그리고 당신도 너무 늦지 않았다. 당신이 자신의 어떤 부분을 회복하고 다시 연결해야 하는지 생각해 보기에 너무 늦지 않았다는 말이다. 어른이 되어서도 우리는 자신을 재정비하고 자기 발전의 궤적을 바꾸도록 힘쓸 수 있다. 아직 늦지 않았다. 너무 늦은 때란 절대 없다.

내가 전하려는 양육의 핵심은 새로운 지침들을 어떻게 수용할지,

부모인 우리 자신의 사고방식과 행동을 어떻게 변화시킬지, 부모로서 양육 자신감을 어떻게 붙잡을지를 다루는 것이다. 어떻게 하면 나 자신을, 그다음으로는 우리 아이를 대상으로 앞으로 나아갈 전략을 배우고, 회복하고, 바꿀 수 있을까? 과거에 우리가 자신의 감정과 행동을 처리했던 방식을 돌아보면서 갖게 되는 죄책감과 후회의 감정을 어떻게 다룰 수 있을까? 우리가 자녀를 얼마나 사랑하는지, 좋은 부모가 되려고 얼마나 헌신하고 있는지 고려해 보면 양육의 과정에서 겪게 되는 여러 감정은 특히나 강렬하다.

나는 양육을 자신의 발전과 성장을 위한 하나의 과정이라고 생각한다. 자녀가 생기면 우리는 자신의 내면과 어린 시절의 경험, 가족 관계에서 얽힌 수많은 진실에 직면하게 된다. 그리고 이러한 정보를 사용해 배우고, 순환의 고리를 끊고, 치유하기도 하지만, 반면 아이를 돌보고, 짜증 나는 감정을 누르고, 수면 부족에 시달리고, 무력감을 느끼기 때문에 버겁기도 하다. 어쩌면 지금 이 순간은 우리가 이 놀라운 도전을 하고 있다는 것을 인정하는 시간이 될 수도 있겠다. 가슴에 손을 얹고 이렇게 말해 보라.

"나는 나 자신과 가족을 돌보기 위해 애쓰고 있어. 나는 내게 도움이 되지 않는 방식들을 다시 정비하려는 중이야. 그리고 우리 아이가 회복력을 갖게 하고 자신을 편하게 느끼게 하려고 애쓰고 있지. 와, 정말 많은 일을 하고 있네."

이 장은 여러 번 반복해서 읽기 바란다. 특히 자책감이 싹트고('이건 모두 내 잘못이야'), 다 끝났다는 생각이 더 커지고('내가 아이를 영원히 망쳐 놓았어'), 희망이 없다고 느낄 때('우리 가족은 절대 변하지 않을 거야') 말이다. 이 장은 당신이 현실을 돌아보기 위해 다시 찾는 참고 자료이자 변화와 회복이 가능하다는 사실을 일깨우는 조언이 될 것이다.

뇌의 회로 재배치 능력

다음 두 가지 모두 진실이다. 두뇌는 일찍이 회로를 만들어 간다. 그리고 두뇌는 회로를 다시 배치하는 놀라운 능력도 지니고 있다. 신경가소성은 뇌가 적응의 필요성을 인식했을 때 스스로 학습하고 변형하는 능력을 말한다. 신경가소성으로 뇌는 평생 계속해서 발달한다. 그리고 우리 몸은 자신을 보호하게 되어 있다. 그래서 뇌가 만약 기존의 방식이 더 이상 자신에게 도움이 되지 않는다고 믿게 되면 새로운 패턴과 새로운 믿음, 새로운 처리 및 반응 체계를 통합하려 할 것이다. 나이가 들수록 회로를 재배치하기가 더 어려워지지만, 다시 말해 나이가 들수록 변화를 경험하려면 더 꾸준하게 노력해야 하지만, 나이가 들어도 새로운 기술을 익힐 수 있다.

아이의 두뇌 발달은 부모와 자녀의 관계라는 맥락에서 회로가 정해진다. 두뇌의 감정 조절 및 인지 유연성, 공감, 유대감과 관련된 부분인 중앙 전전두피질의 발달은 양육자와의 애착 관계에 영향을 받는다. 다시 말해 아이의 유년기 경험은 뇌가 어떤 식으로 발달할지에 큰 영향을 미친다.

그렇다고 해서 애착이 운명처럼 한번 정해지면 바꿀 수 없는 것은 아니다. 불안정 애착이 형성되었더라도 안정 애착으로 바꿀 수 있다. 심리학자 루이스 코졸리노(Louis Cozolino)는 치료를 통한 신경가소성의 가능성을 분명히 밝혔다. 그는 치료사와의 안정 애착이 뇌의 회로를 재배치하도록 해 감정 조절을 개선하고 스트레스 관리 능력을 증가시킬 수 있다는 사실을 발견했다.

우리는 이 원칙을 가족 단위에 적용할 수 있다. 부모가 기꺼이 변하려고 한다면, 즉 부모가 자신을 방어하는 태도에서 벗어나 아이에게 부정적인 영향을 미칠 수 있는 과거의 순간들을 꺼내 성찰하면서 아이와 함께 바로잡고자 한다면, 아이의 뇌 회로는 재배치될 수 있다.

우리의 뇌는 놀라운 학습 능력도 지니고 있다. 수십 년의 연구를 통해 뇌가 환경에 반응해 변한다는 사실이 증명되었다. 신경과학자 메리앤 다이아몬드(Marian Diamond)는 1970년대 초, 방치된 환경에서는 뇌가 수축하는 반면 자극을 많이 주는 환경에서는 뇌가 성장한다는 것을 처음 발견했다. 환경이 변하면 두뇌도 변한다. 최근의 한 연구는 양육이라는 맥락에서 이러한 효과를 확인했다. 2세부터 11세까지의 아이들을 대상으로 한 여러 양육 프로그램의 영향을 조사한 연구에서, 아이 개개인의 나이에 맞게 개입이 이루어지면 여러 양육 프로그램이 비슷한 효과를 낸다는 사실을 발견했다. 양육 프로그램들은 유아에게뿐 아니라 소아 연령대에도 영향을 미치는 것이다.

이는 믿을 수 없을 정도로 희망적인 결론이자, 우리가 자녀에게 잘못된 양육으로 상처를 입히지 않았을까 우려될 때 의지할 수 있는 좋은 결론이다. 이 연구는 양육의 변화와 개입의 시기에 대해 다음과 같이 밝혔다. "우리의 연구 결과가 양육에서의 바른 개입을 지연시킬 변명으로 사용되지 않기를 바란다. 그러면 자녀와 가족들은 더 오래 고통받을 것이기 때문이다. 어린 시절의 문제 행동을 줄이기 위한 일반적인 양육 개입에 있어서도 '빠를수록 좋다'보다는 '너무 일러서도, 너무 늦어서도 안 된다'라고 결론지어야 한다."

부모는 자녀의 환경에서 가장 중요한 고정 요소이므로 부모가 바뀌면 자녀의 뇌 회로도 바뀐다는 것이 놀랄 일은 아니다. 연구에 따르면, 힘들어하는 아이를 변화시킬 결정적 방법은 당사자인 아이 자신을 치료하는 것이 아니라 부모를 대상으로 코칭이나 치료를 진행하는 것이라고 한다. 이는 부모의 정서적 성숙에 따라 자녀의 행동, 즉 자녀의 감정 조절 패턴이 발달한다는 것을 강력하게 시사한다. 우리는 이 자료를 두 가지로 해석할 수 있다. 하나는 "내가 이 모양이니 아이를 망치고 있지. 난 최악이야!"다. 하지만 낙관적이고 고무적인 해석도 있다.

"내가 감정조절능력을 키우려고 노력하면, 내 기분이 좋아지고 게다가 우리 아이도 변한다? 놀라운데!"

나는 부모들에게 아이가 힘들어하는 건 부모 잘못이 아니라고 말한다. 하지만 자녀가 배우고 성장하고 잘살 수 있도록 환경을 바꾸는 것은 가족의 어른인 당신의 책임이다. 아이의 뇌는 부모와의 상호작용에 반응하며 거기에 연결되어 있다. 지금쯤이면 우리도 이 정도는 알고 있다. 만약 우리가 같은 일을 계속 반복한다면? 맞다. 우리는 이미 발달한 패턴을 강화시키게 될 것이다. 하지만 우리가 반성하고 성장하고 새로운 것을 시도한다면, 그리고 자신을 성장시키고 자녀에게 접근하는 방식을 바꾼다면? 우리는 스스로를 돕는 것과 동시에 자녀가 새로운 회로를 개발할 수 있도록 돕게 된다.

회복의 힘을 믿는다

완벽한 부모는 없다. 부모에게는 내 자녀가 '정상이 아닌' 것처럼 느껴지는 순간이 꼭 있다. 그래서 냉정을 잃고, 다시 주워 담고 싶은 말로 고함을 치고, 선의를 가진 아들이나 딸을 쏘아보거나 비난하는 표정을 짓게 되는 순간을 만든다. 심호흡하자. 나도 그런 적이 있고, 당신의 친구들도 그런 적이 있다. 우리 모두 그렇다. 그런데 괜찮다! 중요한 건 다음에 무슨 일이 일어나느냐다. 우리의 양육이 우리가 투쟁하는 순간으로 정의될 필요는 없다. 투쟁 후 다시 아이와 연결되고자 하는지, 그 순간들이 자녀에게 어떻게 전달되었을지 돌아보고 틀어진 관계를 회복하기 위해 노력하는가로 정의되어야 한다.

부모로서 '너무 늦은 것 아닐까?'라고 생각한다면, 이는 아이와의 관계가 이미 결말이 났다고 단정하는 것이다. 그러면 중요한 사실을 놓치게 된다. 우리는 항상 새로운 경험을 한 겹 더 쌓을 수 있고, 그 새로운 경험은 결말을 바꿀 수 있다는 사실 말이다.

당신이 힘든 하루를 보내고 집에 왔는데, 아이가 간식을 주지 않겠다는 당신의 말에 징징댄다고 상상해 보자. 당신은 결국 이렇게 소리를 지르고 만다. "왜 이렇게 엄마를 힘들게 하니? 넌 고마운 줄 모르는 나쁜 녀석이야! 대체 널 어떻게 하면 좋겠니?" 이에 아이는 "미워, 엄마 미워!"라고 소리치며 자기 방으로 뛰어 들어갈 것이다.

이제 당신의 아이는 자기 방에 혼자 있다. 아이에게는 무슨 일이 일어나고 있을까? 대부분 극심한 고통을 느낄 것이다. 아이는 어찌할 바를 몰라 잘못된 행동으로 반응한 것이다. 이는 아이가 자기 몸 안의 감각에 압도되어 생리적으로 위협적인 상태에 있다는 의미다 ('이 느낌이 너무 강해서 안전한 것 같지 않아'). 아이의 몸은 다시 안전하다고 느낄 방법을 찾아야 한다. 하지만 아이는 어른의 도움 없이 혼자 있다. 극심한 고통과 함께 홀로 남겨진 아이는 종종 자기 회의나 자기 비난이라는 두 가지 대응 기제 중 하나에 의존한다.

자기 회의를 사용하는 아이는 자기가 처한 환경에서 다시 안전하다고 느끼기 위해 자신의 경험을 없던 일로 치부한다. 아이는 자신에게 이렇게 말할지도 모른다. '잠깐, 사실 우리 엄마는 나한테 그런 끔찍한 말을 하지 않았어. 그럴 리가 없어, 절대. 내가 잘못 기억한 게 틀림없어. 엄마가 정말 나쁜 말을 했다면 사과했을 텐데 아직 아무 말도 하지 않았잖아. 엄마는 그런 말을 하면 반드시 미안하다고 말할 사람이야.' 아이는 실제로 일어났던 일을 현실로 받아들일 때 생길 수 있는 압도적인 감정으로부터 자신을 보호하기 위해 자기 회의를 사용한다. 그런 감정 속에 혼자 남겨지는 것이 너무 과하게 느껴져서 이렇게 자기를 의심하는 것이다.

이렇게 자기 회의는 현실에서 벗어나 자기를 보호할 방법을 제공한다. '나는 상황을 정확하게 인지하지 못하고 과민하게 반응해. 어떤 상황에서 느껴지는 내 감정을 믿지 못하겠어. 다른 사람들이 나보다 나를 더 잘 알고 있어'라는 쪽으로 회로를 만들어 간다. 이 회로가 강화되면 아이가 청소년이나 성인이 되어서도 자신을 믿지 못하고 직관을 찾을 수 없는 사람이 될 수 있다. 그러면 아이는 스스로 자신을 바라보기보다 타인의 시선과 평가를 통해 자신을 바라보고 사랑받을 자격이 있는지 여부를 결정하려 든다.

두 번째 대응 기제인 자기 비난, 자책은 힘든 순간을 겪은 후 부모와 다시 연결되는 경험을 하지 못한 아이가 흔히 사용한다. 자책은 아이에게 통제감을 안겨준다. 자기는 나쁜 짓을 하는 나쁜 아이이며, 더 착해지면 더 안전해질 것이라고 자신을 설득하기 때문이다. 그러면 아이는 변하면 된다는 실행 가능한 선택권을 가지게 된다. 정신과 의사 로널드 페어베언(Ronald Fairbairn)은 아동 발달과 관련해 "악마가 지배하는 세상에 사는 것보다 하나님이 지배하는 세상에서 죄인이 되는 것이 낫다"*라고 썼는데, 이 말이 이 상황을 가장 잘 표현한 것 같다. 아이는 힘든 순간에 곁에서 도와주며 상황을 바로잡고 다시 연결해 줄 어른이 부재할 때, 세상이 상당히 위험하다고 느낀다. 이때 아이는 자기를 나쁜 존재로 내면화하는 것('나는 본래 나쁜 사람이야')에서 위안을 삼는다. 적어도 주변 세상은 안전하고 좋다는

---

* W. R. Fairbairn, *Psychoanalytic Studies of the Personality* (Routledge & Kegan Paul, 1952). 한국어판: 로널드 페어베언 저, 이재훈 역, 《성격에 관한 정신분석학적 연구》, 한국심리치료연구소, 2003.

생각을 부여잡을 수 있기 때문이다.

이 모든 것이 내가 '회복'이라는 단어를 양육에서 가장 좋아하는 단어 중 하나로 꼽는 이유다. 물론 우리는 자기 자신의 '문제'에 공을 들이고, 자신의 조절 능력을 개선하고, 양육 기술과 대화법, 전략을 배우려고 노력할 수 있다. 하지만 목표는 그것을 완벽하게 잘 해내는 것이 결코 아니다. 우리의 가장 가치 있는 목표는 회복을 잘하는 것 아닐까? 이는 우리가 언제나 훌륭한 방식으로 행동하지 못할 것이고, 힘들고 잘못된 순간을 반복해서 만들 수 있다는 현실을 인정한다는 의미다. 우리가 '방어적인 태도'를 버리고 자녀에게 돌아가 아이가 겪은 '단절의 순간'에 대해 이야기하고 그 마음을 다독일 기술을 발전시킨다면, 그것이 우리에게 가장 중요한 양육 작업이라고 본다.

회복은 어떻게 드러날까?

회복을 향한 올바른 길은 하나만 있는 것이 아니다. 핵심은 마음의 단절 후 다시 연결하려는 것으로, 통제 불능의 반응이 일어난 순간을 지나고 나서 부모가 차분하고 연민 어린 태도를 보여 주는 것이다. 기분이 나빴던 순간을 돌이켜 마음의 연결과 정서적 안정을 더하면, 우리는 실제로 몸 안의 기억을 바꾼다. 더는 기억에 '나는 혼자고 못된 사람이야'라고 짓누르는 꼬리표가 남지 않는다. 비판 후 지지, 소리 지른 후 어루만짐, 오해 후 이해 등을 한 겹씩 쌓아나가다

보면 더 미묘한 차이가 생긴다. 몸이 기억을 변화시키는 능력은 아주 놀랍다. 이것이 내가 항상 내 아이들과 회복해야겠다는 동기를 만들어 준다.

이 책의 다음 부분에서는 이렇게 다루기 힘든 순간들을 처리하는 데 도움을 줄 구체적 대화 표현을 포함하여 회복의 세부 사항을 다시 살펴보겠다. 하지만 우선 몇 가지 기본적으로 할 일을 제안하고 싶다. 미안하다고 사과하고, 자녀와 당신의 생각을 공유하자. 일어난 일에 대한 기억을 모두 되살려 자녀의 머릿속에 있는 것이 전부가 아니라는 것을 알게 하라. 그런 다음 당신이 자녀를 다르게 대했으면 좋았을 것이라는 반성과 당신이 어떻게 달라질 것인지 말하라. 아이 때문에 '이상한 반응이 나온 것'이라는 암시를 주는 대신, 당신의 부모 역할을 각인시키고 스스로 되새기는 것이 중요하다.

"엄마가 고함을 치면서 격한 감정을 내보냈어. 그건 엄마 감정이고, 감정을 더 잘 관리하도록 애쓰는 것은 엄마의 일이야. 엄마가 소리 지른 건 네 잘못이 아니고, 진정하는 방법을 알아내는 것도 네 일이 아니야. 엄마는 널 사랑해."

부모로서 당신은 자녀의 역할 모델이다. 당신이 자신을 계속해서 성장시키려는 모습을 자녀에게 보일 때, 자녀 역시 자신의 투쟁에서 이러한 태도를 적용할 수 있고, 자랑스럽지 않은 행동을 했을 때 책임지려는 모습을 보이게 된다.

회복은 상황이 벌어진 후 10분 후나 10일 후, 또는 10년 후에도 일어날 수 있다. 회복의 힘을 의심하지 말라. 당신이 아이에게 돌아갈 때마다 아이는 회로를 다시 배치하고, 연결과 이해로 결론이 나도록 상황의 스토리를 고쳐 쓸 수 있게 된다. 이를 통해 아이는 자기를 탓하는 성향이 줄고, 부모와의 관계를 더 견고하게 맺고, 사회적 관계도 더 건강하게 맺어갈 수 있게 된다. 견고한 관계는 갈등이 없어서 견고한 것이 아니라, 서로 의견 충돌을 겪은 후에도 다시 연결될 수 있고 오해를 받은 것 같다가도 다시 이해받는 느낌을 주고받으면서 만들어진다. 좋은 부모라고 항상 제대로 하는 것은 아니다. 좋은 부모는 회복하는 부모다.

나는 SNS를 통한 여러 부모와의 만남에서 회복과 관련된 이야기 듣기를 좋아한다. 이런 사례들은 신생아부터 성인 자녀까지 모든 연령대에 걸쳐 있다. 최근에는 이런 쪽지들을 받았다.

"지금 저는 9개월 된 아이와 회복을 했습니다. 아이가 제 말을 다 이해하지 못할 수도 있지만, 박사님은 아이가 제 의도와 우리가 다시 연결되었음을 느낄 것이라고 가르쳐 주셨죠. 최근에 저는 아이에게 이렇게 말했어요. '우린 네가 왜 우는지 몰랐어. 소리 질러서 미안해. 무서웠지? 엄마 여기 있어. 사랑해.'"

"저는 제 딸을 벌주고 타임아웃을 준 모든 세월이 후회스러워요. 저는 항상 '너무 늦었어, 내가 아이를 영원히 망쳐 놓았어'라고 생각했어요. 하지만 오늘 여덟 살짜리 딸아이와 대화하면서, 제가 자녀를 위해 무엇을 해 주어야 하는지 알게 되었어요. 특히 딸아이는 제가 타임아웃을 주던 그때가 사실은 엄마가 가장 필요했던 순간이었다고 말하더군요. 이 말을 하면서 아이의 몸에 긴장이 풀리는 게 보였습니다. 정말로 봤어요. 우리는 얼싸안았습니다. 정말로 중요한 순간이라고 느껴졌어요."

"몇 달 전, 제 딸이 저에게 박사님을 팔로우하라고 하더군요. 자기가 아이들을 어떻게 양육하고 있는지 이해할 수 있을 거라고 했죠. 와, 그런데 이건 저를 위한 교육이었어요. 오늘 아침에 딸에게 전화를 걸어서 옛날로 다시 돌아가 너를 이런 식으로 키울 수 있으면 좋겠다고 말했습니다. 딸아이가 뭔가 잘못된 행동을 했을 때 고함을 지르던 저로 인해 아이가 얼마나 마음이 안 좋았을지 이제야 이해하게 되었다고도 전했습니다. 딸이 울더라고요. 어쩌면 아이는 제 진심이 담긴 이런 말을 듣고 싶었나 봐요. 우리는 잠시 이야기를 나눴습니다. 우리 관계에서 가장 중요한 순간이었습니다."

회복이 크든 작든, 자녀들은 회복되는 순간을 몸으로 느끼게 될 것이다. 그리고 교감하고 연결되는 순간을 통해 외롭고 혼란스러웠던 유년기 기억을 누그러뜨리게 될 것이다. 큰 회복이든 작은 회복이든 모두 중요하다. 작은 것 하나하나가 다 중요하다.

CHAPTER 6 / 원칙 6.

행복을 위해서는 회복력이 우선

“요즘 아이들은 필요로 하는 것을 다 가지고 있잖아요. 그럼 행복해야 할 텐데 사소한 일로도 쉽게 괴로워하네요.”

“제 딸은 노숙자나 죽음, 주변의 불평등 같은 큰 문제들에 대해 너무 걱정해요. 딸은 겨우 일곱 살인데도요! 저는 항상 아이에게 말해요. ‘걱정하지 마! 그보다 네 인생에서 좋은 일들을 모두 생각해 보아!’ 하지만 아이는 여전히 밤에 잠을 이루지 못하고 깨어 있어요.”

“저는 아주 외롭고 우울한 아이였습니다. 저는 제 부모님과는 다른 부모가 되고 싶어요. 그런데 제 남편은 제가 항상 아이들이 겪어야 할 위기를 다 제거해 버려서 아이들의 삶을 너무 쉽게 만든다고 하네요. 이런 말이 너무 짜증 나요. 그게 나쁜 건가요? 아이들이 행복하길 바라는 게 잘못인가요?”

───────── 우리 아이가 행복하면 좋을까? 물론이다! 당연하다! 그런데 나는 위의 부모들이 말하는 것이 진정한 행복이라고 생각하지 않는다. 훨씬 더 깊은 뭔가 있는 것 같다. 이런 사항을 고려해 보라. 실제로 행복으로 이어지게 만드는 것은 무엇인가? 아이에게 걱정 없고 외로움 없을 완벽한 환경을 제공해서 항상 기분 좋게 해주면 아이는 스스로 행복을 만들어 갈 수 있는가? "난 단지 우리 아이가 행복하길 바랄 뿐이다"라고 말할 때 이것이 실제로 의미하는 것은 무엇인가? "힘내!" "넌 행복할 일이 차고 넘쳤어!" "넌 왜 그냥 행복해하지 못하니?"라고 말할 때 우리는 무슨 이야기를 하려는 것인가?

많은 부모가 행복을 만들어 가는 삶에 대해서는 수많은 이야기를 나누면서도, 두려움과 괴로움을 마주하는 일에 대해서는 다루지 않는 것 같다. 부모가 행복에 초점을 맞추면, 아이는 평생 어쩔 수 없이 겪게 될 부정적 감정들을 모두 무시하게 된다. 이는 우리가 자녀에게 그런 감정에 대처하는 법을 가르치지 않는다는 의미다. 다시 말하지만, 부모가 자녀와의 상호작용을 통해 고통이나 고난을 이해하는 법을 가르치면, 앞으로 수십 년 동안 자녀는 자기 자신과 자신의 문제를 어떻게 생각할지에 영향을 받게 된다.

나는 자녀가 최고의 상태에 있기를 바라지 않는 부모를 단 한 명도 본 적이 없다. 나도 마찬가지다. 난 우리 아이가 최고의 상태에 있기를 바란다! 그런데도 나는 자녀의 '최고의 상태'가 '그냥 행복해지는 것'이라고는 확신하지 못하겠다. 내게 있어 행복은 회복력보다 훨씬 덜 흥미롭다. 결국 행복을 일구는 것은 고통을 조절하는 능력에 달려 있다. 우리는 행복을 느끼기 전에 '안전'을 느껴야 한다.

당신의 몸이 큰 항아리라고 상상해 보라. 항아리 안을 둥둥 떠다니는 것은 어쩌면 당신이 느낄 수 있는 모든 감정이다. 편의상, 감정에 두 가지 주요한 범주가 있다고 가정해 보자. 속상하다고 느끼는 것과 행복하다고 느끼는 것. 우리는 자신의 감정 항아리에 모든 감정을 다 담고 있다. 각 감정은 크기에 따라 항아리의 공간을 차지하고 각 감정의 크기는 끊임없이 변한다. 우리 몸은 선천적으로 경보 시스템을 갖추고 있어서 다른 무엇보다도 위험을 끊임없이 점검한다. 우리가 실망이나 좌절, 부러움, 슬픔과 같은 부정적 감정들에 대처할 수 없을 때, 즉 그 감정들이 감정 항아리 안의 공간을 전부 차지할 때 우리 몸은 스트레스 반응을 보인다.

우리 몸이 안전하지 않다고 느껴 경보를 울리게 만드는 것은 힘든 감정 그 자체만은 아니다. 걱정거리가 있을 때도 고통을 느끼거나, 공포에 대한 공포를 경험한다. 이처럼 실제 신체적 위협은 없고 단순히 불편하고 불안한 감정이 '위협'하는 상태라고만 가정할 때, 우리가 '이 감정을 당장 사라지게 해야겠어'라고 생각하기 시작하면 고통은 계속 커진다. 이는 경험에 의한 반응이 아니라, 부정적인 감정이 드는 것이 크게 잘못된 일이고 나쁘고 무섭다고 믿어서 벌어지는 일이다.

이렇게 불안이 한 사람의 내면을 장악한다. 불안은 불편함을 참아내지 못하는 감정이다. 당신이 자기 내면에 존재하지 않기를 바라는 마음, 즉 특정한 순간에 느껴지는 감정을 부정하고 다르게 느껴야 한다는 생각이다. 이것은 '우울해서'이거나 '유리잔이 반쯤 비어 보여서' 생기는 것이 아니라, 누적된 경험의 결과다. 우리가 내면의 감정이 자신을 압도하고 이를 무섭다고 믿으면, 우리 몸은 '긴장을 풀게' 놔두지 않을 것이다. 여기서 행복이 보이는가? 행복은 밀려났다. 행복은 모습을 드러낼 수가 없다.

우리가 통제할 수 있는 감정의 범위가 넓을수록, 즉 좌절감이나 실망감, 부러움, 슬픔 등 여러 가지 감정을 감당할 수 있다면, 행복을 키워 갈 공간이 더 많아진다. 감정을 조절한다는 것은 본질적으로 감정을 둘러쌀 쿠션을 개발해 감정을 잠재우고, 그 감정들로 항아리가 가득 차지 못하게 막는 것이다. '조절이 먼저고, 행복은 그다음'이다. 양육에서도 마찬가지다. 우리가 자녀에게 용인할 수 있는 감정의 범위를 넓혀 주면(다시 말하지만, 이것은 행동의 수용을 의미하지 않는다) 아이는 자기 자신을 편하게 느끼는 힘을 키우면서 안전하게 관리할 수 있는 감정의 범위를 넓혀 간다.

우리 아이가 행복을 맛보기를 원하냐고? 두말할 것 없이 그렇다. 나는 아이가 아이로서, 그리고 어른으로서 행복을 느끼길 바란다. 이것이 내가 회복력을 기르는 데 집중하는 이유다. 회복력은 여러 상황에서 여러 종류의 감정을 경험하고도 여전히 자기 자신을 지켜낼 수 있는 능력이다. 회복력은 우리가 삶에서 경험하는 스트레스, 실패, 실수, 역경으로부터 회복할 수 있도록 도와준다. 그리고 행복이 등장할 수 있도록 한다.

회복력을 어떻게 기르는가

회복력을 기른다고 해서 스트레스나 투쟁에 면역력을 갖게 되는 것은 아니다. 스트레스나 투쟁은 피할 수 없는 삶의 현실이다. 다만 회복력은 우리가 그러한 어려운 순간들을 어떻게 대하고 경험할지 결정한다. 회복력 있는 사람들은 스트레스에 더 잘 대처한다. 다음은 유용한 방정식이다.

스트레스 + 대처 = 내적 경험

좋은 소식이 있다. 회복력은 아이가 이미 지니고 있거나 고정된 성격 특성이 아니라는 사실이다. 회복력은 기를 수 있는 기술이자, 자녀가 어릴 때부터 부모가 조금씩 가르칠 수 있는 기술이다. 스트레스가 주어지는 상황과 요인을 바꿀 수는 없지만, 회복력을 기르기 위해서는 항상 노력할 수 있다.

어린 자녀에게 회복력이 필요한 순간이 얼마나 많은지 아는가? 무너진 블록탑을 복구하고, 까다로운 퍼즐에 매달리고, 글자를 배우고, 친구들과 어울리지 못해 속상해하는 이 모든 일에 회복력이 필요하다. 이러한 각각의 상황에서 자신의 회복력을 잘 꺼내 쓸 수 있는 아이는 마음을 금세 가다듬을 수 있고, 자신에게 친절하게 말을 걸 수 있으며, 매우 어려운 일이라 반드시 성공한다는 보장이 없을지라도 계속 참여하려고 한다.

우리는 종종 회복력을 블록탑을 완성하거나, 까다로운 퍼즐을 풀거나, 어려운 책을 읽거나, 친구들과 어울리지 못해도 "별일 아니야"라고 넘기게 되는 등 어려운 일에 직면하고도 성공할 수 있는 능력이라고 생각한다. 그러나 현실에서 회복력은 성공적인 결과와는 관련이 없다. 만약 우리 자신의 성공을 확신할 수 있다면 "그래, 난 버틸 수 있어!"라는 마음 근육을 굳이 쓸 필요가 없을 것이다. 회복력을 기른다는 것은 성취를 확신하지 못하거나 성공이 보이지 않더라도 고통을 '견딜 수 있고', 힘들고 도전적인 순간에 머물며 그것을 '겪어내고', 자신의 설 자리와 '자신에 대한 믿음'을 찾을 수 있는 능력을 기르는 것이다. 회복력 강화는 '승리'가 찾아오기 전에 일어난다. 그래서 접근하기 매우 어렵게 느껴질 수 있다. 하지만 그래서 회복력이 더 가치 있기도 하다. 학습의 어려움을 오래 참아내도록 배울수록 우리가 목표에 도달할 가능성은 더욱 커지기 때문이다.

자녀의 회복력을 어떻게 기를 수 있을까? 심리학자 로버트 브룩스(Robert Brooks)와 샘 골드스타인(Sam Goldstein)은 자녀의 회복력을 키우기 위한 부모의 지침을 다음과 같이 밝혔다.

공감하고 경청하기. 자녀를 있는 그대로 받아들이기. 안전하고 일관된 부모의 존재감 불어 넣기. 자녀의 장점 알아주기. 실수 허용하기. 책임감 발달 돕기. 문제 해결 기술 길러주기.

나는 이 책이 이 모든 지침을 적용할 방법을 제공하길 바란다.

이 책에 소개된 아이디어와 개입들은 자녀가 평생 사용할 회복력을 갖출 수 있도록 고안되었다. 하지만 무엇보다 더 효과적인 것은 기본 원칙과 목표로 돌아오는 것이다. 나는 아이가 이 고통을 참고 견뎌내도록 돕는가, 아니면 아이한테 고통을 회피하고 곧장 앞으로 나아가라고 부추기는가?

내가 여기서 제안하는 모든 전략의 핵심은 아이의 회복력을 키우도록 돕는 데 있다. 부모로서 나는 괴로워하는 아이 곁에 앉아 있는 일에 도전한다. 아이에게 혼자가 아니라는 것을 알려 주기 위해서다. 괴로운 순간에서 벗어나도록 아이를 끌어내는 것과는 반대다. 그렇게 하면 다음에 아이가 그런 상황에 놓였을 때 아이를 혼자 남겨두게 된다.

예를 들어 아이가 "아악, 블록탑이 계속 무너지고 있어요! 도와주세요!"라고 말하면, 나는 "여기, 엄마가 밑부분을 튼튼하게 하면 돼"라면서 힘든 순간에서 벗어나게 하는 대신, "이그, 정말 짜증 나겠다!"라고 말할 것이다. 그런 다음 차분하게 "그걸 더 튼튼하게 만들려면 어떻게 해야 할까?"라고 말하며 호기심 어린 표정을 지을 것이다. 이 모든 과정은 고통 속에 있는 아이와 연결되려는 계획이다. 우리 아이가 "우리 반 애들 모두 이가 빠졌는데, 나만 안 빠졌어!"라고 말하면, 나는 "너도 곧 빠질 거야. 그리고 넌 글씨 많은 챕터북을 읽을 수 있는 아이잖니!"라고 말하지 않는다. 대신 이렇게 말할 것이다. "너도 하나 빠졌으면 좋겠구나? 그 마음 이해해. 엄마도 유치원 때 너랑 비슷한 기분이었거든." 여기서 목표는 아이가 힘든 마음이 들더라도 혼자가 아니라고 느끼게 돕는 것이다. '연결하기'는 아이를 위기로부터 꺼내 주는 대신, 아이의 내적 경험에 동참하기 위한 방식인 것이다.

행복은 강조할수록 불안하다

행복은 자녀를 위한 내 궁극적인 목표가 아니다. 자녀가 불행하기를 바라지는 않지만, 양육에는 심오한 역설적 상황이 있다. 자녀의 행복과 '기분이 더 좋아지는 것'을 강조할수록, 아이가 불안한 성인으로 자라게 할 여지가 많아지는 셈이다. 행복을 목표로 삼으면 아이 문제를 스스로 해결하지 못하게 하고 부모가 해결해 주려고 든다. 우리는 목표 지향적인 사회를 살아간다. 그래서 자녀를 행복하게 하고 자녀의 '성공'을 돕기 위해 자녀가 즉시 성취할 수 있도록 실망을 최소화하거나 아예 실망하는 상황을 주지 않으려 한다. 자녀를 투쟁 상태에서 벗어나게 하고, 승리를 쥐어 주고, 불편한 감정에서 벗어나 더 즐거워지게 하려 한다.

부모의 마음은 이해하지만, 이는 근시안적이다. 4장에서 배웠듯이 부모가 어린 자녀와 상호작용하는 방식은 현재뿐 아니라 앞으로 수십 년 동안 자녀의 삶에 영향을 미친다. 지금은 힘든 상황에서 강렬한 감정을 처리하고, 감정을 감당하고, 자기와 대화할 수 있는 회로를 자녀에게 심어 주는 과정에 있기 때문이다.

부모가 '난 그저 내 아이가 행복하기를 바랄 뿐이야'라고 되뇌고 있다면, 그것은 자녀에게 불편감을 '처리'하는 방법 대신 '회피'하는 방법을 가르치겠다는 것이다. 이는 아이에게 이런 메시지를 심게 한다. "불편한 감정은 나쁘고, 잘못되었고, 나는 즉시 편해져야 해. 난 고통을 견디는 법을 배우는 대신 더 나은 기분을 찾아야 해." 반면 회복력을 길러서 갖춘다면 다음과 같은 메시지를 심는다. "불편한 느낌이 드네. 하지만 불편할 뿐 두렵지는 않아. 어렸을 때 이런 감정을 견디는 법을 배웠으니까. 부모님이 내가 마음 불편해할 때 잘 참아 주셨던 것처럼 말이야."

자녀에게 "나는 네가 행복하길 바랄 뿐이야"라고 말하는 부모는 흔히 자녀가 고통에서 벗어나도록 위로를 전해야 한다고 생각한다. 아이가 "다른 아이들은 모두 나보다 더 빨리 달려"라고 말하면, 대신 너는 수학을 잘한다는 사실을 상기시키는 식이다. 아이가 슬픈 얼굴로 "친구 생일 파티에 초대받지 못했어"라고 말하면, 그 친구가 파티를 작게 열어서 친구를 많이 초대하지 못한 거고 사실 그 친구도 너를 정말 좋아한다고 변명하는 식이다. 우리는 자녀를 돕고 있다고 생각하지만, 아이는 이렇게 알아듣는다. "난 속상해하면 안 돼. 불편한 마음이 들 때 해야 할 일은 최대한 빨리 편안해지는 거야."

이와 같은 생각은 가족의 죽음이나 이혼, 이사, 각종 감염병과 같은 삶의 커다란 스트레스 요인에 대응할 때도 해당한다. 우리가 자녀에게 "넌 괜찮을 거야" 또는 "넌 너무 어려, 이런 걱정할 필요 없어"라고 말하면, 아이는 자신이 느끼는 감정을 외면해야 한다고 배운다. 많은 부모가 자녀를 힘든 감정으로부터 '보호'해 주고 싶다고 말한다. 선의의 마음이지만, 이러한 개입은 종종 역효과를 낳는다. 아이는 이미 어떤 감정을 느끼고 있는데, 부모가 자녀를 '보호'하려는 여러 노력으로 결국 아이 혼자 그 감정의 상황에 놓이는 것이기 때문이다. 그런 상황은 부정적 감정 그 자체보다 더 무서운 것이다.

부모는 아이를 힘든 감정으로부터 보호하는 것이 아니라 힘든 감정을 다룰 수 있게 준비시켜야 한다. 아이를 준비시키는 가장 좋은 방법은 애정을 담은 솔직한 태도로 아이 곁에 있어 주는 것이다. 아이에게 "할머니는 멀리 여행을 떠나신 거야. 지금은 더 좋은 곳에 계신단다"라고 말하는 대신 이렇게 말하는 것이다.

"네가 크게 슬퍼할 일에 대해 전하려고 해. 할머니가 어제 돌아가셨어. 그건 할머니의 몸이 움직이지 않는다는 걸 의미해"

그러고 나서 곁에 앉아 잠시 침묵하며 아이의 어떤 반응이든 받아줄 준비를 한다는 의미다. 이렇게 덧붙일 수도 있다.

"슬퍼해도 괜찮아."

"우리가 이런 대화를 할 만큼 네가 많이 자랐구나."

우리가 자녀에게 가르쳐야 할 중요한 교훈은, 고통은 삶의 일부이며 슬픈 일이 있을 때 우리는 그 일을 사랑하는 사람들과 이야기하면서 함께 극복할 수 있다는 것이다.

이러한 교훈은 어린 시절에만 중요한 것이 아니다. 어른도 고통을 성공적으로 피할 수 없다. "부모님은 제게서 모든 불편한 감정을 없애 주셨어요! 실망감, 좌절감, 부러움 이런 것들요. 부모님은 그런 모든 감정에서 저를 빠져나오게 하셨죠! 부모님이 아주 성공적으로 제 주의를 딴 데로 돌려 주셔서, 어른이 된 지금 저는 그런 감정들을 절대 느끼지 않아요! 전 항상 행복하답니다!" 이렇게 말하는 어른을 본 적이 있는가? 오히려 나는 마음에서 쉽게 쫓아버리지 못하는 실망감이나 좌절감, 질투심의 감정들이 생길 때마다 내적 경보음을 울리는 어른들을 만난다. 그것도 아주 자주 말이다.

어린 시절부터 주로 행복에 초점을 맞추며 자라 어른이 된 사람은 힘든 순간을 마주할 준비가 되어 있지 않을 뿐더러, 힘든 순간이 오면 더 많이 불편해한다. 이 위기를 맞은 자신과 즉시 힘든 상황을 벗어나지 못하는 자신이 뭔가 잘못되었다고 마음 깊이 생각하기 때문이다. 어린 시절에 고통을 인정하고 경험함으로써 회복의 과정을 알려준 누군가가 있었기에, 성인이 된 우리는 고통을 감당할 수 있게 되었다. 만약 삶이 우리 뜻대로 되어갈 때만 마음이 편할 수 있고 '행복하다'라고 배운다면, 우리는 예상치 못한 충격을 자주 받게 될 것이다.

요즘 부모들이 무엇보다도 자녀의 건강한 정서 발달에 중점을 두고 양육해 가는 세대가 된다면 얼마나 놀라운 일이 벌어질지 상상해 보라. 만약 다음의 목표 아래 아이를 키운다면 그것은 꽤 멋진 일이 될 것이다.

"나는 세상이 내 아이에게 무엇을 던지든 아이가 대처할 수 있기를 바란다. 그리고 내 아이가 힘든 순간을 지날 때도 부모로부터 지지받고 있음을 느끼게 하고 싶다. 그러면 아이가 커서 삶을 스스로 헤쳐나가게 될 것이다."

당신은 자녀의 회복력을 설계하는 사람이다. 그것이 당신이 자녀에게 줄 수 있는 가장 큰 선물이다. 인생의 많은 문제를 성공적으로 감당하는 것이 행복으로 가는 가장 신뢰할 수 있는 길이기 때문이다.

CHAPTER 7 / 원칙 7.

행동은 '문제의 단서'를 보는 창이다

——————— 지금은 오후 5시 30분, 집안일 중 제대로 되는 것이 하나도 없어 보인다. 부엌에서 저녁을 준비하려는데, 아이들이 좋아하는 장난감을 두고 싸우는 소리가 들린다. 휴대전화에는 이메일 알림이 뜬다. 상사가 당신이 최근에 수행한 프로젝트를 만족스러워하지 않는다는 내용이다. 그러고 나서 막 저녁을 준비하려는데, 냉장고에 있는 줄 알았던 닭을 이미 오래전에 먹어 버렸다는 사실을 알게 된다. 결국 저녁 메뉴를 시리얼로 바꾸고 수납장에서 시리얼 상자를 꺼낸다. 이때 남편이 들어오면서 말한다. "화장지가 다 떨어졌는데 안 사다 둔 거야?"

당신은 시리얼 상자를 바닥에 내동댕이친다. 시리얼이 사방으로 흩어지고, 당신은 소리친다. "도대체 왜 당신은 그런 일 하나도 직접 못 하는 거야? 정말 더는 못 참겠어!" 그러고는 뒤돌아 휙 사라져 버린다.

이 상황을 한번 파헤쳐 보자. 대체 무슨 일인가? 당신이 거칠게 반응했을 때, 그러니까 소리를 지르고 시리얼 상자를 내동댕이쳤을 때 무슨 일이 일어났는가? 겉으로 보면 당신은 어이없는 행동을 했다. 하지만 그 행동 뒤에 있는 감정적으로 힘들고, 자기가 별로 좋은 사람인 것 같지 않고, 배려나 도움도 받지 못해 좌절한 한 사람이 있다.

우리는 겉으로는 '행동'을 보고 뒤로는 '사람'을 본다. 시리얼 상자를 던진 것은 중요한 사건이 아니다. 그것은 주요 사건을 드러내는 창문이다. 행동은 사람의 감정이나 생각, 충동, 감각, 인식, 충족되지 않은 욕구를 보여 주는 창문이다. 행동은 '문제 그 자체'가 아니라, 오히려 해결되기를 간절히 바라는 더 큰 문제의 '단서'다.

다시 그 부엌으로 돌아가 보자. 당신이 시리얼 상자를 던진 사람이라면 그 순간 남편한테 무엇을 기대했을까? 아마도 당신은 시리얼 상자를 던지는 행동이 괜찮지 않음을 분명 알고 있을 것이다. 물건을 던지고 소리지르는 것은 내가 어떤 감정에 압도되었다는 신호지, 옳고 그름을 구분하지 못한다는 의미가 아니다. 배우자가 어떤 식으로든 당신을 가르치거나, 잔소리하거나, 벌을 주거나, 부끄럽게 만들 필요가 없다는 말이다.

이때 필요한 것은 안정감과 자기 본연의 모습을 되찾는 것이다. 그러고 나서 조금 진정되었을 때, 내가 어떻게 그런 지경에 이르렀는지를 큰 그림에서 되새겨볼 필요가 있다. '어쩌다 이렇게 괴로운 감정이 많이 쌓여서 그런 식의 과격한 행동이 터져 나온 걸까? 어떻게 하면 좌절감과 나의 부족함을 감당할 능력을 더 길러서 다음에 거친 감정이 올라오면 잘 조절할 수 있을까?'

내가 더 안정감 있고 덜 욱할 수 있는 유일한 방법은, 어떤 행동의 이면을 통해 나의 내면에 무슨 일이 일어나고 있는지 궁금해하는 것이다. 직관에 반하는 말처럼 들릴지 모르지만, 특정 행동을 판단하고 바꾸는 데 너무 집중하면 실제 문제가 되는 행동을 바꾸는 데 오히려 방해가 된다. 애초에 그런 행동의 발단이 된 핵심 투쟁을 놓치기 때문이다.

이제 배우자의 이 두 가지 반응을 생각해 보자.

- **배우자의 반응 #1:** 베키는 너무 비이성적이야. 어떻게 그런 행동을 할 수 있지? 나를 우습게 보는 거 아니야? 이건 그냥 넘어갈 일이 아니야! 베키는 너무 유난스럽고 과격했어! 베키가 이걸 문제없는 행동이라고 생각하게 놔둘 순 없어. 베키한테 이렇게 말해야겠어. "베키, 시리얼 상자를 던지는 행동은 문제가 있어! 당신이 더 잘 알지 않아? 너무 무례하잖아!"
- **배우자의 감정:** 화 나고, 거리감이 느껴지며, 분하고, 비판적임.

- **배우자의 반응 #2:** 베키가 갑자기 격한 반응을 보이네. 그럴 사람이 아닌데 대체 무슨 일이 있었던 거지? 시리얼 상자를 던지는 행동은 그냥 넘어갈 일이 아니야. 아마 베키도 알고 있을 거야. 그러니까 베키에게 뭔가 큰 문제가 생긴 게 틀림없어. 베키는 마음이 여린 사람이라 이러고 나서 정말 힘들어할 거야. 나도 예전에 힘들었던 적이 있는데, 별로 좋은 상태가 아니었잖아. 베키한테 가서 이렇게 말해 줘야겠다. "베키, 아까는 좀 심했어. 당신한

테 무슨 일이 있었던 것 같은데 나한테 얘기해 봐. 당신에게 무슨 일이 일어났는지 궁금해. 내가 함께할 테니 같이 해결해 보자."

- **배우자의 기분**: 궁금해하고, 공감하고, 약간 망설이고, 연결되어 있음.

우리 자녀도 첫 번째 반응처럼 행동을 우선해서 보는 접근법보다는 두 번째 반응, 즉 행동을 창문으로만 보는 접근법이 주는 관용의 반응을 받고 싶어 할 것이다. 이제 우리 자신에서 자녀로 옮겨가 보자. 수년 동안 부모들은 대부분 행동 우선적인 양육 모델을 적용할 것을 제안받아 왔다. 칭찬 스티커 붙이기나 보상하기, 칭찬하기, 무시하기, 타임아웃 등은 모두 '어떻게 행동을 바꿀 것인가?'라는 질문에 초점을 맞춘 행동교정요법들이다. 자녀 양육을 자문하는 사람으로서 나는 부모가 아이의 잘못된 행동을 바꾸고 싶어 한다는 것을 안다. 나조차도 내 아이의 행동을 바꾸고 싶을 때가 있으니까.

하지만 결국 문제는 '접근 방식'이다. 눈에 보이는 것 이면에 초점을 맞추고 마음의 흥분을 가라앉히는 데 도움이 될 방법을 알려 줄 때, 아이의 행동은 덜 폭발적인 형태로 표출된다. 자녀의 무엇이 행동을 유발했는지 이해하면, 자녀가 회복력을 기르고 감정을 조절할 수 있도록 도울 수 있다. 그러면 반드시 행동도 바뀐다. 물론 시간차는 약간 날 수 있지만, 이러한 과정을 거쳐 변화가 일어나 자리를 잡으면, 이는 보다 지속적으로 유지되고 다양한 상황에서도 문제를 대하는 태도를 적용할 수 있게 될 것이다.

당신의 아들이 갓 태어난 여동생의 장난감을 계속 뺏는다고 해보자. 문제 행동에 먼저 집중하면 우리 눈에는 나눌 줄 모르는 이기적인 아이만 보인다. 하지만 그 행동을 새로 생긴 동생에 대한 아들의 감정을 보여 주는 '창문'으로 보면, 아들이 자신의 존재감에 대한 불안과 자기 삶에서 중요한 것들을 갑자기 빼앗길지도 모른다는 두려움을 가지고 있음이 보인다. 그러면 부모는 다르게 개입한다. 아들이 뺏은 장난감을 되찾아 동생에게 돌려주더라도, 아들에게 이렇게 말하면서 다시 연결될 수 있다.

"우리 가족한테 아기가 생겨서 네가 너무 힘든가 보구나!"

그리고 아들의 마음에 무슨 일이 일어나고 있는지 이해했으므로, 아들과 일대일로 보내는 시간을 더 갖거나 가상놀이를 하면서 이런 주제들을 탐구할 수 있다. '아이는 새로 생긴 여동생으로 불안하구나. 그럼 어떻게 해야 하지? 아이가 더 나은 결정을 내릴 수 있도록 도와주자.'

결국 이것은 장난감에 관한 문제가 전혀 아니었다. 아들의 세상에 엄청난 변화가 일어났다는 것과, 아들에게 안전을 확인해 주어야 할 필요가 있음에 관한 것이었다. 일단 다시 통제력을 갖게 되면 아들은 결국 스스로 행동을 바꾸게 될 것이다. 행동은 단순한 증상일 뿐이므로 핵심 문제가 해결되면 결국 증상은 사라지는 법이다.

그리고 내 경험상, 우리 큰아이가 아기였던 동생에게서 장난감을 뺏는 상황에서 정작 아기는 그걸 그다지 신경 쓰지 않았다는 사실도 이야기해야 할 것 같다. 그럴 때 나는 아들의 행동 자체에는 덜 집착하고 그 행동이 내게 말하려는 것에 더 관심을 두었기 때문에 종종 아무것도 하지 않고는 했다. 대신 잠시 멈춰서 기다렸다. 게다가 큰아이한테 장난감을 돌려주라고 강요하지도 않았다. 나는 아이가 선하다고 믿었기에, 동생에 대한 행동이 영원히 계속될까 봐 걱정되지 않았다. 그래서 반응하지 않았다. 근본적인 문제는 장난감이 아니라, 전부 큰아이의 감정과 관련되어 있다는 사실을 알고 있었기 때문이다. 그리고 놀랍게도 큰아이는 대개 장난감을 스스로 돌려주고는 했다.

교정보다 관계에 초점을 맞추기

행동교정요법을 사용하면 일시적으로는 행동을 바꿀 수 있다. 그걸 부인하지는 않겠다. 내가 제안하는 더 근본적인 작업을 하려면 시간이 다소 걸릴 수 있다는 것도 인정한다. 그런데 이 근본적인 작업을 할 수 있는 여건이 늘 주어지지는 않는다. 아이의 행동을 신속히 바로잡아야 하는 상황도 있고, 일하랴 살림하랴 양육하랴 제한된 에너지를 잘 배분하기 어려운 상황도 있다. 하지만 어떤 상황에서도 표면 아래에 주의를 기울이지 않고서는 아이의 행동을 유발하는 동력을 바꿀 수 없다. 그것은 누수의 근본 원인을 외면한 채 물이 새는 부분에 강력접착테이프만 붙여 두는 것과 같다. 행동을 먼저 다루면 아이가 삶에 필요한 여러 기술을 쌓는 데 도움을 줄 기회를 놓친다. 아이를 특정 행동들의 집합체가 아닌 한 사람으로 볼 기회도 놓치게 된다.

만약 장난감을 뺏는 문제 행동만 보고 그 문제만 다룬다면, 앞으로도 그런 행동을 바꾸는 데 집착하게 될 것이다. 아이가 장난감을 뺏지 않은 날에는 스티커 표에 금색 별을 붙여 줄지도 모른다. "그렇게 계속 뺏으면 오늘은 TV 보는 시간 없을 줄 알아!"라고 말할지도 모른다. "타임아웃을 가져야겠구나!"라고 하면서 아이를 방으로 들여보낼지도 모른다. 이러한 접근 방식은 여러 면에서 실패하게 되어 있다. 그런 식으로 접근하면 당신은 아이와 연결되는 대신 아이를 혼자 남겨두게 되고, 당신이 아이를 통제해야 하는 '나쁜' 아이로 보고 있다는 메시지를 전달하게 된다(아이는 부모가 자신을 바라보는 시선대로 되려고 한다는 사실을 기억하라). 그것도 가장 강력하게. 그런 접근 방식은 아이의 내면에서 실제로 일어나고 있는 고통과 압도적 감정을 놓치게 만든다.

자녀가 인정 욕구가 높은 편이라면 행동교정요법이 특히 성공적일 수 있다. 이러한 아이는 부모가 원하는 모습대로 행동하려고 해서다. 하지만 아이의 이러한 성향을 강화하면 어린 시절에는 '편할' 수 있지만, 나중에는 큰 문제들이 생길 수 있다. 예컨대 아이가 상대의 과도한 요구조차 거절하지 못하고, 자신의 욕구를 제대로 알아차리지 못하며, 다른 사람의 마음을 먼저 생각하느라 정작 자기 마음은 돌보지 못하게 될 수 있다.

만약 사람들의 인정과 칭찬에 그다지 신경쓰지 않는 아이라면? 이러한 아이에게 행동교정요법은 종종 문제 행동을 강화하기도 한다. 그럴 수밖에 없다. 다른 사람이 자기 내면을 봐주지 않으면, 자신을 알아봐 주고 자기 욕구를 충족시키고 싶은 마음을 외부로 격하게 표현하기 때문이다. 간단히 말해 부모가 문제 행동에 담긴 욕구는 외면한 채 행동에 대해서만 반응하고 지적하면, 행동은 성공적으로 중단될지 몰라도 근본적인 욕구는 남는다. 그래서 두더지 게임처럼 다시 튀어나올 것이다. 물이 새는 근본 원인에 주의를 기울이지 않으면 물은 계속 새기 마련이다.

행동교정요법의 또 다른 문제는 바로 '통제'라는 꼬리표에 있다. 관계보다 통제를 우선시하는 것은 위험한 거래다. 자녀의 행동 변화를 원한다면, 자녀가 어릴 때는 확실히 칭찬 스티커와 타임아웃이 '성공적'일 수 있다. 하지만 아이가 크면서 금빛 스티커의 힘을 잃어갈수록 그 결과는 정말 무서울 수 있다.

한번은 열여섯 살 난 아들 문제를 의논하러 온 부모를 상담한 적이 있다. 부모의 말로는 아들이 통제 불능이라고 했다. 형제들에게 심술궂었고, 저녁 늦게 나갔다가 통금 시간이 한참 지나서야 돌아왔으며, 급기야 이제는 학교에 가지 않겠다고 했다. 부모가 내 상담실을 찾은 것은 최근에 벌어진 무단결석 때문이었다. 아이가 어릴 때 부모는 처벌이나 보상, 칭찬 스티커, 타임아웃 등 여러 형태의 통제를 사용하는 행동교정요법을 주로 적용했다. 부모는 아들이 다루기 힘든 아이여서 전문가들과 많이 상의했다고 한다. 그때마다 주로 보상과 처벌, 대가 치르기를 실시하도록 권했다. 새로운 행동이 나타나기 전까지는 그러한 수단들이 성공적인 듯 보였다. 그러다 새로운 문제가 나타나면 그것을 해결하기 위해 다시 다른 통제 수단에 의존했다. 그렇게 새로운 문제가 사라진 듯하면 다른 문제가 그 자리를 대신하는 악순환이 10년 넘게 계속되었다.

이들이 처음 내 상담실에 왔을 때 이 가정에는 남은 게 아무것도 없어 보였다. 이들은 자녀와 '관계'를 쌓아야 할 16년이라는 세월을 놓쳐 버렸다. 칭찬 스티커와 타임아웃 등으로 자녀에게 접근한다면 이는 '행동으로 복종하는 것이 가장 중요해'라는 메시지를 전하게 된다. 이는 아이의 고통과 고유의 특성에는 무관심한 태도다. 아이도 그것을 느낀다. 16년이 지난 지금, 이 부부의 아들은 본질적으로 이렇게 말하고 있었다. "저는 부모님이 칭찬 스티커를 주든 처벌하든 그런 건 신경 안 써요. 이제 전 더 컸으니 저한테 타임아웃을 줄 수도 없어요. 저는 부모님이 더는 무섭지 않아요. 우리를 연결하는 건 아무것도 없으니까 저에게 부모님은 아무런 힘도 없어요."

우리가 통제 전술을 쓰느라 아이와 관계를 쌓지 못하면, 아이는 나이가 들어서도 발달상으로는 여러 면에서 유아로 남는다. 성장하는 데 필요한 감정 조절이나 대처 기술, 내재적 동기, 욕구 억제 능력을 발달시킬 시기를 놓쳤기 때문이다. 아이의 외적인 행동에 비본질적인 통제를 취하느라 바쁘면, 그 대가로 정작 이런 중요한 내적 기술을 가르치지 못하게 되는 것이다.

우리가 행동 교정보다 연결에 초점을 맞추어야 하는 이유가 하나 더 있다. 만약 우리가 자녀와의 견고한 기반, 즉 신뢰나 이해, 호기심을 바탕으로 한 기반을 구축하지 못하면, 자녀를 우리 곁에 붙들어 둘 수 없게 된다. 나는 '연결 감정'이라는 말에 대해 많이 생각한다. 그것은 우리가 자녀들과 함께 쌓아 나가고 싶은 긍정적인 감정들을 말한다. 만약 자녀가 어렸을 때 연결 감정을 쌓아놓지 못한다면, 자녀가 청소년이 되고 성인이 되었을 때 연결할 고리가 없어진다. 그 나이가 되면 아이는 자기 마음대로 하고 싶은 욕구가 더 커져서 부모의 보상, 처벌을 거부할 수 있기 때문에 우리가 한때 의존했을지도 모를 행동교정요법이 더는 먹히지도 않는다.

이 가족은 너무 늦은 걸까? 물론 아니다. 절대 늦지 않았다. 하지만 이전보다 힘든 과정이 될 것이다. 나는 다른 몇몇 전문가들과 함께 오랫동안 치열하게 이 가족을 상담했다. 그리고 몇 가지 중요한 변화를 보았다. 상담이 끝나갈 무렵, 우리에게는 중요한 진전이 있었고, 중요하지만 미처 해결하지 못한 일도 남아 있었다. 나는 놀랄 만큼 개방적이고 생각이 깊었던 이 부모와 아직도 연락하면서, 현재 스무 살이 된 아들과의 회복 작업과 더 어린 자녀들에게 적용할 또다른 양육 방식에 대해 의논하고 있다.

"이 모든 것을 제가 좀 더 일찍 생각했더라면 얼마나 좋았을까요." 이 아버지는 상담을 시작한 지 1년 만에 내게 말했다. "너무 많은 전문가가 우리에게 타임아웃이나 처벌, 보상 같은 체계를 사용하라고 조언했는데, 그게 모두 너무나 논리적으로 들렸어요. 문제 행동이 90%나 감소했다는 사실 등의 데이터를 제시했는데, 아주 인상적이었거든요. 하지만 저는 더 큰 그림을 보지 못했어요. 저희는 '아이의 행동을 만들어내고' 싶은 게 아니라 아이가 '좋은 사람으로 성장하도록' 돕고 싶었어요. 이제라도 아이를 이해하고, 아이가 기분 나쁜 상황에 있을 때 돕고 싶어요. 부모들은 이 중요한 사실을 알아야 해요."

동의한다. 이것이 우리가 지금 이 책을 읽고 있는 이유다.

증거 기반 접근법보다 어려운 선택

나는 과학을 사랑하고 증거를 좋아한다. 행동교정요법에 대한 증거를 제공하는 과학적 문헌이 많고, 이들은 신뢰할 만한 저널에 실린 매우 실제적인 연구들이다. 부모들은 내게 이런 질문을 자주 한다. "아이들의 행동이 변한 걸 보여 주는 데이터가 있다는데, 그런 양육법을 어떻게 마다할 수 있겠어요? 그게 어떻게 나쁘다는 거지요?" 꼭 나쁜 것은 아니다. 하지만 행동 변화를 둘러싼 증거는, 우리로 하여금 '눈에 보이는 것만 좋아하다가 정작 중요한 것을 놓치게 만들 수 있다'는 것이다.

거기에는 약간 부조리한 면도 있다. 내가 가장 좋아하는 지도교수 중 한 분이 내게 이런 말씀을 하셨다. "원한다면 나도 문제 행동을 100% 줄일 수 있다는 것을 보여 주는 연구를 할 수 있어! 만약 어린 아이가 '바람직하지 않은' 행동을 할 때마다 부모가 아이를 때리거나 길거리에서 하룻밤 자게 한다면, 나는 내 연구가 몇 주 후에 아이를 더 고분고분하게 만들 거라고 장담하네." 분명 그분은 학대를 지지하지 않는다. 그의 요점은 데이터는 신중하게 소비되어야 하며, 공포감을 주면서 강요하는 방식으로 이루어진 행동 변화는 자랑할 만한 데이터가 아니라는 것이었다.

증거 기반의 양육 지침들은 주로 행동의 변화 여부로 성공을 측정한다. 하지만 그것만으로는 어떤 것을 성공시켰다고 볼 수 없다. 아이가 동생의 장난감을 더는 빼앗지 않지만 여전히 여동생이 자기 세계를 뒤엎을까 봐 걱정한다면, 부모는 아이를 도운 것이 아니라 그저 부모 자신을 도왔을 뿐이다. 그것도 그런 행동을 유발하게 만든 아이 내면의 깊은 감정들은 인정받거나 도움받지 못한 채 점점 커지다가 갑자기 튀어나왔을 그 순간만 일시적으로 말이다.

나는 다음 두 가지 모두 사실이라고 본다. 데이터는 분명 중요하다. 그리고 우리가 어떤 증거 기반에 관심을 두고 있는지도 다시 돌아보아야 한다. 통제나 강제, 유기 공포를 통한 행동 변화를 보여주는 데이터는 의심의 눈으로 보아야 한다. 그것은 나에게 설득력 있는 증거가 분명 아니다.

행동교정요법이 매력적으로 느껴지는 또 다른 이유는 그것이 유형적이고 명확하다는 것이다. 칭찬 스티커로 좋은 행동을 보상하는 방법은 이해하기 쉽다. 하지만 애초에 아이가 왜 좋은 행동을 하지 않았는지 근본 원인을 찾기가 쉽지 않다. “잠시 네 방에 가서 생각해”라고 말하는 식의 타임아웃 접근도 어려운 질문을 건네는 것보다 더 쉽다. 하지만 우리는 ‘더 어려운’ 선택을 해야 중요한 결과를 얻을 수 있다.

행동은 겉으로 드러나는 현상일 뿐이다. 결국 중요한 것은 그 행동을 하는 사람, 그 사람이 왜 그렇게 하느냐’라는 것이다. 작가 알피 콘(Alfie Kohn)은 자녀교육서 《훈육의 새로운 이해(*Discipline: From Compliance to Community*)》(시그마프레스, 2005)에서 전통적인 규율이 일시적으로 행동을 바꿀 수는 있지만, 성장하도록 도울 수는 없다고 설명한다. 그래서 주어진 행동을 '통찰'할 수 있는 능력을 길러 문제 행동을 유발하는 동기를 이해할 뿐 아니라 그 동기에 영향을 미칠 방법을 알아낼 것을 촉구한다.

그러면 어떻게 해야 하는가? 더 깊은 곳에 있는 행동을 보기 위해 부모는 자녀의 모습을 어떻게 살펴야 하는가? 말대답을 하거나, 음식을 내던지거나, 자녀들이 가구 위로 뛰어 올라갈 때 그런 원칙대로 사고하기란 쉽지 않다. 이럴 때 호기심에서 시작하면 좀 더 쉽다. 다음은 힘든 상황을 만났을 때 당신이 떠올려야 할 질문들이다.

- 아이의 행동에 대한 나의 가장 관대한 해석은 무엇인가?
- 저 순간에 아이에게 무슨 일이 일어나고 있는 걸까?
- 저행동을 하기 바로 직전에 아이는 어떤 기분이었을까?
- 아이가 어떤 충동을 조절하느라 힘든 시간을 보낸 걸까?
- 아이와비슷한 모습을 보였던 예전의 나는 없었을까? 있다면 그 때 나는 무엇을 두고 투쟁했을까?
- 우리 아이는 내가 자신의 무엇을 이해하지 못한다고 느끼고 있을까?
- 내아이는 선하고 착한 아이인데, 무엇이 아이를 이토록 힘들게 만드는 걸까?
- 이런 행동 이면에 펼쳐져 있는 더 깊은 주제는 무엇인가?

우리는 이 질문들에 대해 솔직한 답을 찾아야 한다. 다음으로는 그 답에 포커스를 두고 자녀와 연결하기 위해 다가가야 한다. 예를 들어, 방금 업무 전화벨이 울렸고 당신은 네 살배기 아들에게 통화하는 동안 조용히 있어야 한다고 했다. 하지만 아들은 당신이 통화하는 내내 책상 위의 물건들을 내던지며 징징거렸다. 업무 전화를 끊고 나서, 당신은 아들을 꾸짖는 대신 아이의 행동은 창문일 뿐임을 상기하며 가장 관대한 해석을 생각해낸다. 아들은 엄마와의 다정한 순간이 이어지길 원했고, 보살핌을 계속 받고 싶었으며, 아들의 여린 마음은 아직 이러한 불안을 감당할 수 없었다. 당신은 남편이 대화 중에 휴대전화를 들여다볼 때 들었던 소외된 감정을 떠올리며 그때 얼마나 서운했는지 생각했다. 당신과 아들 사이에 일어난 일과 다를 바 없다! 이 사실을 깨닫고 당신은 아들에게 이렇게 말한다.

"엄마랑 같이 놀다가 갑자기 엄마가 통화하면 네 기분이 안 좋을 수 있지. 이해해. 이런 일이 다시 생기면 어떻게 할지 연습해 볼까? 엄마가 통화할 때 몸으로 말하기를 하면 어때? 그러면 엄마가 여전히 널 신경 쓰고 있다는 걸 알게 될 것 같아."

많은 부모가 아이의 나쁜 행동에 대해 처벌하지 않는 것을 염려하거나 상식에 반하는 것으로 생각한다. '잘못된 행동을 하는' 아이에게 '긍정적인 관심'을 주면 아이가 계속해서 문제 행동을 하도록 격려할 뿐이라는 것이다. 최근 한 부모가 내게 이렇게 말했다. "저는 더 이상 딸한테 벌을 주지 않습니다. 그런데 이제 우리는 아이가 나쁜 짓을 하고도 결과적으로는 저와 아무 일 없었던 듯 관계를 갖게 되는 악순환에 빠져 버렸습니다. 이 방식이 아이가 제 관심을 끄는 방법이라고 알게 하고 싶지 않은데, 지금은 그렇게 되어 버렸어요! 도와주세요!"

이러한 우려가 들 수 있음을 이해한다. 그러나 나라면 아이의 문제 행동에 대해 연결을 줄이는 것으로 반응하기보다는 아이가 문제 행동을 하지 않을 때 연결을 늘리는 것을 생각해 볼 것이다. 문제 행동은 종종 관심이나 연결을 요구하는 표현이다. 이러한 요구 사항이 충족되면 더 이상 도와달라고 외칠 필요가 없다. 이 때문에 아이가 나쁜 행동을 보였을 때 즉각 통제하는 반응으로는 그 행동을 좀처럼 고치기 어려운 것이다.

상황을 눈에 띄게 바꾸려면 지속적인 연결이 필요하다. 그리고 문제 행동을 계속하는 아이에게는 더욱 적극적인 관심, 더욱 긴 일대일 시간과 자신의 존재가 인정받고 소중히 여겨지고 있으며 그러한 행동을 하지 않고도 정체성을 가질 수 있다는 확신을 주어야 한다. 연결 증가란 매일 10분 동안 다른 데 주의를 빼앗기지 않는 시간(Part 2에서 다룰 '집중 놀이 시간'), 또는 "얘야, 아이스크림 먹을래? 우린 특별히 즐거운 게 필요해!"라고 말하는 시간을 가진다는 의미다. 당신이 자녀에게, 특히 문제 행동을 한 전력이 있는 자녀와 함께 좋은 시간을 보내면 "난 너를 나쁜 아이로 보지 않아"라고 말하는 것과 같다.

아이가 문제 행동을 하는 동안에는? 심호흡을 하고, 시간이 다소 걸릴 수 있다고 생각하자. 아이가 문제 행동을 했을 때에도 아이와 연결되려고 노력해야 하지만, 그렇다고 파티를 열어 줄 필요는 없다.

당신은 이렇게 말할 수 있다.

"네가 힘든 거 알겠어. 네 마음을 잘 지키면서 네가 화가 났다는 걸 동생에게 알려줄 방법을 찾아 보자. 지금은 엄마가 빨래를 개야 하니까 엄마 옆에 있고 싶으면 그래도 돼. 나중에 마음이 가라앉으면 우리 둘만 이야기 나눠 보자. 알았지?"

행동을 창문이라는 관점으로 보기란, 그리고 실제로 그 창문을 통해 그 너머에서 무슨 일이 벌어지고 있는지 읽어내기란 쉽지 않다. 사실 당신이 어렸을 때 당신의 행동을 더 큰 이야기의 한 부분으로 봐 준 사람이 없었을 것이다. 행동을 단서로 보려면 연습이 필요하다. 꾸준한 노력과 반복이 필요하고, 기분이 좋지 않거나 어색한 느낌이 드는 순간을 참아내야 한다. 하지만 일단 변화를 느끼기 시작하면 자신의 노력이 성과를 내는 것을 지켜보는 것보다 더 자랑스러운 기분은 없다. 옳은 방향으로 가고 있다는 생각이 들면 기분이 좋아질 수밖에 없다.

CHAPTER 8 / 원칙 8.
수치심은 줄이고 연결은 늘리기

“제 딸은 ‘미안하다’라는 말을 하지 않으려고 해요. 어제 그 아이가 여동생이 좋아하는 인형을 숨겼어요. 동생은 계속 울고 있는데, 아이가 잘못을 인정하지 않고 사과도 하지 않겠다고 하는 바람에 정말 미치는 줄 알았어요. 아이가 전혀 공감하지 못하는 건가요?”

“제 아들은 너무 고집이 세요. 아이가 수학을 어려워해서 제가 시간을 내서 도와주고 있는데요. 제가 설명할 때 듣는 척도 안 하다가 갑자기 다 싫다며 폭발하고는 해요. 정말 화가 나서 미치겠어요. 아들이 왜 제 도움을 받지 않으려고 하는지 모르겠어요.”

“제 딸은 거짓말을 계속해요. 대개 제가 먹지 말라고 한 사탕을 먹는 것 같은 사소한 일들이었는데, 최근에 좀 큰 거짓말을 했습니다. 아이가 축구팀에서 방출됐는데 저한테 말하지 않은 거예요. 아이에게 저한테 사실대로 말해야 하고 거짓말하는 건 옳지 않다고 알려 줬지만 변하는 게 없어요.”

내 상담실에 오는 부모들은 아주 다양한 걱정을 하면서 자녀의 '나쁜' 행동을 보여 주는 여러 가지 예를 들려주는데, 그 뿌리에는 공통적으로 자주 등장하는 주제가 있다. 위의 세 가지 사례에서 살펴보자.

지금 무슨 일이 벌어지고 있는 걸까? 아이마다 공통으로 벌이고 있는 근본적인 투쟁이 있는가? 이야기를 듣자마자 확실하게 보이지 않을 수도 있지만, 이 각각의 시나리오들, 그러니까 사과를 거부하고, 고집을 부리고, 거짓말하는 시나리오에서 나는 꼼짝 못 하고 얼어붙은 아이들이 보인다. 이 아이들은 자매가 사랑하는 것을 훔쳤다는 현실, 수학에서 고군분투하는 현실, 원하는 게 있는데 얻지 못하는 현실 등 고통스러운 현실 속에서 몸부림치고 있다.

각각의 시나리오에서 부모가 설명하는 아이는 무언가에 대한 죄책감이나 굴욕감, 미안함을 느끼고 나쁜 감정을 회피하려고 애쓰다 제멋대로 반응하고 있다. 이것이 '나는 지금의 내가 되면 안 돼, 나는 이런 식으로 느끼면 안 돼'라고 말하는 경험, 즉 수치심의 본질이다.

수치심의 위험성

나는 수치심을 '내 이런 부분은 다른 사람에게 좋은 인상을 주지 않아. 아무도 나의 이런 부분을 알고 싶어 하거나 봐주려 하지 않아'라고 느끼는 감정이라고 정의한다. 수치심은 우리가 지금 모습 그대로 보여서는 안 된다고 말하는 강력한 감정이다. 수치심은 우리한테 다른 사람과 거리를 두고, 다른 사람에게 다가가지 말고 멀어지라고 한다. 그리고 수치심은 궁극적으로 두려움을 불러일으킨다. '나는 본래 나쁜 사람이야. 쓸모없는 사람이야. 사랑받을 자격도 없어. 어디에 속할 수도 없어. 혼자가 되고 말 거야.'

아이의 생존이 애착에 달려 있다는 것을 고려할 때, 아이의 몸은 수치심을 다음과 같이 이해한다. '위험해! 극도로 위험하다고!' 버림받을지 모른다는 위협으로 이어지는 감정이나 감각, 반응만큼 아이가 감당하기 힘든 것은 없다. 아이에게 있어 그것은 생존이 걸린 실존적 위험이기 때문이다.

수치심을 이해하는 데 있어 매우 중요한 사실이 있다. 수치심은 적응을 돕는 감정이라는 것이다. 어린아이에게 혼자 있다는 것은 위험에 처했다는 의미이므로, 수치심은 애착 체계 내에서 혼자 남겨지지 않도록 '애착을 얻지 못하는 부분을 숨기라'는 신호로 작용한다. '만약 네 본모습을 유지하면 넌 부모님과 함께하고 싶은 욕구를 충족시킬 수 없을 거야. 비판, 무시, 처벌, 꾸짖기, 타임아웃의 형태로 거절당하게 되겠지. 넌 버려진 느낌이 들게 될 거야. 그러니까 네가 안전하다고 느끼고 안심할 수 있으려면 마음을 있는 그대로 드러내지 마.'

이런 맥락에서 이해하면, 왜 수치심이 위기 경보 체계를 오작동하게 만드는 감정인지 알 수 있다. 수치심은 보호 장치로서 아이를 '꼼짝 못 하게' 한다. '꼼짝 못 하는' 것은 사과하지 못하는 것, 도움받기를 주저하는 것, 진실을 말하기 꺼리는 것과 같은 행동으로 드러난다. 여기서 문제는 무감각하고 멍해 보이는 아이의 모습이 부모를 화나게 한다는 것이다. 부모가 자녀의 그러한 행동을 무례하고 무관심한 것으로 오해하거나, 아이가 부모를 무시한다고 생각해서다. 그 결과, 아이의 수치심을 읽어 주기보다 부모도 소리를 지르거나, 아이와 권력 투쟁을 벌이거나, 아이를 방으로 쫓아버리게 된다. 이러한 부모의 반응은 모두 아이로 하여금 수치심을 증폭시키고, 악순환을 지속시킨다. 하지만 일단 수치심이 나타난 것을 있는 그대로 '수치심'이라고 알아차려 주면 부모는 다르게 개입할 수 있다.

자녀의 수치심 감지하고 줄이기

'수치심 감지'는 부모라면 누구나 도구함에 갖고 있어야 할 매우 중요한 기술이다. 갖가지 형태로 나타나는 수치심을 알아볼 수 있는 능력은 부모의 슈퍼파워와 같다. 일단 수치심을 알게 되면 그에 따라 우리의 대응 방법을 바꿀 수 있기 때문이다. 무조건 허용이 아니라 상황에 도움이 되는 쪽으로 말이다. 아이가 겪는 상당수의 힘든 순간에는 공통적으로 수치심이 존재한다. 그리고 어떤 상황이든 '수치심이 존재하면 더 격해지기 마련'이다. 다음에 당신이 아이와 힘겨루기를 하게 되거나, '자식 키우는 게 힘들다는 건 알지만, 이렇게까지 마음이 어려워야 하나?'라는 생각이 들 때 이 말을 떠올리라. 수치심은 종종 불난 데 기름을 붓는다.

부모로서 우리의 목표는 아이에게 언제 수치심이 생기는지 주목하고, 어떤 상황이 수치심을 일으키는지 이해하고, 그것이 어떻게 행동으로 표출되는지 아는 것이어야 한다. 그러고 나면 수치심을 줄여 주고 싶어진다. 수치심을 줄여야 아이가 다시 안전하게 느끼고 안심할 수 있게 도울 수 있다.

여동생의 애착 인형을 숨기고 이로 인해 동생이 괴로워하는데도 자기 행동을 인정하거나 사과하지 않으려는 아이를 다시 살펴보자. 사과하지 않으려는 행동은 수치심의 전형적인 예다. 아이가 '나쁜 사람이 된 것 같은 기분'에 압도되어 얼어 버리면, 아이는 냉정해지고 공감하지 못하는 반응을 보인다. 아이는 사과할 수 없다. 사과하려면 자신을 끔찍한 일을 벌인 사람으로 '보아야' 하고, 자신은 아무에게도 사랑받지 못할 거라는 원치 않는 감정에 직면해야 하기 때문이다('나처럼 끔찍한 아이는 아무도 사랑하거나 돌봐주고 싶어 하지 않아'). 아이는 사과하고 나면 버림받을 것 같은 공포를 감당할 수 없어서 더 이상의 고통을 피하려고 얼어 버린다. 그렇다. 이 모든 감정이 '미안해'라는 말을 하지 않겠다는 행동으로 표현되는 것이다.

수치심은 또한 무관심이나 무감각, 부모를 무시하는 듯한 모습으로 표현되기도 한다. 아이가 '무엇을 할지 모르는' 것처럼 보일 때마다 수치심을 느끼고 있을지 모른다고 생각하라. 수치심이 튀어나올 때, 수치심이 감지될 때의 핵심은 멈추는 것이다. 아이가 수치심에 압도되어 있을 때, 부모는 사과를 시키거나, 감사하는 마음을 불러일으키거나, 정직한 대답을 끌어내겠다는 원래 '목표'를 기꺼이 접어두고 수치심을 줄이는 데만 집중해야 한다.

다음은 수치심을 줄이는 데 도움이 되지 않는 개입이다. "동생한테 사과해. 그게 어렵니? 너는 어쩜 그렇게 동생 생각을 안 하니? 어서 사과해!" 이때 아이는 '나쁜 아이' 역할을 맡아 자신의 나쁜 면을 향해, 그리고 얼어붙은 수치심에 한층 더 가까워진다.

다음은 수치심을 알아차리고 줄이는 것을 목표로 하는 개입이다.

"'미안해'라고 말하기가 쉽지 않지. 엄마도 그럴 때가 있어. 엄마가 널 위해 먼저 해볼게."

그러고 나서 부모인 당신이 동생에게 가서 보여 준다.

"좋아하는 인형을 뺏어서 미안해."

이것이 핵심이다. 째려보는 것도, 일장 연설도, "거봐, 쉽지!"라고 말할 필요도 없다. 이것이 충분히 효과를 발휘해서 새로운 행동을 가져온다는 것을 믿으라. 나중에 아이를 압도하던 수치심이 사라졌을 때(아이는 상태가 나아지면 이내 본래의 장난스러운 모습으로 돌아오기 때문에 알아차릴 수 있다) 그때 가서 이렇게 말하면 된다.

"미안하다고 말하는 건 힘들어. 심지어 엄마는 어른인데도 힘들다니까!"

동물 인형들을 사용해 상황극을 할 수도 있다. 동물 중 한 마리가 기분이 상하는 상황을 연출하고, 동물들이 사과하는 걸 힘들어하는 스토리를 보여 주는 것이다. 그런 다음 잠시 멈추고 아이가 뭐라고 하는지 보라.

다만 자녀가 수치심에 사로잡혀 있을 때는 기꺼이 '당연히 그래야 한다고' 생각하는 지침 안내하기를 잠시 중지해야 한다. 그때에는 이러한 성찰이나 학습, 성장이 불가능하다는 점에 주의하자. 우리의 목표는 아이의 행동 교정보다 아이가 자신의 내면이 선하다고 느끼게 돕고 자신이 여전히 소중하다는 것을 일깨워 부모와 아이가 확실히 연결되는 것이어야 한다. 그러면 아이가 '압도된 상황을 벗어나는 데' 도움이 된다. 이 단계를 지나칠 수는 없다. 그야말로 우리의 몸이 그러도록 놔두지 않을 테니까.

이러한 사과의 사례가 부모로서 너무 '물러' 보이는가? 너무 '감상적'이거나 아이가 너무 쉽게 처벌을 면하는 것 같은가? 나도 전에는 그렇게 느꼈다. 아이가 "미안해"라고 사과하지 않고 넘어가게 하고 내가 대신 사과하면, 아이가 사과하지 않는 걸 눈감아주는 듯해서 걱정했다. 그리고 많은 부모가 이렇게 생각했다. "열다섯 살짜리 아이가 엄마를 자기 대신 사과해 주는 사람이라고 생각하게 둘 순 없어. 말도 안 되는 얘기지!" 하지만 아이는 다섯 살이든 열다섯 살이든, 몇 살이 되었든 수치심을 느낀다. 그러므로 당신 앞에 놓인 상황을 한번 들여다보라.

십 대 딸이 축구팀에서 방출되었음을 숨기고 있다면, 그 아이도 '어쩔 줄 모르고' 있는 것일 수 있다. 이번에는 사과를 거부하는 게 아니라 거짓말하는 행동으로 드러났을 뿐이다. 이럴 때는 "잘못했다고 인정하는 건 힘들어"라고 말하는 대신 이렇게 적용하면 된다.

"사실이 아니길 바라던 일이라 솔직하게 말하기가 힘들었을 거야. 이해해."

이렇게 말의 내용은 다르지만 나는 결국 동일한 원칙에서 개입할 것이다.

이제 잠시 멈추고 심호흡을 한 다음, 아이의 마음이 선하다는 것을 기억하라. 친절하게 행동하도록 훈련하기보다, 친절로 가는 길에 있는 장애물을 아이가 잘 다룰 수 있도록 도와야 한다. 이 장애물이 겉으로는 거친 행동으로 드러나기도 하지만, 사실은 아이가 자신을 보호하기 위해 나타내는 반응이다. 수치심을 줄이고, 어떻게 사과하는지 부모가 몸소 보여 주는(강요는 하지 않으면서) 개입을 추천하는 것은 아이의 '기분을 더 좋게' 하기 위해서가 아니다. 그렇게 개입해야 결국 아이가 '스스로' 잘못을 반성하고 사과할 가능성이 가장 크기 때문이다.

어떤 수치심은 외부 요인에 의해 야기되기도 한다. 아이가 뭔가를 '잘못'해서가 아니라, 자신이 통제할 수 없는 속성이나 상황에 의해 판단받는 세상에 살고 있기 때문이다. 예를 들어 신체적인 수치심이나 동급생들과의 경제적 차이로 인한 수치심 등으로 힘들어할 수도 있다. 하지만 다행인 것은 당신이 수치심을 줄이고 아이의 마음에 더 많이 연결되려고 노력할수록, 아이는 당신의 영향권 밖에서 수치심을 느낄 때도 그 순간을 더 잘 넘길 수 있게 된다.

아이에게 수치심을 일으키는 근원이 무엇이든 수치심을 줄이는 가장 좋은 방법은 항상 똑같다. 자신의 내면이 선하다는 사실을 아는 것, 자신이 사랑받을 만하다는 것을 아는 것, 자신이 소중하다는 것을 아는 것, 바로 그것이다.

수치심이 해결되지 않고 지속된다면

부모가 자녀의 수치심을 감지하고 줄이지 못하거나 아이 안에서 수치심이 곪아 터지도록 내버려 두면 장기적인 영향이 나타날 가능성이 있다. 요즘 부모는 이러한 결과를 한 번쯤 겪어 봤을 것이다. 우리 부모님 세대는 우리보다 행동 이면의 감정을 정확히 읽어 주는 데 덜 집중했기 때문이다. 우리 중 많은 사람은 수치심이 깊이 내재되어 있다. 특히 부모가 받아 주지 않은 우리 자신의 특정 부분에 달라붙어 있다. 문득 어른이 되어서 그때의 감정과 표현들이 문제가 되지 않음을 알게 되었을 때, 억눌려 온 어릴 적 자신이 떠올라 힘들어지고, 자신의 성숙을 방해하는 듯한 괴로움에 사로잡히기도 한다.

당신이 '강한 것'에 많은 가치를 부여하는 가정에서 자랐다고 가정해 보자. 당신은 강해진다는 것을 감정을 억누르며 산다는 의미라고 배웠다. "넌 정말 울보구나." "넌 왜 이렇게 씩씩하지 못하니?" "네가 그렇게 시무룩하면 아무도 네 곁에 있고 싶지 않아." 부모에게 이런 말을 들었던 기억이 날 수 있다. 그러면 상처받기도 하고 슬퍼지기도 하고 걱정하는 마음도 들던 자신을 겉으로 드러내지 말아야 한다고 배운 것이다. 그리고 자기 내면에서 이런 말을 자주 들었을 것이다. '난 나빠! 난 위험해! 다른 사람들과 연결되어야 안전한데 난 이런 친밀감을 맺지 못하게 하는 존재야! 나의 본심은 멀리 떨어져 있어야 해!' 이것이 바로 수치심이다.

물론, 당신의 어떤 일부의 모습이 애착을 위협하고 외로움으로 이

끈다는 생각은 본질적으로 진실이 아니다. 어떠한 감정을 가지고 있든 당신은 단단한 관계를 맺을 수 있는 존재다. 하지만 생존을 위해 어떻게 살아갈지 회로를 만들던 어린 시절의 당신은 가정에서 다른 방식이 옳다고 배웠을 뿐이다. 이렇게 학습된 생각의 회로는 쉽게 고쳐지지 않는다.

몇십 년을 빨리감기 해보자. 당신은 이제 결혼한 상태고, 직장에서는 스트레스를 받고 있다. 상사가 날마다 당신을 비난하고 있어서 온종일 직장에서 초조하고 힘에 부친다. 당신은 울고 싶고, 배우자와 자신의 끔찍한 경험을 공유해 지지받고 싶다. 그런데 어린 시절의 교훈은 잠재의식 속에 숨어 당신의 행동을 지시한다. '지지라고? 넌 약하고 불안해 보이면서 지지받을 수 있다고 생각하니? 이런 감정들은 관계를 강화하는 게 아니라 위협하는 거야! 이런 감정들을 멀리멀리 밀어내. 너를 보호하려면!' 그래서 당신은 배우자에게 가지 않는다. 친구한테도 가지 않는다. 그렇게 쌓인 감정들은 결국 과잉 반응이나 좌절감, 분노로 드러난다. 혹은 당신을 움츠리게 하고 말문을 막기도 한다. 어떤 사람은 이러한 감정을 잠재우고 밀어내기 위해 술에 의지하기도 한다.

배우자가 당신에게 이런 말을 건넬지도 모른다. "뭔가 기분이 좋지 않아 보여. 무슨 일인지 나한테 말해 봐." 하지만 당신의 마음에서는 여전히 메시지를 보낸다. '허! 나는 그 말에 안 속아! 내가 말하면 날 밀어낼 거잖아!'

아이와 마찬가지로 어른의 수치심도 긍정적인 변화와 성장의 장애물이다. 수치심은 우리가 친밀한 관계를 맺고 유지하는 방식과 양육하는 방식, 힘들어하는 순간에 반응하는 방식에 영향을 미친다. 자녀의 수치심을 감지하고 줄이는 능력을 기르면서 자신에 대해서도 생각해 보는 시간을 가져 보자. 당신은 당신의 어떤 부분을 '멀리하라고' 배웠는가? 이것이 지금 당신에게 어떤 영향을 미치는가? 당신의 자녀는 언제 생각과 행동을 멈춰 버리는 정지 반응을 보이는가? 당신 내면에서 존재 자체를 부인당하지 않고, 있는 그대로 인정받고 위로받기를 원하는 부분이 있다면 무엇인가?

수치심의 해독제, 연결이 먼저다

내담자 중 한 명이 몇 달 동안 상담을 받고 나서, 자신을 위해 '연결 먼저'라는 말을 신조로 삼았다고 한다. 그녀는 매일 하루를 시작하면서 이 문구를 떠올리고, 쪽지에 써서 냉장고에 붙여 두었다고 했다.

"박사님이 말하는 모든 것의 근본적인 주제는 '연결'인 것 같아요. 첫 번째가 연결이고, 나머지는 그다음이죠. 제 아들이 '엄마 싫어!'라고 해도 전 아이 내면에서 일어나는 일에 먼저 관심을 두어서 아이 마음에 연결할 수 있어요. 딸은 제 말을 듣지 않아요. 그래도 저는 아이한테 억지로 엄마 말을 들으라고 하지 않아요. 그래 봐야 절대 효과가 없잖아요. 대신 저는 듣는 데 어려움을 겪고 있는 아이와 연결하려고 노력해요. 제 남편이 어떤 일로 제게 화를 낼 때조차 저를 방어하기에 앞서 남편이 하는 말의 이면에 연결하려고 해요. 그리고 제 자신에게도요! 제가 무엇을 느끼거나 생각하든 그 순간 나 자신이나 다른 사람과 연결하게 되면, 그것이 결코 나쁘거나 압도적으로 느껴지지 않아요. '연결 먼저'가 관계의 모든 영역에서 도움이 됩니다."

나는 항상 이런 생각을 한다. '연결이 먼저다.' 연결은 수치심과 반대다. 수치심은 외로움과 위험과 악함을 경고하는 신호지만, 연결은 수치심의 해독제다. 연결은 함께함이 주는 안전, 선함의 신호다. 분명히 말해 연결은 승인이나 허락의 의미가 아니다. 승인은 보통 특정한 행동을 해도 된다는 의미지만, 연결은 특정한 행동 아래 존재하는 사람과의 관계에 관한 것이다. 그래서 어려운 시기를 보내고 있는 자녀와 연결하려는 노력이 자녀의 나쁜 행동을 '강화'하는 것은 아니다.

수치심은 어떤 시간이나 장소, 어떤 유형의 사람에게도 긍정적인 행동 변화를 불러올 동기가 될 수 없다. 수치심은 끈적끈적하다. 그리고 우리를 멈추게 만든다. 연결은 여는 것이다. 다음 단계로 한 걸음 나아가도록 안내한다. 연결이란 우리가 자녀에게 이렇게 보여 주는 시간이다. "지금 네 모습 그대로도 좋아. 네가 힘들 때조차도 네 모습 그대로 괜찮아. 내가 지금 너와 함께 있잖니, 네가 그런 것처럼."

CHAPTER 9 / 원칙 9.
사실대로 말하기

'사실대로 말하기'는 원칙이라고 하기에는 시시하고, 너무 뻔하게 들릴 수 있다. 어쩌면 이 책에 소개한 내 생각 중 가장 단도직입적인 말일지도 모른다. 하지만 사실대로 말하기란 생각보다 놀라울 정도로 힘들다. 자녀에게 솔직하게 말하려면 일시적인 기분이나 회피하려는 의도 없이 당신의 많은 감정과 한자리에 머물러야 한다. 불편한 감정이라도 자녀를 위해서 말이다.

아마 당신은 솔직한 모습을 좋게 볼 것이다. 또한 당신 자신을 거짓말하는 사람이라고 생각하지 않을 것이다. 아마 자녀에게도 거짓말하지 말라고 가르칠 것이다. 하지만 복잡하고 미묘한 문제를 해결하는 과정에서 솔직하기가 불편할 때도 자주 있다. 당신 부부가 다투는 소리를 듣고 불안해하는 아이를 안심시키다 보면 부부관계와 자신의 발끈하는 성질에 대한 자책과 슬픔, 좌절감이 든다. 자녀가 축구팀에 들지 못해 속상하다는 것을 인정하는 것, 슬픔이 때때로 내 주위에 머문다는 사실을 인정하는 것, 거절당해서 힘든 마음을 인정하는 것 등 새삼 자신의 감정에 솔직하기가 버겁게 느껴진다.

심각하거나, 상처받기 쉽거나, 꺼내기 힘든 진실에 대해 자녀와 대화하는 능력은 그 순간에 올라오는 감정을 스스로 인내할 수 있느냐에 달려 있다. 이것이 부모로서 자기 자신을 돌보는 일에 공들이는 것이 그 어떤 양육 개입보다 더 중요한 이유다. 우리가 자신의 경험을 이해하고 감정에 직면하며 고통을 참고 탐구하며 힘든 감정에 대처하는 기술을 더 많이 익힐수록, 우리의 존재가 자녀에게 더 많은 도움이 될 것이다. 양육은 부모된 우리가 자신의 진실을 마주하려는 의지에 달려 있다. 그래야 자녀와 더 잘 연결될 수 있다.

부모들은 종종 진실을 말하면 자녀가 너무 무서워하거나 감당하지 못할 것이라고 걱정한다. 하지만 정작 아이를 두렵게 하는 것은 사실이 아니라 '사실을 듣지 못해 소외당하고 혼란스럽고 외롭다고 느끼는 것'이다. 아이는 자신이 처한 환경의 변화를 알아차리게 되어 있다('부모님이 왜 걱정스러워 보이지?' '내가 할머니에 대해 우연히 들은 대화는 무슨 의미였지?'). 그렇게 감지된 변화를 인지적으로 이해하지 못할 때 그 괴리감에서 두려움이 든다. 어른들이 그 불안을 없애고 안전하다고 결론을 내려줄 때까지 아이의 두려움은 이어진다.

이는 인간의 아주 오래된 본능적 반응이다. 숲에서 뭔가 울음소리가 들렸을 때, 어른이 나서서 저 소리는 다람쥐가 내는 것임을 확인해 줄 때까지 아이는 그 소리를 곰이라고 여기고 긴장하고 있어야 했다. 때로는 어른들이 그 소리가 정말 곰이라고 알려줄 수도 있다. 어느 쪽이든, 아이는 어른이 사실을 알려줄 때까지 두려워한다. 설사 부모가 '최악의 경우'라고 확인해 준다 해도, 아이는 어른이 자기를 보호하고 있다는 것을 알기 때문에 안심하게 된다. 아이는 자기를 솔직하게 대하고, 지지해 주고, 배려하는 부모에게서 안전을 느낀다. 그런 존재가 있을 때 아이는 사실 그대로의 힘든 정보라도 감당할 수 있게 되는 것이다.

만약에 그러한 어른이 없다면 어떨까? 아이가 무슨 일이 일어나고 있는지 어떤 설명도 듣지 못한 채 두려움을 혼자 견뎌야 한다면? 이런 경우에 딱 들어맞는 말이 있다. '정형화되지 않은 경험'이다.* 이것은 어떤 일이 일어나고 있는지에 대한 명확한 설명 없이 무언가 잘못됐다고 막연하게 느끼는 것을 말한다. 정형화되지 않은 경험은 아이에게 두려운 것이다. '무언가 잘못된 것 같은' 느낌이 드는데, 안전이라는 닻도 달지 않아서 혼란스럽고 요동치는 것 같다. 게다가 아이가 혼자서 무서운 변화를 해석하고 이해하게 내버려 두면, 아이는 보통 자신에게 통제를 가하는 방법에 의존하게 된다. 예를 들면 자책('나 때문에 이런 일이 벌어졌나 봐. 나는 나빠')과 자기 의심('내가 잘못 느끼는 걸 거야. 뭔가 문제가 있으면 부모님이 말씀해 주셨겠지. 내 느낌은 믿을 수 없어') 말이다.

자녀를 혼자 내버려 두는 대신 무엇을 해야 할까? 자녀가 가장 사랑하고 신뢰하는 어른인 부모와 연결되도록 분명하고 직접적인 정보를 숨김없이 공유하는 것이다. 그러면 아이는 안전하다고 느끼고 회복력을 기르는 데 도움이 될 것이다. 이제 다음 사항에 유의하라.

---

* D. B. Stern, "Unformulated Experience: From Familiar Chaos to Creative Disorder," Contemporary Psychoanalysis 19(1), 1983, 71-99

나는 불필요하게 자녀에게 겁주는 것을 지지하지 않는다. 그 반대다. 나는 자녀의 힘을 북돋아 주는 것을 지지한다. 이러한 역량은 보통 스트레스에 대처하는 법을 배우는 데서 온다. 이를 위해서는 진실을 회피하지 않고 진실에 기꺼이 다가갈 수 있는 부모가 필요하다. '조절'로 가는 길은 이해에서 출발한다. 다시 말해 부모가 힘든 진실에 직면하는 것을 지켜보면서 아이는 감정 조절하는 법을 배우게 된다.

사실대로 말한다는 것은 상황에 따라 의미가 다르다. 그것은 자녀가 요구하는 여과되지 않은 전체 정보를 항상, 모두 제공한다는 의미는 아니다. 때로는 그런 정보가 없을 수도 있다. 당신이 진실을 말하는 방법에는 네 가지가 있다. 자녀의 인식 인정하기, 자녀의 질문 존중하기, 내가 모르는 것 인정하기, 정확히 무엇이 아니라 그 방식에 집중하기가 그것이다. 이제부터 하나씩 살펴보자.

"네 생각과 느낌은 너만 알아"

나는 아이에게 '사실대로 말해야 하는' 상황일 때, 자주 이런 말로 시작한다.

"이런 상황이 일어났어. 네가 알아챈 게 맞아."

이렇게 말하는 것은 매우 중요하다. 아이는 자기가 처한 환경을 깊이 감지하고 지각하는 사람이다. 위험한 것과 무시할 만한 것, 안전한 것을 구별할 만큼 충분한 인생 경험을 쌓지 못했을 뿐이다. 연구를 통해 아이가 어른보다 자기가 처한 환경의 세세한 부분을 더 많이 알아차린다는 사실이 밝혀졌다. 우리는 종종 "우리 아이는 그걸 알아채기에는 너무 어려" 또는 "그 아이가 그걸 알아챌 리 없어"라고 이야기하지만, 그렇지 않다. 만약 당신이 주변 환경에서 무언가를 알아차렸다면, 아이 또한 알아차렸을 것이다. 일반적으로 아이는 힘이 없다. 그래서 아이들은 예리한 관찰자가 된다.

당신이 세 살배기 딸과 블록을 가지고 놀고 있는데 남편이 현관에서 진공청소기를 사용하기 시작한다고 해보자. 진공청소기는 성인에게 두려운 존재가 아니다. 우리는 청소기 소리를 들으면 반사적으로 이런 설명이 떠오른다. '청소기 소리구나. 별일 아니야.' 반면 어린아이는 이것을 예기치 않은 변화로 받아들인다. 그래서 딸이 울면서 엄마한테 매달리거나 갑자기 소리치며 달아날 수도 있다. 아이가 인지한 것이 사실이라고 확인해 주려면 당신은 이런 식으로 말할 수 있다.

"아빠가 청소하나 봐. 청소기 소리는 아주 크지? 갑자기 큰 소리가 나서 무서웠구나. 그런데 저 큰 소리는 진공청소기에서 나는 거니까 무서운 게 아니야. 엄마는 여기 있어. 넌 안전해."

자녀가 당신을 힘들게 하려고 하거나 '별일 아닌 일로 법석을 떠는 것'이 아니다. 아이를 겁주는 것은 진공청소기 그 자체가 아니라, 아이가 이해하지 못하는 갑작스러운 큰 소음이다. 이 시나리오의 목표는 아이가 소리를 알아채지 못하게 하는 것이 아니라 소리에 대한 이야기를 만들어내는 것이다. 아이는 일단 진공청소기 소리를 이야기와 연관시키는 법을 배우고, 자신을 지지해 주는 부모가 옆에 있다고 느끼면, 그 소리가 덜 무서워진다.

이 접근법은 아이의 반응을 볼 수 없는 상황에서도 역시 중요하다. 아이가 식탁에서 간식을 먹고 있는데 엄마아빠가 안방에서 말다툼하고 있다고 상상해 보라. 언성이 올라가고 불쾌한 말들이 오간다. 상황이 고조되자 엄마아빠를 찾아와 울먹이는 아이에게 무엇이 진실인지 확실히 알려주는 것은 이렇게 말하는 것이다.

"아빠랑 엄마가 서로 의견을 말하다가 감정이 상해서 큰 목소리가 나왔어. 네가 놀랄 만했어."

만약 아이가 설명이 필요 없다는 표정으로 계속 간식을 먹고 있어도 이런 말을 건네야 할까? 나라면 꼭 할 것이다. 나는 아이가 상황을 감지한다는 것을 안다. 그래서 아이가 평온해 보여도 두려움이라는 감정에 반응하고 있다고 가정하고, 아이가 그 감정과 단둘이 있게 두지 않을 것이다.

'큰 목소리'에 대한 나의 설명은 매우 간단하게 시작되었다. 나는 목소리에 대해 언급했다. 그리고 아이가 인식한 내용을 인정했다. 이것이 중요하다. 사실을 말할 때는 사건을 가장 단순하고 직접적으로 설명해야 하는 경우가 자주 있다. 나는 종종 마음을 이렇게 다잡는다.

'일어난 사실만 말하자. 진실이 무엇인지 말하고. 더 보탤 건 없어.'

이렇게 해서 나는 이 순간 아이에게 필요한 것, 즉 부모라는 존재와 아이가 이해할 수 있는 이야기를 전할 수 있다. 이후부터는 상황에 따라 다른 말을 덧붙일 수 있다. 아이에게 잘못이 없다고 확신시키거나(특히 어른들의 격한 감정이나 말다툼이 있었을 때) 아이의 걱정에 말을 거는 문장도 자유롭게 만들어 낼 수 있다(예를 들면 진공청소기 사례에서 "저 녀석은 시끄럽지만 나는 안전해"). 그러나 이 모든 것보다 중요한 일은 아이가 사실을 정확히 인식했는지 확인하는 것이다.

아이가 제대로 인식했는지 확인해야 하는 이유는 부모가 사실대로 말하지 않거나 "별일 아니야" 또는 "우리 아이는 너무 어려서 알아차리지 못했을 거야"라고 가정해 버리면 아이는 자기가 인식한 것을 의심하도록 배우기 때문이다. 아이는 '아무 일도 없었나 봐, 내가 틀렸나 봐'라고 생각할 것이고, 시간이 지나도 그 메시지는 계속 남는다. 이것은 마치 자녀에게 주변에서 일어나는 일들을 무시하도록 훈련시키는 것과 같다.

이런 훈련은 청소년기와 성인기까지 이어질 것이다. 아들이 친구들의 부당한 압력에 저항하기를 바라는가? 아들이 "이건 옳지 않은 것 같아. 나는 안 할래"라고 말하려면 자기가 상황을 인식하고 판단한 바를 믿어야 한다. 딸이 데이트하다 마음이 불편해졌을 때, 자기 생각대로 행동하기를 바라는가? 만약 어려서부터 부모가 딸이 인식한 것을 인정해 주고 딸이 자기를 신뢰하는 능력을 갖추게 했다면, 딸은 "난 이 상황이 편하지 않아" "그만해, 난 그게 싫어"라고 더 쉽게 말할 것이다.

자녀가 인식한 것이 사실이라고 확인해 주면, 나중에 옳지 않은 상황을 마주한 자녀가 그것을 제대로 인식할 수 있게 준비시킬 것이다. 게다가 자녀는 자기 목소리를 낼 수 있을 만큼 충분히 자신을 신뢰하게 된다. 자기 신뢰는 청소년기나 성인기에 저절로 발달하지 않는다. 아주 어린 시절부터 우리 몸에 갖춰지는 것이다.

"제 아이는 이미 십 대예요. 저는 이 훈련을 제대로 해주지 못했는걸요. 그 시기를 놓치고 말았네요!" 이런 생각이 든다면, '너무 늦지 않았다' 원칙으로 돌아가자. 언제든지 다시 연결할 수 있다. 청소년 자녀에게 당신의 양육에 대해, 당신이 깨달은 것에 대해, 당신이 어떻게 다르게 하고 싶은지에 대해 이야기하라.

"넌 그런 식으로 느낄 수 있어."

"네 몸의 유일한 주인은 너야. 네 기분과 네가 원하는 것을 알 수 있는 사람은 너뿐이야."

아이의 질문에는 사실로 답하라

질문에 대해 생각해 보자. 아이가 불편한 질문을 던질 때가 있다. 예를 들어 나이에 맞지 않게 너무 '성숙한' 질문을 할 때, 우리는 어떻게 해야 할까? "엄마는 언제 죽나요?" "아기는 어떻게 뱃속에 들어갔나요?" 이러한 질문들 말이다.

만약 당신이 여느 부모들과 같다면, 사실대로 말하기를 회피하거나 '내 아이는 이런 정보를 들을 준비가 되어 있지 않아!'라고 생각하고 싶을 것이다. 내 생각은 이렇다. 아이가 이런 질문을 하기 시작하면, 대답을 들을 준비가 된 것이다. 혹은 적어도 진실을 알려 주는 단어와 사실로 시작되는 대답을 들을 준비가 된 것이다. 그러니 그렇게 답변을 시작해 주고 나서, 잠시 멈추고 설명을 더 해야 하는지 살펴보면 된다. 어떻게 들릴지 모르겠지만, 질문한다고 답을 아예 모르는 것은 아니다. 질문한다는 것은 배움에 관한 관심과 준비 상태를 나타내기도 한다.

질문하려면 기본적인 지식과 호기심이 있어야 한다. 내게 물리학자인 친구가 있는데 그 친구가 이렇게 말했다고 해보자. "나는 분자 광분해를 연구하고 있어. 너무 신나! 혹시 궁금한 거 있으면 다 물어봐!" 나는 정말 어리둥절할 것이다. 나는 분자 광분해에 대해서는 아무것도 모른다. 그러니 "분자 광분해가 뭐야?"라는 것 말고는 별로 물어볼 것도 없다. 만약 더 복잡한 질문을 할 수 있다면, 나는 그 주제에 대해 이미 복잡한 지식을 가지고 있음을 보여 주는 사인이 된다.

죽음에 관해 묻는 아이는 이미 죽음에 대해 생각해 본 것이다. 임신의 해부학적 세부 사항에 관해 묻는 아이는 이미 그 일이 어떻게 일어나는 건지 생각해 본 것이다. 질문하는 아이가 '이미' 자신에게 생긴 감정이나 생각, 이미지들과 함께 혼자 남지 않으려면 답이 필요하다. 그러니 '우리 아이는 아직 준비가 안 됐어!'라고 생각하는 걸 멈추고, '준비됐든 아니든, 이미 기본은 돼 있는 거야'라고 떠올리자.

부모도 모른다는 것 말해 주기

때때로 부모는 자녀의 질문에 사실대로 대답하지 못한다. 그러고 싫어서가 아니라 답을 몰라서 그렇다. 모르면 모른다고 자녀에게 솔직하게 이야기하는 것은 '사실대로 말하기' 원칙의 중요한 반복이다. 예를 들어 코로나 대유행 초기에 부모들은 나에게 "이 일이 어떻게 될지 모르니까 아이에게도 곧 끝날 거라고 안심시킬 수가 없어요!"라고 말하고는 했다. 부모들은 자녀에게 바이러스와 이것이 삶에 미치는 변화에 대해 말하지 못하는 것은 여기에 대한 정보가 부족해서라고 변명했다.

아이에게 미래를 안심시킬 필요는 없다. 중요한 건, 아이는 지금 이 순간에 지지받는다고 느껴야 한다는 사실이다. 정답이 필요한 게 아니라 자신의 감정을 인정받고 외롭지 않아야 한다. 이는 어른에게도 필요한 것이자 가능한 한 빨리 아이의 몸에 만들어 주고 싶은 회로다. 앞으로도 당신은 모든 질문에 답을 알지 못할 것이다. 그렇지만 그때마다 안전하다고 느끼게 하고 만족감을 주려고 노력하면 된다.

답을 정확히 모를 때, 나는 '내가 모르는 것은 이것이고, 내가 아는 것은 저것이다'라는 공식을 자주 사용한다. 이 경우 '내가 아는 것'은 기본적으로 나라는 존재와 내 아이를 위해 아이와 함께한다는 사실이다. 그게 우리가 실제로 아는 전부다. 이것은 이렇게 말하는 것일 수 있다.

"피 뽑는 게 겁나는구나. 피 뽑는 시간이 얼마나 걸릴지, 얼마나 아플지는 정확히 모르겠어. 엄마가 아는 건 아프겠지만 조금 지나면 괜찮아진다는 거야. 엄마가 같이 있을게. 우리는 함께 이겨낼 거야."

좀 더 큰 문제로 가 보자. 자녀에게 할머니가 큰 병에 걸리셨다고 전해야 하는 상황이다. 아이가 "할머니 괜찮으실까? 다 나으실까?"라고 물으면 "잘 모르겠어"보다 이런 식으로 답하면 될 것 같다.

"좋은 질문이야. 엄마는 할머니가 나으시길 바라지만, 진짜로 나으실지는 알 수 없어. 엄마가 아는 건 힘들더라도 너한테 사실대로 말해 줄 거고, 네가 이 일로 실망하거나 슬퍼지면 엄마가 함께할 거라는 사실이야."

힘든 진실에 대비시키기

부모들은 어떻게 사실대로 이야기를 전달해야 하는지에 대해 자주 고민한다. "아이에게 할아버지가 돌아가셨다는 소식을 어떻게 전해야 할까?" "노숙을 설명하려면 어떤 표현을 사용해야 하나?" 여기서 잠깐, 불완전한 상황을 설명하는 완벽한 단어는 없다. 우리가 말하는 방식, 예를 들어 속도나 말투, 잠시 멈추기, 아이가 괜찮은지 확인하기, 등 쓰다듬기, "중요한 질문이야" 또는 "우리가 이 일에 관해 이야기하게 되어서 정말 기뻐"라는 식으로 말하는 것 등의 전달 방식을 고려하는 것이 가장 효과적이다.

설령 '완벽한 문구'가 있다고 해도 차갑거나 거리감이 느껴지는 말투를 사용하거나 아이의 감정을 묻고 다독여 주지 않는다면, 아이는 혼란스럽고 외롭고 감당하기 힘든 기분이 들 것이다. 아이의 몸이 가장 크게 기억하는 것은 바로 사랑이 넘치는 부모라는 존재와 부모가 자녀의 경험에 기울여 준 관심이다.

힘든 진실에 대해 말해야 한다면, 다가올 일에 아이가 대비하도록 준비하는 것부터 시작하자. 눈을 맞추면서 천천히 이렇게 말하면 된다.

"엄마가 우리 모두 엄청나게 충격받을 일을 이야기하려고 해."

그런 다음 심호흡하라. 그러면 당신의 몸은 안정되고, 아이에게는 힘든 순간에 당신한테서 이런 조절 능력을 '빌릴' 수 있는 기회가 생긴다.

그런 다음, 완곡한 표현이 아닌 실제 단어를 사용해 무슨 일이 일어나고 있는지 설명하라. "할아버지는 더는 여기 안 계셔"라든가 "할아버지께서 오랫동안 주무시게 되었어"가 아니라, "할아버지께서 오늘 돌아가셨어. 죽는다는 건 몸이 활동을 멈춘다는 것을 뜻해"라고 말하는 것이다. 힘든 진실을 전달한 후에는 잠시 멈추라. 정보를 더 건네기 전에 아이의 상태를 살피라.

"이런 이야기를 들어서 놀랐지? 네 마음은 어때?"

"이 일로 슬퍼해도 돼. 엄마도 슬퍼."

어쩌면 그냥 아이의 등에 손을 얹고 아이를 지지해 주는 눈길을 건넬 수도 있다. 자녀가 말("너무 슬퍼요") 또는 표정(울기, 화난 표정)으로 감정을 표현하면 그것을 수용하거나, 인정해 주거나, 그렇게 느껴도 된다고 응답하라.

만약 아이가 힘든 답을 요구하는 질문을 한다면, 당신은 이렇게 답변을 시작할 수 있을 것이다.

"그건 매우 중요한 질문이야. 이제 말해 줄 텐데, 어쩌면 마음이 더 힘들어질 수도 있어. 하지만 이야기를 들으면서 아빠가 네 곁에 있다는 거 잊지 마."

때로는 부모 자신의 감정을 좀 더 가라앉히고 싶을 수도 있다.

"훌륭한 질문이야. 아빠도 훌륭하게 대답하고 싶어. 다만 너랑 이 문제를 이야기하려면 아빠에게도 시간이 좀 필요해. 네 질문에 대답하는 건 아주 중요하기 때문이야."

여기서 핵심은 아이가 다시 말을 꺼내지 않더라도 준비가 되면 아이에게 답을 주는 것이다. 그렇게 하지 않으면 아이는 더 큰 두려움에 떨게 될 것이다. 애초에 질문을 만들어 낸 정보와 그때의 감정을 소화하지 못한 채 홀로 남게 되기 때문이다.

마지막으로, 울어도 괜찮다. 당신이 감정에 정직하게 반응하고 있고, 그럼에도 당신이 여전히 강한 부모로서 아이 곁에 있다는 것을 아이에게 알려 주라. 당신의 감정이 아주 크더라도 말이다. 감정은 늘 새롭게 솟기 때문에 힘든 일이 생길 때마다 영향을 받지만, 우리는 그것을 극복하려 애쓰고 있고, 그러한 과정을 겪어 내는 모습을 보여 주는 것이 자녀에게도 좋은 교훈이 된다.

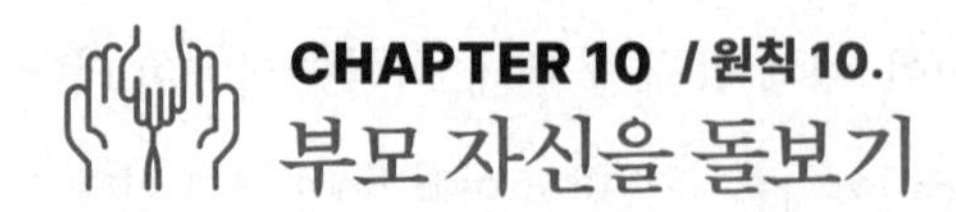

CHAPTER 10 / 원칙 10. 부모 자신을 돌보기

———————— "우리 엄마? 엄마는 나를 위해 모든 것을 해 줬어." "엄마는 항상 나를 최우선으로 생각했어." "엄마는 자신을 돌본 적이 없어. 우리를 돌보느라 너무 바빴거든." 나는 내 아이들이 커서 나에 대해 이렇게 말하지 않았으면 좋겠다. 나는 아이들이 이런 식으로 나를 기억하지 않기를 바란다.

대신 나는 내 아이들이 이렇게 말했으면 좋겠다.

"우리 엄마는 자기 자신을 위한 시간을 가질 줄 알았고, 내가 엄마를 필요로 하는 순간과 엄마 자신을 돌보는 시간의 균형을 잘 찾았어."

"우리 엄마는 자기 관리 그 자체였어. 엄마는 나에게 자신을 돌보는 것이 중요하다는 것과 다른 사람을 잘 돌보면서도 자기를 돌보는 방법을 가르쳐 주셨어."

혹은 이렇게까지 말한다면 어떨까?

"우리 엄마는 부모가 된다고 해서 자신을 잃는 것은 아니라는 걸 보여 주셨어. 부모가 된다는 것은 자녀가 발전하고 성장하도록 돕는 것을 의미하는 동시에 자신도 발전하고 성장하는 거라고."

요즘같이 주의를 기울여야 할 것이 많은 양육의 세계에서 자녀를 갖는다는 것은 자기 정체성의 희생을 의미한다는 일반적인 오해, 즉 자녀를 돌보는 책임을 지게 되면 더 이상 자신을 돌볼 수 없게 된다는 오해가 있다. 하지만 현실적으로 헌신적인 양육은 아무에게도 도움이 되지 않는다. 자기 그릇은 채우지 않고 자신을 내어주기만 하느라 진이 빠진 부모는 감정이 쉽게 고갈되고, 이는 부모 자신에게 도움이 되지 않는다. 자녀는 부모가 진이 빠진 채 고갈되는 것을 즉각 알아차리고 죄책감을 느끼거나, 염려하거나, 불안해할 수 있으므로 자녀에게도 도움이 되지 않는다.

부모가 자기를 돌보는 데 어려움을 겪는 이유는 많다. 부모는 자기를 돌보는 일이 이기적인 것처럼 느껴지고, 자녀를 '더 나아지게' 하거나 '성공'하도록 준비시키는 데 모든 시간을 바쳐야 한다는 압박감을 느낀다. 그렇게 긴 하루를 보내고 나면 자신을 위해 쓸 만한 시간과 에너지도 남지 않는다. 게다가 직장을 다니거나 의지할 수 있는 양육 지원을 받지 못하는 부모라면 자기를 돌본다는 게 그림의 떡일 수 있다.

부모는 자기를 먼저 생각할 때 죄책감을 느끼게 된다. 그런 죄책감은 자녀가 저항하면 더 심해질 뿐이다. 예를 들어 만약 당신이 아이 친구들을 초대해 노는 날을 갖지 않겠다고 하면(자기 돌봄을 위한 작은 행위!), 아이가 "엄마가 집에 다른 사람들이 오는 걸 싫어해서 오늘 내가 친구랑 놀 수 없는 거예요?"라고 말하는 식이다. 또는 머리를 식히려고 산책을 하려는데 이런 말을 들을 수도 있다. "아빠 혼자 산

책을 간다고? 아빠는 나랑 같이 있고 싶지 않은 거야?" 모처럼 친구들을 만나기로 한 날에는 아이가 당신에게 이렇게 말할지도 모른다. "오늘 저녁에 나는 누구랑 자? 나 재워 주는 대신 엄마는 모임에 나간다고?!"

하지만 아이의 이런 말들에도 불구하고 부모가 부모 자신을 돌보는 일에 경계를 확실히 정하면, 아이는 사실 편안함을 느낀다. 부모는 가족을 이끄는 사람이고, 아이는 자기 지휘관이 강인하고 자신 있는 사람이기를 바란다. 헌신적인 양육은 '자아가 없는' 지휘관이 펼치는 양육이며, 아이는 그런 지휘관에게서 안정감을 느낄 수 없다. 아이는 자기 지휘관이 존재감 없고 다른 사람에게 쉽게 압도당하고 길을 잃는 사람이라고 느끼고 싶어 하지 않는다.

다른 사람의 욕구를 충족시키려고 자신의 욕구를 억제하는 것이 자연스러운 사람은 없다. 만약 당신이 가족을 위해 자신을 희생하는 경향이 있다면, 이러한 가치들은 당신 몸에서 회로가 발달하는 시기인 어린 나이에 당신에게 전달되었을 것이다. 그러니 만약 자기 돌봄을 우선시하기가 어렵다고 느껴지면 이 사실부터 떠올리라. '나는 유년 시절에 나보다 다른 사람의 욕구에 더 주의를 기울였고, 그렇게 나의 애착을 맺어 왔어. 눈치를 보느라 나는 나의 욕구를 외면해 왔어.'

우리는 뭔가 대담한 변화를 모색하거나 새로운 것을 시도하기 전에 이미 존재하는 자신의 행동 양식부터 인정해야 한다. 그리고 우리의 투쟁을 이해해 변화의 필수 요소인 선한 내면에 접근해야 한다.

우리는 자기 자신을 너그럽게 이해하고 나서야 자기와의 대화 방식을 바꾸고 이렇게 말할 수 있다. '나는 나 자신의 진정한 바람과 욕구를 찾고 그것들이 가치 있다는 사실을 떠올리려고 노력하는 중이야. 새로운 것을 시도할 때 내 몸은 불편하다고 느끼겠지. 그건 내가 회로를 새로 배치하고 있다는 신호기도 해. 어렸을 때부터 경험해 보지 못했던 거니까. 그래서 불편하다는 이 느낌은 뭔가 잘못하고 있다는 증거가 아니라 내가 변한다는 증거야.'

자기 돌봄을 할 일 목록의 하나로 올려두면 뭔가 대단히 큰일처럼 느껴질 수도 있다. '아이의 문제 상황을 바꾸려면 먼저 내 안의 모든 것을 바꿔야 한다고?' 하지만 간단하게 재구성만 해도 자기 돌봄을 힘을 북돋아 주고 희망을 주는 과정으로 받아들일 수 있다. '나는 내가 옳다고 느끼는 방식으로 내 아이를 키우고, 또한 내 안의 오랜 문제를 치유할 기회도 가질 거야. 난 둘 다 할 수 있어.'

자신을 위해 쓸 에너지가 없으면 자녀에게 쏟을 에너지도 없다. 자신을 인내하지 못하면 외부로 인내심을 발휘할 수 없다. 나 자신과 맺는 관계의 질이 좋아야 다른 사람과 맺는 관계의 질도 좋을 수 있다.

자기 돌봄을 위한 여러 가지 전략

심호흡하기

당신은 이미 호흡을 가다듬는 것이 얼마나 중요한지 잘 알 것이다. 그래도 나는 이 주제를 생략할 수 없다. 심호흡보다 더 기본적인 시작은 없다. 심호흡을 당신의 모든 대응 전략을 여는 열쇠라고 생각하라.

심호흡은 스트레스를 완화하고 혈압을 낮추는 등 여러 가지 중요한 신체 과정을 조절한다. '복식 호흡'으로도 알려진 횡격막 호흡은 몸에서 가장 길고 복잡한 뇌신경인 미주신경을 자극한다. 미주신경은 부교감신경계, 즉 '휴식과 회복' 체계('투쟁 도피' 체계와 반대되는 공감 체계)의 주요 구성 요소로, 몸이 안전감과 통제감을 느낄 수 있게 한다.

이를 근사하게 말하면 깊은 복식 호흡이 진정 과정을 담당하는 몸의 회로를 활성화한다는 것이다. 짜증이 나거나 화가 나거나 좌절하거나 불안하거나 통제력을 잃을 때, 복식 호흡을 깊게 하면 '나는 안전해. 다 괜찮을 거야. 난 이 폭풍을 이겨낼 거야'라는 메시지를 보내는 뇌의 영역에 불이 들어온다. 이렇게 해서 몸이 조절을 시작하면, 우리는 보다 좋은 결정을 내릴 수 있고 자기 자신이나 다른 사람들과 기분 좋게 상호작용할 수 있다.

심호흡하는 법

나는 '핫초코 호흡'이라는 것을 한다. 내가 우리 아이들한테도 가르치는 방법이다. 부담 없이 같이 연습해 보자.

- 다리는 꼬지 말고, 발은 땅에 대고, 등은 곧게 세운 채 의자에 편하게 앉는다.

- 눈을 감거나 바닥의 한 지점에 지그시 초점을 맞춘다.
- 한 손은 배 위에, 다른 한 손은 가슴 위에 올려놓는다.
- 당신 앞에 뜨거운 핫초코가 한 잔 있다고 상상한다. 천천히 숨을 들이쉬면서 핫초코 냄새를 맡는다. 마시멜로가 날아가지 않을 정도로 숨을 아주 천천히 내쉰다. 윗입술과 아랫입술 사이에 빨대를 물고 있다고 상상해도 된다. 그러면 숨을 천천히 내쉴 수 있을 것이다. 숨을 길게 내뱉는 것이 핵심이다. 다섯 번에서 열 번 반복한다.
- 여러 생각이 떠올라 산만해지는 것이 정상이다. "안녕, 생각", "안녕, 걱정", "안녕, 계획"이라고 인사하고 호흡으로 다시 돌아가라.

수용, 인정, 허용하기

감정을 피한다고 해도 상황은 결코 당신이 원하는 대로 끝나지 않는다. 사실 고통은 피하거나 사라지기를 바라면 바랄수록 더 심해진다. 우리 몸은 '회피'를 위험을 인정하는 것으로 해석하고 내적 경보 체계를 가동한다. 불안이나 분노, 슬픔 같은 감정을 밀어내는 데 에너지를 많이 사용할수록, 감정은 더 강하게 다시 올라온다. 그래서 마주하고 싶지 않은 감정이라면 피하기보다 변화를 꾀해야 한다. 그리고 자신에게 이렇게 말해야 한다. '불안/분노/슬픔은 나의 적이 아니야. 내 불안/분노/슬픔은 여기에 있어도 좋아. 나는 이런 불편감을 참을 수 있거든.' 이러한 전술은 어떤 불편한 감정이든 해결하는 데 유용하다. 어떤 감정에 빠진 것 같다면, '수용하고, 인정하고, 허용하자'. 자기 조절에 비법이 있다면, 이것이 전부다.

적용 방법

- **수용:** 감정을 정확히 말하라. "지금 이 순간이 힘들어!" "오늘은 힘든 하루였어!" "왠지 불안해지네." "가슴이 조여오고 심장이 두근거려."
- **인정:** 그런 감정이 왜 들었는지 자신에게 이야기해 보라. 감정이 거짓말하고 있지 않다는 생각이 들 만큼 감정을 충분히 존중하라. 자신의 감각과 경험이 '이치에 맞다'라는 사실을 떠올리면 몸이 상황을 더 편안하게 받아들이는 데 도움이 된다. "나는 지쳤어. 두 아이를 돌보고 식단을 챙기는 일이 힘들 만도 하지 뭐." "팀장이 나한테 소리를 질렀어. 친구와의 저녁 식사 약속은 취소되었고. 이 정도면 힘든 것이 당연하지." "할 일이 너무 많아서 머리가 터질 것 같아. 불안하고 긴장되는 것도 당연해."
- **허용:** 감정이 어떤 식으로 나타나든 그 방식 그대로 자신이 느끼게 하라. 바보같이 들리겠지만, 이건 효과가 아주 강력하다. 자신에게 큰 소리로, 또는 마음속으로 이렇게 말한다. "사는 게 힘들 만도 해." "난 지금 느껴지는 대로 느껴도 돼." "지금은 애 키우는 게 그다지 즐겁지 않다고 느껴도 괜찮아." 이제 기억하라. 우리는 화가 나더라도 여전히 목소리를 차분하게 해야 한다고 다잡을 수 있고, 좌절하면서도 자녀를 친절하게 바라봐야 한다고 다잡을 수 있다.

욕구를 충족하고 고통을 인내하기

실험해 볼 때가 왔다! 나는 당신이 가급적이면 거울 앞에서 다음 문장을 소리내어서 말하고 나서 몸이 어떻게 반응하는지 관찰하기를 바란다.

"나한테 옳은 것이라면 다른 사람이 불편해지는 상황이 생기더라도 괜찮아."

여기서 멈춘다. 당신의 몸은 방금 말한 내용을 받아들이고 싶어 하는가, 아니면 거부하고 싶어 하는가? 당신의 반응은 어떠한가? 떠오르는 기억이나 이미지가 있는가? 여기서 유일한 목표는 당신 자신을 알아가는 것이다. 어떤 반응이 다른 반응보다 더 낫다고 할 수 없다. 어떤 데이터든 다 좋다.

무엇이 느껴졌는가? 불편했는가? 즉시 자신을 바로잡아야 한다고 느꼈는가? 확신을 가지고 말할 수 있었는가, 아니면 입에서 나오는 말을 믿기 힘들었는가? 우리 중 많은 사람이 도움을 요청하든, 자신을 위한 시간을 갖든, 심지어 배우자에게 아이를 봐달라고 하는 것이든, 나의 요청이나 주장으로 인해 다른 사람이 불편해하는 것을 참기 힘들어한다. 그게 너무 어려워서 "신경 쓰지 마, 그냥 내가 할게"라든가 "친구랑은 다른 시간에 만나도 될 것 같아", "좋아, 내가 아이들을 아침에 데려다 줄게"라고 말하면서 자신의 요구를 번복하는 경우가 자주 있다. 이러한 말은 종종 어떤 대화 패턴의 마지막에 나온다.

먼저 당신은 자신을 위해 무언가를 원한다. → 그것을 제안하거나 요청한다. → 배우자나 친구가 불편해 보인다. → 당신은 요청을 철회하여 자신의 욕구를 충족시키지 못한다.

이 패턴을 바꿀 때가 왔다. 이는 다른 사람이 불편해하거나 힘들어할 수 있다는 사실을 수용해야만 그렇게 할 수 있다. 다른 사람을 행복하게 하는 것은 우리가 할 일이 아니다. 우리가 뭔가를 주장할 때 다른 사람이 반드시 우리를 응원해 주어야 하는 것도 아니다. 우리는 다른 사람들의 '협조'가 필요하지만, '승인'이 필요한 건 아니다.

나는 내가 필요한 것을 얻으려면 다른 누군가가 불편해하거나 짜증이 날 수도 있다는 사실을 주기적으로 상기한다. 다른 사람이 힘들어한다고 해서 나의 욕구를 억누를 이유는 없다. 이를 이해하고 수용하면 나는 죄책감 없이 혼자 산책할 수 있다. 배우자가 귀찮아하는 것 같으면, "아이들을 혼자 돌보는 게 어렵긴 하지"라고 말하며 상대의 기분에 반응해 주고 문을 나설 수 있다. 만약 내가 피자가 아니라 초밥이 정말 먹고 싶다면, 기꺼이 아들의 반발을 참아도 된다.

우리 중 많은 사람이 자라면서 다른 사람의 고통을 자신의 책임으로 생각하도록 배웠다. 그래서 우리는 뭔가 의견을 내거나 싫다고 말하더라도 상대가 화를 내면 뒤로 물러난다. 하지만 이제는 심호흡을 하고 우리가 자신의 필요를 충족할 수 있는 유일한 길은 '다른 사람의 불편함을 보고 넘기는 일'일 수 있음을 기억하라. 그러면 자신을 잃지 않는 데 도움이 될 것이다.

적용 방법

- 자신에게 이렇게 말한다. "내가 뭔가 의견을 내면 다른 사람이 화

를 낼 수 있어. 그렇다고 그들이 나쁜 사람이 되는 것이 아니고, 내가 내 결정을 취소할 필요도 없어."

- 테니스장 한쪽에 있는 자신과 반대편에 있는 상대방을 상상해 본다. 그리고 이런 생각을 떠올려 보라. '나는 여기 있다. 나는 나를 위한 욕구가 있고 나를 위한 결정을 내린다. 그는 저쪽 편에 자기 자신을 위해서 있다. 내 결정에 대한 그의 느낌은 그 사람 쪽 코트에서 벌어지는 일이다. 나는 그 감정을 알 수 있고 심지어 공감도 되지만, 그건 내가 유발한 것이 아니다. 내가 그 감정을 없애 줄 필요는 없다.'

나 자신을 위한 한 가지 일 하기

자기를 돌보기가 특히 힘들다면, 자신을 위해 할 수 있는 일을 한 가지만 정해 시작해 보자. 여기서 중요한 것은 너무 거창하게 시작하지 않기다. 30분짜리 운동 수업 참가나 오후 10시 정각 취침 같은 일을 바로 시도하지는 말라. 확실히 할 수 있다는 생각이 드는 것부터 시작하라. 자기 돌봄에는 타인을 배려해야 하는 일로 가득 찬 삶 속에서도 자신을 위한 약속을 하고 지키는 것이 포함된다. 만약 그런 일을 많이 해보지 않았다면, 자기 우선시와 자존감을 위한 근육을 단련하는 연습부터 해야 할 것이다.

다음은 당신의 시작을 도와줄 소소한 자기 돌봄 활동이다.

- 아침에 물을 한잔 마신다.

- 2분간 햇볕을 쬐며 조용히 마음을 가다듬는다.
- 따뜻한 커피를 마신다.
- 제대로 된 아침 식사를 직접 요리해 먹는다.
- 마음을 가라앉히는 음악을 듣는다.
- 책을 몇 장 읽는다.
- 실컷 운다.
- 앉아서 '핫초코 호흡'을 다섯 번 한다.
- 아이 같은 자세를 취하고 쉰다.
- 염색을 한다.
- 친구와 수다를 떤다.
- 머리를 빗는다.
- 일기를 쓴다.

자기 자신을 위한 일을 한 가지 하려면, 그 순간 다른 사람이 무언가를 요구하더라도 바로 거절할 수 있는 능력이 종종 필요하다. 다음은 '나 자신을 위한 한 가지 일하기' 시간을 더 성공적으로 해내기 위해 '아니오'라고 말하는 몇 가지 대사들이다.

- "그건저한테는 별로예요."
- "아니,난 못 해."
- "물어봐줘서 고마워요. 그런데 시간이 없어요."
- "엄마가지금 볼 일이 있으니, 너는 잠시 기다려야겠구나."

- "지금당장은 못 가겠어. 기다리기 힘들겠지만 엄마가 갈 때까지 우선은 네 볼일을 보고 있어."

자기 자신 회복하기

이 책을 읽는 모든 부모에 대해 내가 알고 있는 한 가지 사실이 있다. 당신은 자녀에게 꼭 필요한 존재이길 원하고, 합리적이고 바른 태도로 양육하고 싶어 한다. 그리고 우리 자녀가 자신에 대한 긍정적 감정을 가지고 자라서 세상에 나아가서도 선한 영향력을 끼치며 살아가게 되길 바란다.

나는 또한 이 책을 읽는 당신이 순환의 고리를 끊을 것이라는 점도 알고 있다. 가족의 중심점인 당신은 이렇게 말하는 사람이다. "해로운 관계 패턴은 나에게서 멈춘다. 나는 내 자녀에게 뭔가 다른 것, 더 나은 것을 물려줄 것이다." 순환의 고리를 끊는 사람이 된다는 것은 엄청난 역할을 맡은 것이다. 당신은 정말 대단하다.

당신은 엉망이 될 것이다. 소리 지르게 될 것이고, 뭔가 말하고 나서 '내가 왜 그런 말을 했을까? 그렇게 말하려던 건 아니었는데!'라고 후회하게 될 것이다. 하지만 괜찮다. 특정한 반응이나 진이 다 빠져 버린 순간에 저지른 행동으로 당신이 정의되지 않는다. 당신은 좋은 부모이며, 자녀를 위해서뿐 아니라 당신 자신을 위해 살아가는 존재다.

자기 돌봄에는 회복을 잘하는 것이 포함된다. 실수하거나 자신에게 별로 좋게 느껴지지 않는 행동을 하더라도 우리는 자신에게 관대해야 한다. 이 책에서는 자녀의 회복을 위해 많은 이야기를 다룬다. 하지만 다른 사람을 회복시키려면 나 자신부터 회복해야 한다.

적용 방법

- 가슴에 손을 얹고 자신에게 이렇게 말하라. "힘들어해도 괜찮아. 실수해도 괜찮아. 몰라도 괜찮아. 전부 다 가지고 있지 않아도 문제없어. 넘어지더라도 나는 여전히 좋은 사람이야."
- 특히 아이를 키우다 자기한테 화가 나거나 자기가 보인 반응이 실망스러우면, 자신에게 이렇게 말하라. "나라는 사람을 내가 보인 행동으로 정의할 수는 없어. 최근에 한 행동들이 진짜 나는 아니라고."

PART 2

문제해결 실전 전략편:

연결 감정 먼저 쌓기, 행동은 그다음

CHAPTER 11
연결 감정 쌓기

“베키 박사님, 어디서부터 시작해야 할까요. 우리 집은 답이 없는 것 같아요. 늘 고함소리가 울려 퍼져요. 저희는 뭘 어찌해야 할지 몰라서 매번 먹히지도 않는 협박을 할 뿐이에요. 물론 그 협박은 먹히지 않고요. 네 살짜리 애가 한바탕 짜증을 부리고 나면 일곱 살짜리 애가 버릇없이 굴기 시작해요. 마치 돌고 도는 물레방아처럼 아이들이 번갈아 가며 말썽을 피우는 것 같아요. 어느 날은 갑자기 첫째가 자기는 멍청한 데다 친구도 없다고 말하더군요. 그런데 우리가 그 문제에 대해 이야기하려고만 하면 아이는 엄마아빠는 아무것도 모른다며 방문을 쾅 닫아 버려요. 네 살짜리 둘째는 매일 아침 유치원에 데려다 줄 때마다 안 간다고 난리를 쳐요. 이런 식으로 하루를 시작하니 너무 지치고 끔찍합니다. 제발 도와주세요!”

최근 상담을 온 두 아이 부모가 거의 애원하다시피 말문을 열었다. 나는 잠시 숨을 고르고 이렇게 답했다.

"먼저 제가 드리고 싶은 말씀은 이렇게 여기 와주셔서 기쁘다는 겁니다. 그다음으로 드리고 싶은 말씀은 제가 그 모든 문제를 해결할 수 있다는 것입니다. 하나도 빠트리지 않고요."

부모도 웃고 나도 웃었다. 나는 다시 시작했다.

"물론 오늘 당장은 아무 문제도 해결하지 못해요. 그런데 중요한 건 이겁니다. 아이와 연결되지 않고서는 행동을 바꿀 수 없습니다. 그래서 첫 번째 개입은 연결에 초점을 맞춰야 합니다. 여기서 진짜 문제는 두 분이 말씀하신 것처럼 짜증을 내거나, 말대꾸를 하거나, 문을 쾅 닫거나, 부모와 떨어지면서 울고불고하는 게 아니에요. 진짜 문제는 가족 체계가 균형을 잃은 것 같다는 겁니다. 아무도 가정에서 안정감이나 안전하다는 느낌을 받지 못하고 있어요."

이 말을 건네자 부모는 한결 편해진 듯했다. 사람들은 자신이 온몸으로 겪고 있는 문제를 누군가 정의하고 앞으로 나아갈 방향에 대해 자신감을 보여 주는 것만으로도 안심한다. 그래서 우리는 고함치는 것이나 효과도 없는 협박 같은 방법 대신 연결에 대해 대화하기 시작했다.

나는 이들에게 내가 '가성비 최고의 연결 장치'로 손꼽는 몇 가지를 소개했다. 이들은 효과가 증명된 전략들로, 나는 우리 집에서나 내담자의 가정에서 가족들이 다시 연결되어 균형을 되찾아야 할 때 몇 번이고 이를 반복해서 시도한다. 이러한 도구를 응용하는 방법들이 '이상적'으로 보일 수 있다. 하지만 나는 여기에 모두를 위한 무언가가 있다고 믿는다. 무례함이나 거짓말, 형제간의 경쟁, 짜증, 또는 특정한 문제 행동 등 가족 내 불균형이 어떤 형태로 나타났어도 상관없다. 우리가 적용할 전략들은 겉으로 보이는 문제가 무엇이든 긍정적인 변화를 촉발한다. 부모가 자녀의 행동을 고치려 하기보다 자녀와 연결하고 친밀감을 쌓으려 노력하면, 균형을 바로잡는 데 도움이 되기 때문이다. 이제는 잘 알겠지만 행동은 결코 문제가 아니다. 그것은 증상일 뿐이다. 가성비 좋은 전략은 근본적인 문제에 접근한다. 그 결과, 가정이 더 평화로워진다.

내가 내담자들에게 설명한 것처럼, 부모가 자녀와 씨름하는 이유는 거의 둘 중 한 가지 문제로 요약된다. 자녀가 원하는 만큼 부모와 연결되어 있지 않다고 느끼거나, 자녀가 욕구를 충족하지 못한 채 어떤 투쟁을 하거나 혼자라고 느끼는 것이다. 아이가 감정 은행에 계좌를 가지고 있다고 상상해 보라. 이 은행 계좌의 통화는 연결이고, 아이의 행동은 계좌의 상태, 즉 계좌에 잔액이 많은지 또는 고갈되었는지를 나타낸다.

앞서 나는 '연결 감정'에 대해 언급했다. 우리가 진정으로 아이와 연결되어 아이의 경험을 보고, 감정을 허용하고, 무슨 일이 일어나고 있는지 이해하려고 노력할 때 연결 감정이 쌓인다. 아이가 건전한 연결 감정을 쌓게 되면 자신감이 생기고, 자신이 유능하고 안전하고 가치 있다고 느끼게 된다. 그리고 이러한 내면의 긍정적인 감정은 '좋은' 행동, 즉 협력적인 태도나 유연성, 자기 조절 같은 외부적 행동으로 나타난다. 그래서 긍정적인 변화를 만들려면 먼저 연결 감정을 쌓아야 한다. 연결 감정은 아이의 '감정'을 더 좋아지게 할 것이다. 그런 다음 '행동'을 더 잘하도록 이끌 것이다. 명심하라. 행동은 맨 마지막이다. 우리는 그것부터 시작할 수 없다. 연결에서 시작해야 한다.

연결 감정은 두 가지 방식으로 흐른다는 점도 기억해야 한다. 은행 계좌처럼 우리는 정기적으로 연결 감정을 찾아 쓴다. 아이에게 방을 청소하라고 지시할 때, 예상치 못한 업무상 전화로 아이를 조용히 시켜야 할 때, "이제 일어날 시간이야" 또는 "TV 보는 시간 끝났어"라고 말할 때 연결 감정을 사용한다. 부모는 연결 감정의 소비자다. 아이가 하기 싫어하는 일을 하라고 하고, 지키고 싶어 하지 않는 규칙을 존중해 달라고 요청해야 하기 때문이다. 이는 부모가 훨씬 '더 큰 연결고리를 구축할 필요'가 있음을 의미한다. 우리는 이 자금이 바닥나지 않도록 넉넉하게 준비해 두어야 한다.

연결에 관한 가장 중요한 사실이 있다. 부모가 의연할 때 노력 대비 효과가 가장 좋다는 점이다. 우리 몸이 '투쟁 또는 도피' 상태에 있을 때는 뭐든 배우기가 쉽지 않아서, 한창 흥분한 상태에서 연결을 시도하는 것은 효과적이지 않다. 차분할수록, 우리는 속도를 줄이고 자녀와 연결되어 아이 내면의 선함을 발견하고 관계를 더 돈독히 할 수 있다.

다음 장부터 소개될 여러 도구는 자녀와의 관계를 개선하고, 새로운 기술들을 쌓고, 변화로 향하는 길을 개발하기 위해 더 차분한 순간, 즉 황금 시간대에 사용해야 한다. 가족의 분위기가 좋지 않게 느껴질 때 나는 다음과 같은 전략들로 시작하는데, 이러면 반드시 연결 감정이 쌓이게 된다.

집중 놀이 시간 가지기

집중 놀이 시간은 '전화 없이 노는' 시간으로 내가 가장 자주 추천하는 양육 전략이다. 비용 대비 효과가 큰 것으로 치면 이만한 것이 없다. 이 시간은 말 그대로 전화 없이 노는 시간이다. 아이에게 전념하려고 할 때마다 휴대전화가 가까이 있으면 얼마나 내가 산만해지는지를 깨닫고 이 시간을 생각해냈다. 나는 방에 둔 휴대전화를 수시로 확인하고 싶어 한다. 문자 메시지에 답하고, 아마존에서 쇼핑하거나, 날마다 수없이 새로 생기는 일들을 처리하려는 것이다. 휴대전화 근처에 가지 않고, 그 대신 아이들과 보드게임을 하거나 블록쌓기를 하겠다고 스스로에게 약속해도 된다. 하지만 유혹이 정말 너무 강하다.

아이는 무엇보다도 부모가 자기만 봐주기를 바란다. 부모의 관심은 아이에게 자신이 안전하고, 중요하고, 가치 있고, 사랑받고 있다는 사실을 전달한다. 그런데 부모의 기기들은 강력한 자석처럼 부모의 관심을 끌어당긴다. 아이도 부모의 그런 산만함을 느낀다. 나는 여기서 기술이나 기기 사용을 반대하는 것이 아니다. 기기 사용에 대한 '경계'를 만들자고 제안하는 것이다. 자녀뿐 아니라 부모 자신을 위해서도 말이다. 자녀에게 충분히 관심을 쏟을 수 있게 자신을 도우려면 기기 사용에 경계를 두어야 한다. 항상 멀리하라는 것이 아니다. 하지만 분명히 일정한 시간 동안은 그래야 한다.

자녀 곁에 온전히 머물며 시간을 보내는 것은 연결 감정을 쌓는 가장 강력한 방법이다. 부모 말을 잘 듣고 싶지만 잘 안 되는 아이가 있는가? 집중 놀이 시간으로 아이를 구조하라. 아이가 화를 내며 무례하게 구는가? 집중 놀이 시간이 도움이 된다. 온종일 두 아이가 말다툼을 벌이는가? 아이마다 개별적으로 집중 놀이 시간을 갖기 시작하라. 더 말할 수도 있지만 다 알아들었을 것이다.

집중 놀이 시간은 10분에서 15분 정도만 지속하면 된다. 목표는 자녀의 세계로 들어가는 것이다. 우리는 아이에게 하루에도 몇 번씩 부모의 세계로 들어오라고 요청한다. 집중 놀이 시간은 이와 반대되는 시간이다. 이 시간 동안 아이 마음대로 하게 하고, 당신은 아이를 따라가며 아이 마음을 느껴 보라. 지시하는 시간이어서는 안 된다. 가장 중요한 것은 아이의 세계에 당신이 머무르는 것이다.

집중 놀이 시간의 가장 좋은 부분 중 하나는 부모가 놀이를 더 즐겁게 할 수 있게 된다는 것이다. 방에 휴대전화가 없으면 놀이에 더 집중할 수 있다. 이 시간을 갖는 동안 나는 나에게 이렇게 말한다.

"지금 하는 일을 제대로 하는 것보다 더 중요한 일은 없어."

"다른 일은 안 해도 돼. 아들과 함께 노는 걸로 충분해. 난 그거면 됐어."

그리고 '뭔가를 더 하라'고 불러대는 전화기가 방에 없으면 실제로 나는 본격적으로 놀 수 있다.

집중 놀이 시간을 가지는 방법

1. 이 시간이 특별하다는 것을 알리는 이름을 붙인다. 나는 '집중 놀이 시간'이라는 말을 사용한다. 우리 아이들이 좋아하는 말 중에

는 약간 유치한 것도 있다. '아빠랑 단둘이 시간'이나 '엄마와 딸의 시간' 등등 어떤 이름이든 자유롭게 지어주면 된다.

2. 시간은 10분에서 15분으로 제한한다.
3. 전화, 영상, 다른 형제자매 등 집중을 방해하는 어떤 것도 없어야 한다.
4. 아이가 놀이를 고르도록 한다. 이것이 핵심이다.
5. 자녀가 주목받을 수 있도록 한다. 자녀가 무엇을 하는지 알아차리고 따라 하고 아이의 마음을 헤아려서, 아이의 마음과 생각을 읽어 주는 것만이 오로지 당신이 할 일이다.

당신이 전화기를 치웠다는 것을 적극적으로 알려야 한다. 이는 전화기가 얼마나 주의를 산만하게 하는지 당신이 알고 있다는 것을 자녀에게 보여 주며, 아이가 존중받고 있고 특별하다고 느끼도록 한다.

집중 놀이 시간을 소개하는 말들

- **나이 어린 자녀에게:** "이제부터 '아빠랑 단둘이 시간'을 가질 거야! 아빠는 너와 함께하는 시간에 집중하려고 핸드폰을 다른 방에 갖다 놓을게. 우리 둘만 있을 테니 뭘 할지 네가 선택해 봐!"
- **조금 더 성장한 자녀에게:** "아빠는 이제 너랑 집중 놀이 시간을 가질 거야. 핸드폰은 다른 데 치워 두고 우리 둘이서만 노는 시간이야. 어때? 10분에서 15분 정도 할 건데, 뭘 하면 좋을지 네가 정해 보렴."

이 시간에는 자녀의 세계에 집중해야 한다는 사실을 기억하라. 질문하지 않는 대신 자녀의 생각에 동참하라. 어색하게 느껴져도 괜찮다! 대부분의 부모는 이런 식으로 함께하는 데 익숙하지 않다. 이런 방법들을 사용해 보라.

- **읽어 주기**: "탑을 쌓고 있구나." "빨간 크레파스로 색칠을 하고 있네." 아이의 행동을 읽어 준다.
- **따라 하기**: 아이가 꽃을 그리면 당신도 종이를 들고 가까이 앉아 꽃을 그린다. 아무 말도 필요 없다. 당신이 거울처럼 아이를 따라 하면 당신이 아이에게 온 관심을 기울이고 있고, 그것이 당신에게도 가치 있고 흥미로운 일이라는 것을 자녀에게 보여 주게 된다.
- **사려 깊게 경청하기**: 아이가 "난 트럭 놀이를 하고 싶어!"라고 말하면 "트럭 놀이를 하고 싶구나!"라고 응답한다. 아이가 "돼지가 집으로 들어오고 싶어 해"라고 하면 "돼지가 집으로 들어가고 싶어 하는구나"라고 반복해 말한다.

만약 이러한 과정이 어색하게 느껴진다면, 어떤 방해도 받지 않고 오로지 집중해서 아이와 양질의 시간을 보내는 것이 목표라는 사실을 기억하라. 만약 15분을 내기가 정 어렵다면 10분이나 5분, 2분만이라도 해본다. 이 시간은 아이가 자신이 중요하고 사랑받는다고 느끼게 한다. 그리고 일단 그러한 감정이 자리 잡으면, 마침내 개선된 행동이 뒤따를 것이다.

채우기 게임하기

셋째가 태어나자 첫째가 적응하기 힘들어할 때 내가 생각해 낸 게임인데, 그 이후로도 계속 사용하고 있다. 첫째인 아들은 고집불통에 버릇이 없고 화까지 잘 냈다. 내가 첫째 옆에서 시간을 보내고 싶지 않게 만들 만한 행동은 다 한 것이다. 하지만 나는 곧 첫째가 정말 힘들어하고 있음을 알게 되었다.

첫째의 분노 밑에는 '엄마가 아직 나한테 관심이 있기는 할까?' '나는 필요한 걸 얻을 수 있을까?' '나는 엄마, 아빠한테 충분한가?' 이런 질문들이 깔려 있었다. 첫째는 가족이 다섯 명이 된 것이 너무 괴로워서 자신의 연결 계좌가 텅 빈 듯한 감정이었다. 엄마를 밀어내는 행동이 연결 감정을 채워 달라는 요구였던 것이다.

그래서 채우기 게임을 만들었다. 아들이 힘들어할 때마다 그 행동에 반응하는 대신 심호흡을 하면서 마음을 가다듬고는, "너 지금 네가 엄마로 가득 차 있지 않다고 말하려는 거구나"라고 따뜻하게 천천히 말하고는 했다. 내가 부드럽게 나오자 아들도 부드럽게 나왔다. 아들은 종종 "응, 여기까지밖에 안 왔어"라며 다리 어디쯤을 가리켰다. 그러면 나는 아들의 머리 꼭대기까지 엄마로 가득 차도록 두 팔 벌려 아들을 세게 껴안고 또 껴안아 주고는 했다. 그리고 마지막으로 아들이 다음 짧은 시간을 버틸 수 있도록 한 번 더 크게 꽉 안아 주어 '엄마를 조금 더' 가질 수 있게 했다.

그래서 아들의 행동이 나아졌을까? 아니다. 바로는 아니었다. 이

'게임'은 상황을 즉시 바꾸지 못했지만, 완전한 전환점이 되었다. 그것이 첫 단계였다. 아이한테 무엇이 필요한지 더 구체적으로 알게 되었기 때문이다. 아이는 부모를 더 많이 차지하고 싶어 했다.

자녀가 당신을 도망가고 싶게 하는 행동을 할 때, '채우기 게임'을 해보라. 아이의 반항적인 행동은 엄마(또는 아빠)로 마음이 채워지지 않아 나온 결과이니, 지금은 많은 양의 애정을 섭취해야 할 시간이 분명하다는 생각을 가지고 아이를 대하라. 우스꽝스러운 행동도 마다하지 말고 많이 웃으라.

'채우기 게임'이 얼마나 유익한지 알게 되면(자녀의 태도가 나긋나긋해지고, 자신도 그렇게 되면서 그 '증거'를 볼 수 있을 것이다), 아이가 연결 감정의 계좌가 텅 비어서 무례한 말투나 통제되지 않은 행동으로 그것을 표현하기 전에, 당신이 먼저 채우고 싶어질 것이다. 어쩌면 아이들끼리 레고 놀이를 시작하기 전이나 자녀에게 해야 할 일을 하라고 시키기 전에 잔고부터 가득 채울 수도 있다. 자녀에게 "우리 이거 시작하기 전에 엄마로 너희 마음을 가득 채워 줘도 될까?"라고 물어본 다음, 아이마다 한 명씩 함께 '채우기 게임'을 해보자.

채우기 게임을 하는 방법

1. 아이에게 말한다. "너는 지금 엄마/아빠로 가득 차 있지 않은 것 같아. 엄마가 네 발목까지밖에 안 오는 것 같은데! 가득 채워 줘야겠다!"

2. 아이를 오랫동안 꼭 안아 준다.

3. "지금은 어때? 뭐라고? 겨우 무릎까지 왔다고? 좋아, 그럼 한 판 더!"

4. 아이를 다시 꽉 안아 준다. 어쩌면 당신은 온 힘을 다하고 있다는 듯 얼굴을 찡그리게 될 것이다.

5. "뭐라고? 배까지밖에 안 왔다고? 그렇게 꽉 안으면 더 높이 올라갈 줄 알았는데! 좋아, 엄마 더 많이 간다. 다시 한 판 더!!"

6. 당신이나 아이가 가득 채워졌다고 느끼면 이렇게 말하면서 한 번 더 꽉 안아 준다. "좋아, 만약을 위해 조금 더 줄게. 요즘 뭔가 일이 많아져서 엄마를 좀 더 채워놓는 게 좋을 거야."

채우기 게임을 하면 좋은 때

- 아침에 일어났을 때 하루를 시작하는 일과로.
- 자녀와 헤어지기 전. '채우기 게임'은 아이가 부모와 떨어지더라도 부모를 마음에 담을 수 있다는 생각을 구체화해 준다.
- 당신이 일을 시작하기 전. '채우기 게임'은 아이가 당신과 마음으로 꼭 붙어 있게 해 준다.
- 문제가 생길 것 같은 순간 직전(예를 들어 아들에게 자기 장난감을 여동생과 나누라고 말하기 전, 아이가 어려워 보이는 퍼즐을 시작하기 전 등).
- 다루기 힘든 행동에 대응할 때. 아이를 당신으로 '채우면', 아이는 기분이 좋아지고 내적으로 안전하게 느끼게 됨으로써 감정조절능력을 기를 수 있다.

감정 예방 접종 대화 나누기

감정 예방 접종은 질병 예방 접종과 같은 효과가 있다. 몸을 튼튼하게 만들어 미래에 있을 어려움에 잘 대처할 수 있도록 준비하는 것이다. 인간은 감정을 바꾸거나 피하는 것이 아니라 조절하는 법을 배움으로써 힘든 순간에 대처한다.

영상 시청 시간을 조절하는 문제로 씨름하던 아이가 어느 날 갑자기 기꺼이 영상을 그만 보겠다고 하지는 않을 것이다. 대신(바라건대) 영상 시청 제한에 대한 자신의 불편한 감정을 수용하고, 인정하고, 허용할 수 있게 될 것이다. 그러면 영상 없이도 지낼 수 있는 상태로 넘어가는 것이 조금은 순조롭게 된다. 보드게임이나 스포츠 활동에서 지고 난 후 분해서 어쩔 줄 몰라 하던 아이가 하루아침에 "그냥 게임인데 뭐"라면서 경쟁심을 내려놓고 훌륭한 스포츠맨 정신을 갖추지는 못한다. 대신 자신의 감정을 수용하고, 인정하고, 허용할 수 있게 된다. 그러면 호흡을 가다듬으며 더 우아한 결말을 맺을 수 있게 된다.

감정을 고치거나 바꾸거나 없애는 것보다 조절하는 것이 목표라면, 반복되는 힘든 순간들을 헤쳐나가도록 자녀를 어떻게 도울 수 있을까? 효과적인 전략은 정서적 투쟁에 대비하도록 준비시키는 것이다. 우리는 격한 감정이 올라오는 순간이 오기 전에 감정 예방 접종을 통해 자녀와 연결할 수 있다. 아이가 조절 기술을 사용해야 할 상황이 오기 전에 미리 마음을 다져 놓게 하는 것이다.

우리는 자녀와 연결되어 곧 자녀에게 닥칠지 모르는 문제에 대해 논의하고, 인정하고, 거기에 대처할 방법을 말로 표현하거나 심지어 미리 연습까지 해볼 수 있다. 연결하고 인정하고 예상함으로써 본격적으로 감정이 생기기 전에 아이의 '감정 조절 항체'를 만들어 두는 것이다. 이런 식으로 우리는 어떤 감정을 미리 조절하게 된다. 그러면 아이는 문제의 순간이 왔을 때 더 잘 대처할 수 있게 된다. 어느 날 갑자기 훌륭한 모습을 보이게 된다는 말이 아니다! 하지만 분명 연습은 성장의 열쇠다.

아이가 행동을 조절하지 못하고 제멋대로 구는 순간은 혼자 남겨졌다는 감정이 강렬할 때 발생한다. 감정 예방 접종은 우리에게 감정이 생기기 전에 이러한 순간들에 연결할 기회를 준다. 이는 통제력을 잃고 혼란에 빠지는 순환의 고리를 끊는 데 도움이 된다.

감정 예방 접종의 혜택을 아이만 받는 게 아니다. 부모도 그 혜택을 받을 수 있다. 오늘 당신을 힘들게 할 것 같은 상황을 상상해 보라. 이제 내면을 돌보고 이해하고 허용하는 쪽으로 미리 방향을 정하라. '버거운 느낌이 드네. 심호흡하고 마음의 준비를 하자. 아마 실전에서도 이렇게 심호흡을 하고 내 마음을 다독일 수 있을 거야.' 나중에 이것이 얼마나 효과가 좋은지 경험하면 아마 놀라게 될 것이다.

감정 예방 접종을 위한 대화 방법

감정 예방 접종 = 연결 + 인정 + 이해할 이야기

'주요 사건'이 일어나기 전에 수행되어야 할 모든 것. 다음 두 가지 예를 보면 감정 예방 접종을 어떻게 하면 좋을지 알 수 있다.

영상 시청 중단을 준비하는 감정 예방 접종 예시

부모: "영상을 보기 전에 어떤 느낌이 들지 생각해 보자. 좋아하는 걸 하다가 멈추기는 힘든 일이야, 그렇지? 엄마도 그래."

아이: "지금 TV 켜도 돼요?"

부모: "곧 켤 거야. 엄만 TV 시청 시간이 끝났을 때를 대비해서 심호흡 한번 하고 몸을 준비시킬 거야." 일부러 잠시 멈춘다. "우리가 TV를 그만 보게 됐을 때 네가 싫다고 더 보여 달라고 할 건지 궁금해. 그럴 거면 우리 몸을 준비시켜야 하거든." 평소 아이의 떼쓰는 말투를 조금 가볍게 흉내내 본다. "5분만 더요! 친구들도 그 정도는 다 본단 말이에요! 엄만 만날 다 못 하게 해!"

→ **당신은 무엇을 하려는 것인가?** 힘든 상황으로 넘어가기 전에, 아이의 마음에 조금 가볍고 유쾌하게 연결되려고 하고 있다. 이것이 TV 프로그램이 끝나자마자 아이가 "리모컨 여기 있어요. 별로 안 어렵네!"라고 말하게 된다고 보장하지는 않는다. 이 과정은 자녀가 힘든 감정을 관리하는 기술을 길러 주려는 것이다. 이러한 과정을 반복하면 곧 아이가 소리를 지르며 리모컨을 내던지는 대신 "엄마, 한 편만 더 봤으면 좋겠어요!"라고 말하는 순간이 올 것이다.

어려운 공부에 대한 감정 예방 접종

부모: "엄만 네가 글쓰기 숙제를 할 때 얼마나 힘들까를 생각하고 있어. 이해해. 엄마도 글쓰기가 정말 어렵고 귀찮았어."

아이: "응."

부모: "같이 심호흡해 볼까? 책에서 봤는데, 어려움을 예상하고 미리 혼잣말을 해보면 그 순간이 조금은 쉽게 느껴진대." 아이가 함께하지 않아도 된다. 그래도 계속한다. 가슴에 손을 얹고 바닥을 바라보거나 눈을 감고 이렇게 말한다. "글쓰기를 시작하면 좌절할 수도 있어. 그래도 괜찮아! 우리 같이 심호흡을 한 번 하고 나서 글쓰기가 힘든 게 당연하다는 생각을 미리 해 두자. 네가 힘든 일을 해낼 수 있다는 것도 함께 알아가야지."

→ **당신은 무엇을 하려는 것인가?** 힘든 순간이 오기 전에 그때 느끼게 될 감정에 미리 연결되어 받아들이게 한다.

감정 의자에 함께 앉기

우리가 감정에 대해 아는 한 가지 사실은 감정은 혼자 겪을 때만 두렵다는 것이다. 누군가 우리에게 "지금 당신은 **슬퍼하고/무서워하고/화내고/외롭다고** 느끼고 있군요. 괜찮아요. 내가 함께할게요. 마음을 좀 더 털어놔 봐요"라고 말해 주면 이내 감정이 가라앉기 시작한다. 더는 그 감정에 압도당하지 않고 더 안전하게 느끼게 된다.

화가 난 아이는 마치 그런 감정의 의자에 털썩 주저앉아 있는 것과 같다. 분노의 의자나 실망의 의자일 수 있고, 심지어 '아무도 나를 좋아하지 않아' 의자일 수도 있다. 아이가 어떤 의자, 특히 어둡고 불편한 의자에 앉게 되었을 때 원하는 것은 함께 앉아 있을 누군가다. 누군가 나와 함께 앉아 있으면, 그 의자가 그다지 어둡고 춥게 느껴지지 않는다. '의자를 따뜻하게 데워 줄 장치'가 생기는 것이다.

아들이 당신에게 "동생이 없었으면 좋겠어, 걔는 맨날 내 물건을 엉망으로 만들어!"라고 말할 때, 아들이 '내 삶을 나누는 건 힘들어' 의자에 앉아 있다고 상상해 보라. 그럴 때 아들 옆에 앉아 주자. 경계를 정해야 할 수도 있지만 그래도 곁에 앉아 줄 수 있다.

"네 것을 나누기가 힘들구나. 알겠어. 엄만 네가 혼자서 힘들게 놔두진 않을 거야. 네가 계속 속상할 수 있겠지만, 그때마다 엄마는 너랑 함께 있을게."

당신 딸의 친한 친구가 다른 동네로 이사를 갔다. 딸이 소리를 지른다. "우리 집도 이사 가! 친구랑 계속 같이 놀고 싶어! 난 여기 살기 싫어, 다 싫다고!" 먼저 심호흡부터 하자. 이 아이는 '상실감'이라는 의자에 앉아 있다. 아이 옆에 앉아서 이렇게 말하라.

"그러게나 말이야. 기분 완전 꽝이네."

나아가 당신의 의자에 당신 자신과 함께 앉아 보자. 당신의 모습 중 위안이 되는 일부를 찾아보자. 그리고 그에게 당신의 두렵고 슬프고 자기 비판적인 모습과 함께 있어 달라고 부탁하라. 그리고 당신의 감정을 압도하는 그 부분을 향해 이렇게 말하자.

"나를 짓누르는 기분아! 너라는 감정도 인정해 줄게. 너도 내 일부니까. 하지만 너는 내 전부가 아니야. 그래도 너를 받아 줄게."

감정 의자에 함께 앉는 대화 방법

자녀가 당신에게 힘든 마음을 표현한다면 이 말을 상기하라. '아이 곁에 앉자. 아이를 그 마음에서 벗어나게 하려 하지 말고 그냥 같이 앉아 주자. 그러면 내가 아이와 연결되어서 아이 내면에 회복력을 키워 주게 될 거야.' 아이에게 다른 식으로 느끼라고 요구하지 말고 그저 당신이 바로 곁에 함께 있다는 것을 보여 주자.

적당한 말

- "그건 정말 속상한 일인 것 같아."
- "참 아쉬운 일이다."
- "네가 아빠한테 이런 얘기를 해주다니 기뻐."
- "엄만 널 믿어."
- "네가 벌써 그런 일을 감당해야 한다니 힘들겠다. 이해해."
- "이 일 때문에 슬프구나. 그럴 만해."
- "아빠가 함께 있을게. 우리가 이런 이야기를 나눌 수 있어서 다행이야."
- "기분이 당장 나아지기는 어려워. 힘든 상황에서 우리가 할 수 있는 최선은 우리 자신한테 친절하게 말하고, 우리를 이해해 주는 사람들과 대화하는 거야."
- "엄마는 널 사랑해. 네가 어떻게 느끼든 말이야. 네 삶에서 무슨 일이 벌어지고 있든 엄마가 널 사랑하는 건 변함이 없어."

적당한 행동

- 소파나 침대에 아이와 함께 앉아 아이의 말을 들어준다.
- 아이가 이야기할 때 말은 아주 조금 하고 고개를 끄덕이거나 공

감하는 표정을 짓는다.

- 화가 난 아이를 안아 준다.
- 함께 심호흡한다.

유머스럽게 접근하기

양육은 정말 어렵게 느껴질 수 있다. 세심하게 계획해야 할 일이 너무나 많다("네가 학교에 있으면 엄마가 데리고 나와서 치과에 데려다 줄게. 그다음에는 축구장에 갔다가 집에 와서 숙제하고, 저녁 먹고, 일찍 자는 거야. 알았지?"). 그 과정에서 짜증 나고, 답답하고, 함께 있기 어려운 감정으로 아이와 부딪히기 쉽다. 상담을 진행하면서 나는 많은 가정에서 부족한 요소가 유머라는 것을 발견한다. 엉뚱함, 우스꽝스러움, 재미 같은 것 말이다.

재미는 중요하다. 정말로 중요하다. 엉뚱함과 장난기는 연결 감정을 늘리는 놀라운 요소다. 우리가 킥킥거리며 긴장을 풀 때마다 코르티솔과 아드레날린 같은 스트레스 호르몬을 감소시키고 항체와 면역 세포를 증가시킨다. 게다가 우스꽝스러운 댄스파티나 노래지어서 부르기, 술래잡기 게임은 아이가 자기를 중요한 사람이라고 느끼게 하고, 안전하고 사랑받는다고 느끼게 한다.

부모로서 우리 아이가 안전하다고 느끼도록 도와야 하므로, 유머는 양육에 있어 중요한 측면 중 하나다. 위험이나 위협을 느끼면 웃을 수 없다. 그래서 아이와 함께 웃으면 이런 메시지를 보내게 된다.

"여기는 안전한 집이야. 여기서 너는 보호받고 있어. 네 모습 그대로 지내도 돼."

아이에게 유머스럽게 다가가는 것이 자연스러운 부모도 있다. 만약 아이와 장난치는 것이 자연스럽게 느껴진다면, 다음 장으로 건너뛰어도 된다. 하지만 자녀에게 때로는 바보 같은 모습으로 장난치는 것이 어색하거나 부자연스럽다면, 그러니까 당신 자신이 진지한 부모에 가깝다고 생각한다면, 자아 인식이 첫 번째 단계라는 것을 떠올리자. 부모라면 누구나 경계를 설정하거나, 갈등을 다루거나, 아이와 친해지거나, 아니면 완전히 다른 무언가로 양육과 씨름을 하게 된다. 그런데 만약 아이와 친구처럼 장난치는 것조차 어렵다고 느껴진다면, 당신은 그런 모델링을 받지 못하고 자랐을 가능성이 크다.

아이에게 장난을 치는 것이 힘든 부모는, 어릴 때 수치심을 느끼게 하거나("창피하게 그게 뭐야. 당장 그만둬!"), 무시하거나(아이가 게임을 하고 싶어 하거나 바보스러운 모습을 하려 할 때 외면하는 부모), 심지어 처벌("그런 쓸데없는 말만 할 거면 네 방으로 들어가!")까지 하는 분위기의 가정에서 자란 경우가 많다. 만약 당신이 자란 환경이 이러했다면, 당신은 아마 유머스러움과는 거리를 두고 자랐을 것이다. 우리는 부정적인 관심을 받게 하는 자신의 모습은 일찌감치 외면하기 때문이다. 자신의 유쾌한 면과 다시 연결하고자 한다면, 앞에서 다룬 자기 돌봄에 대한 내용을 다시 읽어 보는 것도 도움이 된다. 당신에게도 밝은 면이 있다. 그것을 드러내기에는 단지 너무 조용한 분위기였고 용기가 없었을 뿐이다.

다음 목록은 장난스러운 활동을 하기 위한 몇 가지 좋은 생각들이다. 유머스러워지는 데는 백만 가지의 방법이 있다. 아이가 어떤 목적 없이 들뜬 분위기에서 깔깔대게 된다면, 당신은 제대로 하고 있는 것이다.

유머스러운 분위기를 만드는 몇 가지 방법

- 우스꽝스러운 댄스파티
- 노랫말 만들어서 부르기
- 가족 노래방
- 분장놀이나 소꿉놀이, 혹은 다른 상상놀이
- 성벽 쌓기 놀이
- 예의 없는 행동을 하거나 말 안 듣고 칭얼거리는 아이에게 유머스럽게 지침 알려 주기("아이쿠! 감사하다는 말이 빠졌네! 좋아, 좋아, 감사 인사 잘하던 그 친구를 어디서 찾을 수 있을까아? 여기 있나? 없네! 기다려, 기다려. 찾았다! 소파 밑에 있었네! 이 친구를 다시 너한테 데려다줄게. 받아랏! 휴! 미션 완료!")
- 자신에게 물어보기. '어렸을 때 나는 어떤 놀이를 좋아했지? 나는 다른 사람과 무엇을 하며 놀기를 바랐지?' 나는 자녀와 함께 노는 걸 힘들어하는 한 아빠를 상담한 적이 있다. 그 아빠는 어렸을 때 보드게임을 했던 것을 기억하고는 얼굴이 환해졌다. 그러고 나서 아이들과 함께 놀기 위해 온라인으로 그 게임을 주문했다. 이것이 유머스러운 연결의 첫걸음이었다.

아이의 투쟁에 공감하는 대화 전략

부모가 아이와의 관계가 가장 어렵다고 느껴지는 때는 언제일까? 보통 위기의 순간은 반복되기 마련인데 그때마다 같은 모습을 보일 때가 그렇다. 아이가 문제를 일으켰을 때 부모가 욱하고 소리치고, 아이가 문을 닫고 들어가 반항하고, 부모는 다시 자책하는 패턴처럼 말이다. 이러한 순환에 빠지면 문제가 점점 커져서 해결하기 버거워진다. 너무 많은 수치심(아이에게)과 반응(부모에게)이 존재하고, 그 문제를 해결하려는 부모의 시도는 거부되거나("엄마는 나를 이해하지 못해, 내 방에서 나가줘!") 혹은 문제 상황이 점점 악화된다. 아이와 그 문제에 관해 대화를 시도하려다 결국 그 문제를 두고 훨씬 더 큰 투쟁에 빠지는 것이다. 결과적으로 우리는 문제를 정면으로 들이받지 말고 돌아갈 전략, 즉 정면 돌파가 아니라 뒷문으로 들어갈 전략을 찾아야만 한다.

"내가 너에게 ○○한 시간에 대해 말한 적 있니?"와 같은, 아이의 투쟁에 공감하는 대화 시간을 가져 보자. 부모가 본인의 관점에서 아이의 투쟁을 공감하려는 대화 전략은 아이와 연결되고, 아이의 선한 내면을 인정하고, 아이에게 강렬하게 느껴질 수 있는 문제를 직접 언급하지 않고도 해결할 만한 기술들을 일러준다.

아이의 투쟁에 공감하는 대화 방법

1. 자녀가 벌이는 투쟁의 본질을 파악한다(최선을 다했지만 목표를 이루

지 못했다는 건 수용하기 어려운 일인가? 좌절감을 주는 수학 문제와 계속 씨름하는 것이 어려운 일인가?).

2. 그 문제를 당신 자신의 것으로 받아들인다. 가까운 과거나 어렸을 때, 당신이 비슷한 문제로 힘들었던 순간을 떠올려 본다.
3. 자녀의 고조된 마음이 다소 진정되었을 때 자녀에게 "엄마도 이런 일을 겪은 적이 있어"처럼 당신이 비슷한 투쟁을 벌였던 이야기를 나눈다.
4. 당신이 예전에 빠른 해결책을 생각해내지는 못했지만 고군분투하면서 상황을 이겨낸 이야기에 아이를 참여시킨다.
5. 자녀의 상황과 직접 관련지어 이야기를 끝내지 않는다. "그건 마치 네가~"라고 말하지 않아도 된다. 당신의 이야기가 아이에게 필요했던 감정적 연결에 닿을 것이라고 믿고 그대로 둔다.

이 전략이 왜 그렇게 효과적일까? 왜 가성비가 좋을까? 첫째, 당신도 자녀처럼 고군분투했던 이야기를 들려주는 것은 본질적으로 이런 메시지를 전한다. "넌 사랑스럽고, 소중한 사람이야. 넌 좋은 아이지만 힘든 시간을 보내고 있을 뿐이란다. 엄마는 네 행동 뒤에 있는 그 좋은 모습이 보여. 엄마도 좋은 사람이고, 너와 같은 어려움을 겪었거든." 다만 지금 자녀에게 대놓고 이렇게 말하면 안 된다. 이런 말이 너무 강렬하게 느껴져서 아이가 거부감을 가지기 때문이다. 하지만 당신 자신이 이런 일을 겪었다고 이야기해 주면, 이 모든 주제가 아이에게 가 닿는다.

둘째, 자녀와 깊이 연결된다. 자녀에게 당신의 취약점을 보여 주어서 그런 것이다. 자녀는 부모를 슈퍼맨, 슈퍼우먼으로 보기 쉽다. 물론 우리는 재킷을 입고 신발 끈을 매는 것 같은 간단한 일에서부터 수학 문제 풀기나 자동차 운전과 같은 복잡한 일까지 아이에게는 힘들 만한 일을 아주 쉽게 해낸다. 투쟁하는 아이의 눈으로 볼 때 능력 있어 보이는 부모가 가까이하기에는 위협적이며, (의도치 않게)수치심을 유발할 수 있다.

만약 우리 주변에 전문가들만 있다면, 누구라도 새로운 것을 배우고 시도하는 데 어려움을 겪을 것이다. 최고 셰프에게 요리를 배우거나 테니스 황제 로저 페더러에게 테니스를 배운다고 상상해 보라. 당신보다 아는 게 더 많으면서도 가끔은 마늘을 태우는 사람한테 요리를 배우거나, 대학 때 선수였지만 때로는 서브를 자주 실패하는 강사한테 테니스를 배우기가 훨씬 쉽다. 이 사람들은 많이 알고 있지만 너무 많이 아는 건 아니다. 그들은 다음과 같은 말을 대놓고 하지는 않는다. "실수도 배우는 거야. 열심히 한다고 해서 늘 잘할 수 있는 것은 아니지. 나처럼 말이야." 이들이 직접적으로 말하지는 않지만 우리는 이들의 메시지를 암묵적으로 받아들이게 된다. 이 메시지에서 주는 안도감이 결국 부모가 자녀에게 주고 싶은 것이다.

이 전략을 쓸 때 가장 강력한 부분이 있다. 자녀가 겪는 것과 닮은 당신의 투쟁 스토리를 들려 주면 아이가 자기 내면에 존재하는 문제를 해결하는 데 한 걸음 나아갈 수 있게 된다. 아이가 그 문제를 자기만 겪는 것으로 생각해서 문제 자체에 압도되면, 해결하기가 어려워진다. 그런데 당신의 이야기를 들으면서 아이는 아마 자유롭게 아이디어를 생각해 낼 것이다. 이런 일은 어른인 우리도 종종 경험한다. 대화의 흐름이 나에게 집중될 때는 떠오르지 않던 것이, 다른 사람이 나와 비슷한 일을 겪었던 이야기를 들으면서 변화로 나아갈 방법이나 희망을 갖게 되는 것이다.

내면의 수치심이나 자책감 없이 문제를 다루려면 종종 자기 마음을 객관화해서 들여다봐야 한다. 그러면 문제를 해결하는 더 여유 있고 온정적인 목소리가 등장할 공간이 열린다.

결말을 바꾸는 대화 나누기

우리는 모두 엉망이다. 당신도 그렇고, 나도 그렇다. 인스타그램에서 만나는 '완벽한 부모'도 마찬가지다. 우리는 소리를 지르고 욱하기도 한다. 자신의 문제를 아이 탓으로 돌리기도 하고, 변명하고 회피한다. 우리가 나쁜 부모라서가 아니라 보통 사람이라서 그렇다. 이렇게 자녀와 마음이 편치 않은 순간을 겪고 나서 어떻게 해야 할까? 회복해야 한다. 5장에서 논의한 것처럼 회복은 우리에게 이야기의 결말을 바꿀 기회를 준다. 이제 아이는 겁먹고 외로웠던 기억 대신, 부모가 돌아와 다시 안전하다고 느낄 수 있게 도와준 기억으로 결말을 바꾸게 된다.

나는 건강한 관계가 얼마나 불화가 적은가가 아니라, 얼마나 잘 회복하느냐로 정의된다고 생각한다. 모든 관계에는 힘든 부분이 있기 마련이다. 하지만 이러한 순간들이 연결을 강화시키는 가장 큰 원천이 될 수 있다. 불화의 순간은 두 사람 모두 자신의 입장에서만 생각하기 때문에 생긴다. 우리 자신을 더 많이 알아감으로 감정적이지 않게 행동하려 노력해도 친밀한 관계에서 불화를 피할 수는 없다. 친구나 배우자, 자녀와의 관계에서도 그럴 수 없다. 그래서 우리는 회복을 더 잘해야 한다.

회복과 사과에는 차이가 있다. 종종 사과는 대화를 중단시키기도 한다("소리 질러서 미안해, 됐지?"). 하지만 훌륭한 회복은 대화를 시작하게 한다. 회복은 사과보다 더 오래간다. 상처받거나, 오해받거나, 혼자라고 느낀 순간을 겪고 나서 친밀했던 관계를 복구한 것 같기 때문이다. '미안해'라는 말은 회복의 일부가 될 수는 있어도, 경험 전체가 되지는 못한다.

결말 바꾸기 대화를 위한 접근 방법

1. 마음속에 담아 뒀던 내용을 공유하고 반성한다.
2. 그 당시 상대방의 감정을 인정한다.
3. 다음 번에는 어떻게 다르게 행동할지 나눈다.
4. 상황이 더 안전하게 바뀌었으니 이제는 호기심을 통해 상대의 마음에 연결한다.

다음은 이 네 가지 구성 요소를 모두 활용해 회복한 사례다.

"엄마가 오늘 아침에 놀이방에 들어갔는데 네가 동생이 쌓아놓은 탑을 무너뜨려 놓은 걸 봤고 화가 났어. 그래도 소리 지르면 안 되는데 미안해.[반성] → 넌 분명히 동생에게 뭔가 속상한 마음이 들어서 탑을 무너뜨리는 걸로 표현했을 거야.[인정] → 그때 너한테 무슨 일이 일어나고 있었는지 엄마가 좀 더 물어봤으면 좋았을 것 같아.[다르게 해야 했을 행동] → 탑을 쓰러뜨리기 전에 네 마음이 어땠는지 말해 줄래? 이건 중요한 일이야. 네 말을 듣고 널 이해하고 싶어[호기심]."

누군가가 당신에 대해 다시 깊이 생각하고("나는 ~했던 상황에 대해 곰곰이 생각해 봤어"), 당신의 감정을 인정하면("네가 ~하게 된 상황이 속상했을 거라 생각해" 또는 "넌 그때 좀 두려웠을 것 같아"), 상대에게 겉으로 드러난 당신의 행동이 아니라 당신의 마음을 살피고 관심을 가지고 있음을 분명히 보여 주게 된다. 행동 이면의 감정을 살피면 아이의 감정 인식과 조절을 도울 수 있다. 그래서 우리가 결말을 바꾸려 노력하면, 아이와의 관계를 강화할 뿐 아니라 아이의 조절력을 기르도록 돕게 된다.

부모로서 그 문제를 어떻게 달리 다루었더라면 좋았을지 상대와 나눠 보자. 그러면 자신의 행동을 진지하게 돌아보게 된다. 즉 내가 한 일을 책임질 뿐만 아니라 변화를 일으키는 것도 책임지겠다는 마음을 전하게 된다. 나아가 상대방의 경험, 감정, 생각에 대한 호기심을 표현하면, 상대와 친밀감을 쌓을 수 있다. 기꺼이 들으려 하면 상대방에 대해 더 많이 알게 되고, 따라서 관계도 깊어진다.

솔직히 말하면 나도 우리 아이들과 네 가지 요소를 매번 다 실천하지는 못한다. 이렇게만 말할 때도 있다.

"고함쳐서 미안해."(반성)

"네 질문에 엄마가 거칠게 반응했구나. 너 기분 나빴겠다. 미안해, 그리고 사랑해."(반성과 인정)

"어제 엄마가 기분이 좀 안 좋았어. 일 때문에 스트레스를 받았거든. 네가 저녁 식사 맛없다고 해서 엄마가 짜증을 냈는데, 그건 네 잘못이 아니라 엄마 문제였어. 속상한 일이 있더라도 너한테 화풀이한 건 잘못이라고 생각해. 앞으로는 조심할게."(반성과 인정, 다르게 해야 했을 행동)

당신도 당신이 옳다고 느껴지는 방식으로 자유롭게 회복하라. 어떤 회복은 더 짧고, 어떤 회복은 더 길 것이다. 대개 핵심은 당신에게 어떤 감정이 생긴 것이 자녀 때문이 아니라거나, 자녀에게 당신의 반응을 바꿀 책임이 없다는 점을 알려 주는 것이다.

아이가 혼자 힘든 감정을 겪고 있을 때, 자책('나는 나쁜 아이야')과 자기 의심('내가 과민하게 반응한 건가? 내가 생각하는 그런 의미가 아닐지도 몰라. 어쩌면 나는 다른 사람에게 이런 대접이나 받을 사람인가 봐')으로 향한다. 회복할 때는 반드시 자녀가 이런 해석으로 자동사고가 일어나지 않도록 안내해야 한다. 그래야 아이가 이 세상을 살면서 자신감과 안전감을 계속 유지할 수 있다. 아이에게 홀로 남겨진 것 같은 기분만큼 끔찍하게 느껴지는 것은 없다. 회복은 외로움을 연결로 바꿔 놓는다. 우리는 모두 궁극적으로 이러한 교환으로 나아가야 한다.

CHAPTER 12
부모 말을 도통 듣지 않는 아이

> 두 아이의 엄마가 상담실에 왔을 때 그녀는 격앙된 상태였다. "제 아들은 제 말을 모두 무시하고, 하라는 건 단 하나도 안 해요. 부모에 대한 존경심이라곤 조금도 없는 것 같아요. 그러니 제가 소리를 지를 수밖에 없죠!"

'아이가 말을 듣지 않는다'라고 말할 때, 사실 문제는 '듣기'가 아니다. 나는 "아이스크림 사다 놨어"라든가 "동영상 하나 더 봐도 돼!"라는 말을 듣지 못하는 아이를 본 적이 없다. 여기서 다루어야 하는 것은 '협력'이다. 부모는 '우리 아이가 말을 듣지 않는다'라고 말하지만, 사실 그 의미는 '우리 아이는 내가 자기가 하기 싫은 일을 하라고 할 때 협조하지 않으려 한다'이다.

누군가가 우리에게 하기 싫은 일을 시키면 어른인 우리는 어떻게 행동할까? 보통 요청해 온 사람과 얼마나 가깝느냐에 달려 있다. 결혼 생활이 순조롭다면 남편이 퇴근길에 뭔가 사다 달라고 할 때 아마 승낙할 것이다. 하지만 최근에 배려받지 못했다거나 오해가 있다면, 시간이 없다고 말할 가능성이 더 크다.

우리는 누군가와 더 많이 연결되어 있다고 느낄수록, 그의 요청을 더 많이 들어주고 싶어 한다. 경청은 본질적으로 그 순간, 관계의 강도를 알아보는 척도다. 그래서 아이가 부모 말을 듣지 않을 때, 투쟁의 문제가 아니라 관계의 문제로 보는 것이 중요하다. 자녀가 당신을 무시하거나 당신의 요청에 거의 협조하지 않는 경우, 자녀는 관계에 '애정 어린 보살핌'이 필요하다고 말하고 있는 것이다.

이 상황은 당신의 양육이 잘됐다 잘못됐다를 판단하기 위한 투표가 아니다. 당신은 나쁜 부모가 아니고, 나쁜 자녀도 두지 않았고, 아이와의 관계도 완전히 망치지 않았다. 어떤 부모 자녀 관계든 때때로 사랑과 관심이 추가로 더 필요한 법이다.

세 아이가 있는 우리 집에서 나는 속도를 늦추고, 아이들 개개인의 고유한 욕구를 생각하고, 관계를 돈독히 해야 한다는 피드백을 (아이들이 말을 듣지 않는 형태로)끊임없이 받고 있다. 이럴 때 나는 아이에게 무슨 일이 일어나고 있는지, 힘들게 하거나 좌절감을 주는 것은 무엇인지, 왜 아이가 '인정받지 못하는' 기분이거나 옆으로 밀리는 느낌을 갖는지 생각할 시간을 가지려고 노력한다. 그렇게 된 것이 내 책임은 아니지만, 아이가 왜 거리감을 느끼는지, 우리 관계의 어떤 부분에 주의가 필요한지 곰곰이 생각하는 것은 내 책임이다. 우리는 모두 가까운 사람들을 돕고 싶어 하기에 그들의 마음에 연결되려는 노력은 항상 관계를 깊게 만들어 준다는 사실을 나는 늘 상기한다.

듣지 않는 문제에는 또 다른 요소도 있다. 한번은 우리 큰아들이 이런 말을 했다. "부모들은 항상 아이들에게 덜 재미있는 일을 시키려고 재미있는 일을 그만하라고 해요. 그러니까 아이들이 말을 안 듣죠." 맞는 말 같다. 아이가 블록을 가지고 놀고 있는데 목욕하라고 하거나, 초콜릿 칩 팬케이크를 먹고 있는데 집을 나서라고 하거나, TV를 보고 있는데 TV를 끄고 숙제하라는 것처럼 말이다. 우리는 자녀에게 '해야 하지만' 하고 싶지 않은 일, 즉 부모에게는 우선순위지만 자녀에게는 그렇지 않은 일을 하라고 한다.

이러한 시나리오에서는 협력하기 어려운 것이 당연하다. 아마 어른이라도 그럴 것이다. 당신이 친구와 점심을 먹고 있는데, 또 다른 친구가 와서 "얘, 점심 그만 먹고 화장실 청소 좀 도와줄래?"라고 말했다고 해보자. 아마 그 제안을 거절하고 식사를 계속할 것이 분명하다. 부모는 아이에게 이런 요구를 자주 한다. 요구하지 말아야 한다는 말이 아니다. 문제는 요청을 전달하는 과정과 방법이다.

소리 지르기는 협조를 촉진하는 데 효과적인 방법이 아니다. 오히려 역효과를 낳는다. 부모가 소리를 지르면 아이는 부모의 공격적인 말투나 목소리의 크기, 몸짓에서 위험을 감지한다. 그리고 아이가 가진 에너지가 오직 그 순간 살아남는 데만 집중되므로 부모가 말하는 내용을 처리할 수가 없다. 만약 아이가 당신의 말을 듣는 것 같지 않아 좌절한 나머지 "엄마 말 듣고는 있는 거야?"라고 소리친 적이 있다면, 글쎄, 그 대답은 "아니오"일 것이다. 아이는 이 순간에 '듣지' 않고 있다. 그리고 그것은 아이가 무례하다거나 불복종한다는 징후가 아니라 몸이 본능적으로 방어 모드에 들어갔다는 의미다.

부모인 우리는 아이가 부모를 무서워하거나, 얼어붙기를 바라지 않는다. 우리가 어떤 요구를 할 때 거기에 연결과 존중, 유머, 신뢰를 담아 전한다면, 한때 적대적이었던 언쟁도 협력으로 채워지기 시작한다.

부모 말을 무시하는 아이를 바꾸는 전략

요구하기 전에 연결하기

부모의 말이 잘 들리게 하는 가장 좋은 전략은 자녀에게 무언가를 하라고 지시하기 전에 자녀의 세계에서 자녀와 연결되는 것이다. 자녀가 당장의 기분 좋은 일(예를 들어 그림을 그리거나 찰흙을 가지고 노는 것)을 그만두고 부모가 생각하는 우선순위의 뭔가를 수행하려면 먼저 인정받고 있다는 느낌이 들어야 한다. 인정받는 느낌은 강력한 유대감을 형성하는 도구다. 그리고 누군가와 가깝다고 느끼면 그 사람에게 협조하고 싶어진다. 우리가 그 순간에 아이가 하고 있는 일을 말로 인정하면, 그것은 마치 "너를 욕구와 생각과 감정을 가진 한 사람으로서 인정해"라고 말하는 것과 같다. 그러면 아이는 부모의 그 마음에 보답해 부모의 말을 들어줄 수 있게 된다.

"와, 열심히 탑을 쌓고 있구나. 지금 목욕하러 가야 하는데, 그거 잠시 멈추려면 좀 힘들겠다. 그런데 지금 잠깐 목욕을 하고 오면 잠자기 전에 탑 쌓을 시간이 더 많이 생길 거야."

"친구들이랑 놀다가 집에 가려니 힘들지. 이렇게 재미있는데! 우리는 지금 가야 하지만, 엄마가 곧 친구 엄마랑 얘기해서 다음에 언제 또 같이 놀지 정할게."

자녀에게 선택권 주기

이 전략은 '요구하기 전에 연결하기' 전략과 결합하면 매우 효과가 있다. 만약 아이에게 선택권을 줄 수 있다면, 아이는 더 많이 협조할 것이다. 지시받는 것 같은 느낌을 좋아하는 사람은 아무도 없다. 특히 많은 시간을 통제당하고 있다고 느끼는 아이라면 더 그렇다. 이 전략은 모든 연령대의 아이에게 사용할 수 있다. 이를 닦는 동안 듣고 싶은 음악을 틀어 주거나 목욕을 하면 비누거품 놀이를 할 수 있는 선택권을 준다면, 두 살짜리 아이도 이 닦는 데 협조할 가능성이 있다. 당신이 괜찮다고 생각하는 선택지를 제공하고, 아이가 선택한 일을 다 해낼 것을 믿는다고 전해 보자.

"우리는 이제 집에 돌아갈 시간인데, 지금 바로 출발해도 되고 카드게임을 한 번만 더 하고 일어나도 돼. 한 게임 더 하고 가자고? 그래, 네가 선택한 걸 지킬 거라 믿어. 그렇게 하자."

"간식 접시를 지금 치워도 되고, 샤워하고 돌아와서 치워도 돼. 어떻게 할래? 샤워한 다음에 할 거야? 좋아, 엄마는 네가 잊지 않고 할 거라고 믿어. 그럼 샤워부터 하자."

장난스럽게 접근하기

우리가 자녀에게 무언가를 요구할 때 웃음을 자아내는 상황으로 만든다면 자녀는 부모와 더 많이 연결되어 있다고 느끼고 협조할 가능성이 더 크다.

"어머나! 우리 아이 듣는 귀가 없어졌어요! 잠깐, 찾은 것 같아. 세상에나, 믿을 수 없어! 창문 틈에 있다니! 어떻게 해서 여기까지 왔을까? 얘네들이 창틀에 끼어서 완전히 찌그러지기 전에 네 몸에 다시 붙이자!"

"엄마도 알아. 엄마 말 듣는 건 정말 싫지! 엄마가 실룩샐룩 춤이라도 추면서 얘기하면 어떨까? 좀 더 하고 싶은 마음이 생길 것 같아?"

눈 감기 꿀팁 적용하기

나는 보통 육아 '꿀팁'이나 '꼼수'를 좋아하지 않는다. 장기적인 연결과 기술을 쌓기보다 단기적인 순종을 우선시하는 경향이 있기 때문이다. 하지만 내가 좋아하는 전략 중 하나인 눈 감기 꿀팁은 그렇지 않다. 이 속임수는 자녀가 부모 말을 듣고 싶게 만드는 데 필요한 핵심 요소를 제공한다. 존경과 신뢰, 독립성, 통제감, 유머를 동시에 불어넣는다.

"엄만 눈 감을 거야."

이렇게 말하고 나서 손을 눈 위에 올린다. 그리고 이렇게 말한다.

"엄마가 눈 떴을 때 내 앞에 신발을 신은 아이가 있다면… 찍찍이를 딱 붙인 아이가 있다면… 엄마는 어떻게 될까? 정말 좋아서 어쩔 줄 모를 거야! 어쩌면 엄마는, 어휴, 그러면 안 되는데, 폴짝폴짝 뛰면서 춤을 출지도 몰라. 몸을 씰룩쌜룩거릴지도 모르고. 아이고, 그러다 바닥에 넘어지면 어쩌지?"

그런 다음 잠시 멈추고 기다린다. 그러면 아이가 신발을 신으려고 덤벼들 확률이 갑자기 높아진다. 왜 그럴까? 이제 아이가 책임자가 되었기 때문이다. 아이는 통제받고 있다고 느끼는 게 아니라 통제하고 있다고 느낀다. 당신이 지켜보고 있지 않기 때문에(손가락 사이로 보고 있을 수도 있지만) 아이는 부모가 자기를 신뢰하고 있다고 느낀다. 게다가 당신은 우스꽝스럽고 터무니없는 행동을 하겠다는 약속까지 곁들이고 있다. 부모가 춤추다 넘어지는 우스꽝스러운 모습을 보는 것을 좋아하지 않을 아이가 있을까?

이 전략은 좀 더 큰 자녀에게도 적용할 수 있다. 7, 8세 자녀를 둔 많은 부모가 내게 말하기를, 아이가 여기에 '걸려들' 뿐만 아니라 도리어 '눈 감기 놀이'를 하자고 요구하는 바람에 놀랐다고 한다. 만약 이 전략이 머리가 커진 자녀에게도 통할 거라는 확신이 선다면, 이 아이디어를 10대 자녀에게 맞춰 사용해 보라.

"아직 방 청소를 안 한 것 같은데? 좋아, 엄만 저녁 식사 준비를 먼저 할게. 네가 식사하러 오기 전에 옷을 치우기로 한 약속은 꼭 지켜주리라 믿어."

이는 신뢰라는 동일한 원칙에 따라 작동한다. 그리고 여기에 유머라는 요소를 추가하고 싶다면? 자리를 뜨면서 이렇게 덧붙인다.

"만약 이 방이 깨끗해지면, 엄마가 갑자기 노래 부를 수도 있어!"

왜 이 전략이 효과가 있는지 궁금하다면, 팀장이 당신에게 보고서를 다시 작성하라고 말하고 신뢰와 격려의 메시지를 주면서 자리를 뜨는 경우와 반대로 당신 뒤에서 당신을 내려다보고 있는 경우, 어떤 느낌일지 상상해 보라. 분명히 첫 번째 시나리오에서 당신은 더 잘할 것이다. 누구나 통제받는 느낌보다는 신뢰받는 느낌을 더 좋아한다. 만약 팀장이 수정된 내 보고서를 보고 기분 좋을 때 나오는 유쾌한 제스처를 볼 수 있을 거라 기대하게 된다면? 나라면 바로 일을 시작하겠다. 그건 그냥 지나치기엔 너무 아까운 일일 것 같다.

역할 바꾸기 놀이하기

자녀가 부모의 지시에 따라야 할 때 실행 가능성을 높이기 위한 작업이 다양하다. 일반적으로 아이는 자기가 인정받고 있고, 독립적이며, 신뢰할 수 있고, 통제력을 갖고 있다고 느낄수록 부모의 요청을 기꺼이 들으려 한다. 이를 이해하면 정말 힘이 솟는다. 연결 감정을 쌓을 기회, 어떤 면에서는 청취 자본을 쌓을 기회가 하루 종일 무수히 많기 때문이다.

그중 한 가지 좋은 방법은 '역할 바꾸기 놀이'다. 게임을 이렇게 소개하라.

"게임을 하나 하려고 해. 앞으로 5분 동안 네가 어른이고, 엄마는 아이가 되는 거야. 엄마는 네가 하라는 대로 해야 해."

이 게임에서는 음식이나 선물 사주기는 포함되지 않는다는 점을 아이에게 설명하라(자녀가 새로 나온 포켓몬빵을 100개나 사 오라고 하거나 젤리를 30봉지나 달라고 하면 안 되니까). 이 게임의 내용은 하루 일과에 관한 것이어야 한다. 여기서 세부적인 것은 중요하지 않다. 중요한 것은 역할을 뒤집어서 자녀를 힘 있는 어른의 위치에 서 보게 하고, 아이로서 겪는 어려움에 부모가 공감을 표현해 주는 것이다. 게임하는 동안 '부모' 말을 듣는 것이 얼마나 힘든지 과장하라.

"저 혼자 이 블록들을 다 치우라고요? 안 하고 싶어요."

"힝, 지금 당장 샤워하는 건 너무 귀찮아!"

나는 이 게임이 부모인 나 자신에게도 유용하다고 생각한다. 이 게임은 하고 싶지 않은 일을 명령받는 것이 얼마나 힘든 일인지 새삼 다시 알게 해 준다.

일상에서 어떻게 적용할까?

이 장의 시작에 나왔던 두 아이의 엄마 이야기로 돌아가 보자. 엄마는 아들이 자기 말을 듣지 않아 좌절한 상태였다. 하지만 스스로 이렇게 생각하도록 안내했다. '말을 듣지 않는 아이한테 부모 노릇을 하는 건 너무 어려워.' 그러고 나서 이 말을 떠올렸다. '듣는 것은 협조고, 협조는 연결에서 온다.' 엄마는 심호흡을 하며 다시 도전할 힘을 충전했다.

그날 늦게 아들과 역할 바꾸기 놀이를 했다. 아들은 엄마에게 한 발로 점프를 하라고 시키고, 크레파스를 치우라고 하고, 계속해서 바보 같은 춤을 추라고 시켰다. 아들은 당연히 이 게임을 좋아했고, 엄마도 자기가 생각했던 것보다 이 게임을 더 즐기고 있다는 것을 알게 되었다.

그날 밤늦게 아들에게 방 청소를 하라고 요청해야 하는 순간, 엄마는 아이가 인정받는 느낌이 들게 해야 한다는 사실을 기억해 냈다.

"아들! 곧 블록 놀이를 그만둘 시간이야. 알아, 블록은 재미있지! 우리는 얘네들한테 잘 자라고 인사하고 제자리로 보낼 거야. 바닥에 있는 옷들도 치운 다음에는 이도 닦아야 해. 지금 당장 치울래, 아니면 2분 있다가 치울래?"

엄마가 아들의 마음에 연결되어 선택권을 주면서 이렇게 접근했을 때 아들의 저항이 줄어들었고, 이는 놀랍고도 기분 좋은 일이었다.

CHAPTER 13
감정이 폭발하며 떼쓰는 아이

> 세 살배기 딸이 부엌으로 와 엄마에게 아침으로 아이스크림을 달라고 한다. 엄마는 최대한 친절하게 답했다. "아이스크림? 그건 아침에 먹을 수 없어. 와플은 어때?" 그러나 딸은 "지금 아이스크림 줘! 아이스크림만 줘, 난 지금 그게 필요해에에에에!"라더니 바닥에 주저앉아 아이스크림을 달라며 끝도 없이 울고불고 소리를 지른다.

떼를 쓰는 건 정상이다. 정상일 뿐 아니라 건강한 것이다. 물론 떼쓰기가 재미있다거나, 유쾌하다거나, 다루기 쉬운 문제라는 것은 아니다. 떼쓰기는 모두를 힘들고 지치게 한다. 그럼에도 건강한 아동 발달의 일부분이다. 아이가 '발작한' 것처럼 보이는 떼쓰기는 단 한 가지만 의미할 뿐이다. 아이가 어떤 상황에서 전해지는 정서적 요구를 감당하고 있지 못하다는 것이다. 떼를 쓰는 순간, 아이는 조절능력을 압도하는 느낌이나 충동, 감각을 경험하고 있다. 떼쓰기는 조절이 통하지 않는 생물학적 상태일 뿐, 고의적인 불복종이 아니다.

아이는 뭔가(아이스크림 같은)를 원하는데 다른 존재(부모나 다른 사람)가 그것을 방해할 때 자주 떼를 쓴다. 욕구가 좌절되는 것은 인간이 견디기 힘든 경험 중 하나다. 아이뿐만 아니라 어른도 마찬가지다. 떼쓰기는 아이가 이렇게 말하는 것이다. "당신이 안 된다고 해도 나는 여전히 내가 무엇을 원하는지 알고 있어요. 내 온몸이 이 욕구를 알고 있고, 그것을 이루지 못해서 좌절했다는 걸 보여 주는 거예요."

떼를 쓰는 도중 위험한 행동을 하지 못하게 하고 싶은가? 물론이다. 평정심을 유지하고 싶은가? 물론이다. 그 자리에서 떼쓰기를 멈추거나 아예 벌어지지 않게 하는 것이 우리의 목표인가? 그건 아니다. 아이가 자기 자신을 위해 무언가를 욕망하고 주장하기를 부모로서 바라기 때문이다.

부모로서 우리는 자녀가 자신의 욕망을 인식하고 주장할 수 있기를 바라야 한다. 주변 사람이 안 된다고 해도 그에 휘둘리기보다 내 마음은 이렇다는 생각을 고수할 줄 아는 어른으로 자라야 한다. 하지만 아이가 어렸을 때는 복종과 순종을 장려하다가 성장해서는 자신감과 확신을 가지라고 기대할 수는 없다. 그건 그렇게 되지 않는 법이다.

자녀가 스물다섯 살이라고 상상해 보라. 누군가가 아이에게 부적절한 요구를 했을 때, 아이가 "아뇨, 저는 그럴 수 없습니다"라고 말할 수 있기를 바라는가? 아이가 업무 환경을 개선해 달라고 요구할 수 있기를 바라는가? 동료에게 "좀 더 공손하게 말해 줘요"라고 말할 수 있기를 바라는가? 만약 아이가 어른답게 자신의 욕구와 필요를 인식할 수 있기를 바란다면, 우리는 아이가 발달하는 데 있어 떼쓰기를 필수적인 부분으로 보기 시작할 필요가 있다.

원하거나 갖지 못해서 떼를 쓴다면, 그 모든 '발작'과 함께 표출되는 것은 정확히 무엇인가? 나는 때때로 떼쓰기를 감정이 몸 밖으로 터져 나오는 것처럼 시각화해서 바라본다. 마치 완전히 꽉 차 있던 아이의 '괴로운 감정 항아리'가 무슨 일이 벌어지자마자 흘러넘치는 것처럼 말이다. 이것은 아이의 떼쓰기를 성가시다거나 터무니없는 과민반응이라고 생각하지 않고, 감당할 수 없거나 고통스러운 감정을 인간적으로 표현하는 것이라고 인정하는 데 도움이 된다.

어른인 우리도 폭발하는 순간이 있다. 때로는 작은 일이 잘못됐을 뿐인데도 크게 폭발한다. 이런 날을 상상해 보라. 출근길에 지갑을 잃어버렸고, 업무 회의를 하다 지적을 당했고, 친구들이 당신만 빼고 저녁 모임을 가졌다는 소식을 듣고서 퇴근했다. 그런데 당신이 아끼던 포근한 티셔츠가 세탁으로 줄어들어서 몸에 안 맞는 것 아닌가. 당신이 가장 좋아하던 티셔츠가 말이다. 나라면 눈물로 뒤범벅이 될 것이다. 어쩌면 나는 "안돼에에에, 안돼, 안돼, 안돼!!!"라고 목놓아 소리를 지를지도 모른다. 이 와중에 남편이 "여보, 별일 아니야. 그냥 다른 셔츠를 고르면 되잖아!"라고 말한다면, 내 반응은 그다지 예쁘지 않을 거라고만 말해 두겠다.

하지만 만약 남편이 내가 폭발한 걸 보고 내가 힘든 시간을 겪고 있다는 신호로 알아채 준다면, 자기가 겉으로 목격하는 지금의 모습보다 내게 더 많은 사연이 있다는 신호로 여겨 준다면, 나는 진정되기 시작할 것이다. 내가 배려와 이해를 받고 있으며 안전하다는 기분이

들고, 나는 여전히 좋은 사람이라고 느끼게 될 것이기 때문이다. 쪼그라든 티셔츠가 계기가 되긴 했지만, 이미 수면 아래에서는 실망과 좌절, 슬픔이 쌓이고 쌓여 그런 일이 벌어질 바탕을 이루고 있던 것이다.

아이가 떼를 쓸 때 도움을 줄 수 있느냐 없느냐는, '폭발'을 촉발하는 사건을 꿰뚫어 보고 그 안에 있는 고통스러운 진짜 감정을 부모가 인식하느냐에 달려 있다. 양육 기술의 핵심은 겉으로 보이는 것에 반응하기보다 내면의 분노를 인식하는 데 있다.

이제부터 전할 전략들은 이러한 인식에 도움이 될 것이다. 그리고 이 전략들은 아이가 때리기, 침 뱉기, 깨물기, 발길질, 던지기 같은 신체적 공격 없이 순수하게 감정적 붕괴를 겪고 있을 때 적용할 수 있다. 물리적 공격성과 경계 위반이 동반되는 떼쓰기는 다음 장에서 설명할 다른 접근법이 필요하다.

여기서의 전략들은 모두 같은 목표를 가지고 있다. 아이가 감정을 조절하는 기술을 기를 수 있도록 돕는 것이다. 떼쓰기를 끝내려고 의도된 것이 아니다. 우리가 그저 소리지르거나 우는 것만 멈추게 하려고 하면, 아이는 그 사실을 알아채고 단 한 가지 교훈을 얻는다. '나를 완전히 휘감은 이 감정은 엄마아빠도 어쩌지 못하는구나. 그건 그만큼 정말 나쁘다는 거겠지.'

어른인 우리가 아이의 감정을 피하거나 막으려 하면 아이는 감정조절하는 법을 배울 수 없다. 아이가 떼를 쓰는 동안 부모의 목표는 부모 자신을 진정시키고 자녀를 안전하게 지키는 것이어야 한다. 그런 다음 부모라는 존재를 통해, 통제 불능의 상태에 있는 자녀에게 감정 조절하는 법을 자연스럽게 배우게 해야 한다.

다음에 소개하는 전략들은 모두 부모가 자녀와 연결되어, 자녀를 이해한다는 것을 보여 주고, 자녀 내면의 선함을 지킬 수 있도록 돕는 것을 목표로 한다.

울고불고 떼쓰는 아이를 바꾸는 전략

부모 자신이 괜찮은 사람이라는 것 기억하기

자녀가 통제되지 않는 상태가 되면 부모는 자책감이 든다. 그럴 때 부모는 떼쓰는 아이 앞에서 평정심을 유지하기 힘들다. 외적인 비난은 항상 내적인 비난과 짝을 이룬다. '얘가 왜 이러지?'라는 생각은 '내가 왜 이러지?'라고 묻는 것이기도 하다. 심지어 '난 양육을 제대로 못하는 부모야'라는 생각도 든다. 이는 너무 고통스러운 생각이어서 우리는 종종 그러한 고통을 차단하기 위해 아이가 떼쓰는 것을 견디지 못하고 같이 폭발한다.

만약 아이가 '폭발하기' 시작하면, 다른 일을 시도하기 전에 부모 자신에게 이 말부터 하라.

"난 아무 문제 없어. 내 아이에게도 아무 문제 없어. 나는 이 문제에 대처할 수 있어."

일상에서 이 생각을 실천할 방법을 생각해 보자. 이 말이 아이가 떼를 쓰는 동안 당신이 평온을 유지하는 데 다른 어떤 양육 전략보다 도움이 될 것이다.

두 가지 모두 진실임을 기억하기

"다음 두 가지 모두 진실이다. 이 상황에 대한 결정과 책임은 부모인 내게 있고, 내 대답은 '아니오'였다. 아이는 자신의 감정을 담당하고 있고, 화가 날 수 있다."

나는 당신이 이 말을 기억하길 바란다. 부모는 어떠한 일의 결정을 내릴 수 있고, 자녀는 자신의 감정을 가져도 된다는 의미다.

어조는 어떠해야 할까? "네가 화내도 난 신경 안 써"라는 투의 냉담하거나 무관심한 태도는 아니어야 한다. 부모는 아이의 마음을 진정 허용하고 공감하는 마음을 전달하고 싶기에, "네가 그런 마음이 들 수 있지" 또는 "맞아, 그건 기분이 안 좋은 일이지!" 심지어 "아이로 사는 게 힘들 수 있어"라고 말할 수 있다.

감정 폭발을 관리하는 핵심은 다음 세 가지 사실을 기억하는 것이다. 그러면 아이는 감정을 인식하고 조절하는 능력을 발달시키기가 좀 더 수월해진다.

① 부모는 자녀의 감정을 책임지지 않는다.

② 자녀는 부모의 결정에 대해 "네, 그렇게 할게요!"라고 말하지 않아도 된다.

③ 부모가 자녀의 감정을 받아 주면 자녀는 어떤 감정이든 가질 수 있다고 배우게 된다.

아이의 마음 정확하게 읽어 주기

내가 가장 좋아하는 떼쓰기 대응 전략 중 하나는 아이의 폭발 이면에 있는 마음을 정확히 읽어 주는 것이다. 그야말로 아이가 이루지 못하는 바람을 그대로 크게 말해 주면 되는 것이다. 아침 식사로 아이스크림을 먹는 것처럼 구체적인 것이든, 더 많은 독립을 원하거나 자기 말을 들어주길 바라는 것처럼 내면적인 것이든 간에, 충족되지 않은 바람은 항상 있기 마련이다.

아이의 마음을 정확히 읽어 주면, 당신은 아이와 연결되어 공감할 수 있고 아이는 인정받는 느낌을 받는다. 그러면 아이는 자기가 안전하고, 자기가 여전히 좋은 아이라고 느껴 마음을 진정시키는 데도 도움이 된다.

소원은 작고 구체적이거나 크고 주제와 더 관련된 것으로 댈 수 있다.

"너는 아침으로 아이스크림을 먹었으면 좋겠구나. 엄마도 알아."

"너는 더 늦게 잠자리에 들었으면 좋겠구나."

이렇게 단순한 것으로 말할 수도 있고, 좀 더 큰 상황으로 말할 수도 있다.

"넌 스스로 모든 결정을 내렸으면 좋겠구나."

"넌 그런 일이 일어나지 않았으면 좋겠구나."

감정의 크기 인정해 주기

자녀 양육 조언에서 '아이의 감정을 정확히 읽어 주기'에 대해서는 많이 들어온 만큼 익히 잘 알 것이다. 이것은 '정도가 심하지 않은' 아이의 마음에 연결하고자 할 때 유용할 수 있다. 여기서 나아가 나는 아이가 격렬하게 떼쓰는 순간에는 그 감정의 엄청난 '크기'를 인정하면 훨씬 더 효과적이라는 사실을 알게 되었다. 아이의 감정이 얼마나 큰지 헤아려 주면, 아이는 자신의 혼란스러운 감정의 덩어리를 구체적이고 이해하기 쉽게 재구성하도록 도울 수 있다.

아이가 여동생이 사용하고 있는 크레파스를 쓸 차례를 기다리다 화가 나 떼를 쓴다면 이렇게 말할 수 있다.

"너 저 크레파스가 쓰고 싶구나. 넌 아주 큰! 이 방만큼 큰 크레파스가 있었으면 좋겠지? 아니면 이 집만큼 큰 크레파스인가?! 혹시 이 동네만 한 크레파스야?"

산책을 마치고 공원을 나서야 하는데, 아이가 집에 가기 싫어서 화를 낸다고 해보자.

"공원을 떠나야 해서 속상한 마음이 '평소'와는 다른데? 오늘은 저 자동차만큼 화가 났네! 아니다. 더 큰 것 같아. 저 건물만큼 화가 아주 많이 났구나!"

그러면 아이는 "아뇨, 더 커요. 전 이 세상만큼 화가 나요!"라고 말하며 달려갈 것이다. 이러면 된 것이다. 아이가 자기 감정이 얼마나 큰지 인정받았다고 느끼고, 그 순간이 얼마나 심각한지 표현할 수 있게 되었다는 의미다. 감정의 크기를 인정해 주었으면 잠시 멈추고 아이를 사랑스럽게 쳐다보라. 어쩌면 이렇게 덧붙일 수도 있다.

"네가 얼마나 화가 많이 났었는지 알게 되어 다행이야. 이건 정말 중요한 일이거든."

일상에서 어떻게 적용할까?

이 장의 시작에 나왔던 엄마의 이야기로 돌아가 보자. 엄마는 바닥에 드러누운 딸을 보고는 아이가 떼를 쓰는 동안 해야 할 일을 떠올렸다. '내가 할 일은, 떼를 못 쓰게 하는 게 아니라 내 마음을 진정시키고 내 아이를 안전하게 지키는 거야.' 그렇게 생각하니 엄마는 숨을 고를 수 있었고, 딸이 지금 엄마에게 힘든 순간을 안겨 주는 것이 아니라 아이 자신이 힘든 순간을 겪고 있다는 것을 알게 되었다.

떼쓰기는 여러 감정으로 부담이 컸던 순간들이 쌓여 왔다는 신호일 가능성이 크다는 사실을 떠올렸다. 기분이 좋지 않고 정신을 바짝 차려야 했던 긴장의 순간들 말이다. 그런데 지금, 아침으로 아이스크림을 먹고 싶은 이 순간에, 그 모든 감정이 흘러넘치고 있다.

엄마는 스스로에게 말했다. '나에게는 아무 문제가 없고, 내 아이에게도 아무 문제가 없어. 나는 이 상황에 대처할 수 있어.' 그러고 나서 딸에게 말했다.

"두 가지 모두 맞아. 아이스크림은 아침 식사로 먹을 수 없어. 그래서 네가 화가 나는 것도 이해해. 엄마도 아이스크림 좋아하거든. 아침으로 먹을 다른 맛있는 음식이 뭐가 있는지 찾아보고 싶으면 그렇게 해도 돼."

딸은 엄마 말을 듣고 잠시 멈춘 듯하다가 다시 울면서 아이스크림을 달라고 소리친다. 엄마는 아이 옆에 같이 앉아서 말했다.

"너 정말 아이스크림이 먹고 싶구나. 엄마도 알아. 이 부엌만큼, 아니다. 이 집만큼 아이스크림이 많이 먹고 싶은 거! 그렇게 많이 먹고 싶은 걸 참기란 힘든 일이지."

엄마는 아이가 떼쓰는 것을 참아 주었고, 결국 끝이 났다. 엄마와 아이 모두 지쳤지만, 할 일을 잘 해냈다는 생각이 들었다.

CHAPTER 14

때리고 깨물고 던지면서 공격하며 떼쓰는 아이

> 네 살배기 둘째가 부엌에서 여섯 살짜리 누나가 파란 물병을 집어 드는 걸 발견했다. 둘째는 소리친다. "안 돼, 그건 내 거야! 파란색은 내가 제일 좋아하는 색이란 말이야." 엄마는 선을 그어 주었다. "누나가 먼저 집었어. 엄마도 봤어. 너는 오늘 빨간색이나 녹색병을 사용해야겠네." 둘째가 폭발한다. 그리고 부엌으로 가서 병들을 마구 던지기 시작한다. 게다가 엄마가 다가오자 비명을 지르며 엄마를 때리고 꼬집기 시작한다. "엄마 싫어! 엄마 싫다고!!!!"

이런 떼쓰기도 정상적이다. 심지어 이렇게 떼를 쓰는 건 건강한 현상이다. 장담한다. 공격적인 행동을 수반하는 이러한 유형의 떼쓰기는, 뇌의 통제 기능을 담당하는 전두엽이 완전히 활동을 멈춘 상태로, 생리적으로 조절이 안 되는 아이가 '위협' 상태에 놓여 있다고 보내는 신호다. 때리고, 차고, 꼬집고, 침 뱉고, 깨무는 행동들은 통제할 수 없을 만큼 불안하다고 표출하는 것이다. 위험에 처한 사람이라면 누구나 그러하듯 말이다.

뇌의 전전두엽피질은 언어와 논리, 미래를 대비하는 사고, 조절력과 현실감을 갖도록 도와주는 모든 요소를 포함하는 균형감의 발달을 책임지는 영역인데, 어린아이는 아직 충분히 발달하지 않은 상태다. 이것이 아이가 강렬하게 폭발하는 이유다. 아이는 세상의 자극을 느끼고 경험할 수 있는 상태로 태어나지만, 아직 감정과 경험의 강도를 조절할 수 없다. 아이는 불안하고 불편한 감정을 어른처럼 머리로 이해하지 못하기 때문에, 힘이 들면 그냥 '불편하구나'가 아니라 무섭게 느껴질 수 있다. 앞에서의 물병 상황을 보면, 둘째는 파란색 물병을 가질 수 없다는 좌절감이 자신을 압도하듯 덮치기 때문에 놀라고 두려운 마음과도 싸워야 한다. 좌절감을 느끼면서 좌절감을 두려워하는 것이다.

이는 생물학적으로 어떤 반응을 일으킬까? 신체의 스트레스 호르몬인 코르티솔이 분비되어 혈압과 호흡수를 증가시키는데, 그러면 결국 제대로 사고하기가 더 어려워진다. 이는 자기 몸 안의 벅차고 혼란스러운 감정들의 '위협'으로 투쟁 혹은 도피 상태에 있게 되는 것이다. 아이가 감정적으로 폭발하는 것은 하나의 표현 방식이며 그 내용은 이러하다. "내 몸에 있는 감정이 두려워. 나한테 무슨 일이 일어나고 있는지 이해가 안 돼. 이 끔찍한 감각들이 공격하는데, 그것들이 내 안에 있기 때문에 거기서 벗어날 수가 없어. 도와줘, 도와줘, 도와줘!"

평온을 유지하면서 막무가내로 떼를 쓰는 아이를 돕기란 정말 어려운 일이다. 이는 아이의 행동 자체가 감당하기 어렵기도 하지만, 이 순간 부모에게 요구되는 것도 있어서다. 아이에게 일어나는 감정의 소용돌이를 멈추려면 부모가 '권위'를 보여야 한다. 권위를 보이는 것은 많은 성인, 특히 여성이 살면서 어려워하는 부분이다. 자신을 내세우고 공간을 차지하는 것 말이다. 많은 부모가 "여기서는 내가 어른이란다. 내가 책임지고 있지. 난 무엇을 해야 하는지 알아"라는 태도를 보이는 대신 무의식적으로 아이에게 힘든 순간을 스스로 수습하게 한다.

게다가 부모가 권위를 보이려고 하면, 아이가 부모를 좋아하지 않을 수도 있다는 사실을 받아들여야 한다. 발버둥 치는 아이를 막으려고 들어올리면 아이가 "싫어, 내려놔!"라고 소리치고, 아이를 친구와 떼어놓기 위해 끼어들면 아이가 우리를 화난 눈으로 쳐다보는 것을 감당해야 한다.

일단 권위를 주장하는 어려움은 헤쳐나갔다 하더라도 당신 앞에는 여전히 통제 불능의 행동을 하는 아이를 다루어야 하는 숙제가 남는다. 먼저 아이가 폭발하는 순간은 자기 몸 안에서 일어나는 감각이나 충동, 감정을 두려워해서 벌어진다는 사실을 기억하는 것이 중요하다. 아이가 겁에 질려 있다고 생각하면 아이에게 필요한 것을 더 많이 줄 수 있다.

아이가 떼를 쓸 때 부모로서 해야 할 일은 덜 심하게 떼를 쓸 때와 똑같다. 내 몸을 진정시키고 아이의 안전을 지키는 것이다. 이런 경우 아이를 안전하게 지킨다는 것은 '억제'에 집중한다는 의미다. 통제 불능의 아이는 부모가 단호하게 개입해 위험한 행동을 중단시키고, 아이가 계속 피해를 입히지 않도록 더 안전하고 경계가 확실한 환경을 조성해 줄 필요가 있다.

아이가 폭발하는 순간에는 아이에게 새로운 것을 가르치거나, 훈계하거나, 새로운 기술을 길러 주려고 하면 안 된다. '억제'만이 유일한 목표다.

물건을 던지고 공격적인 아이를 바꾸는 전략

"난 네가 ○○하지 못하게 할 거야"라며 개입하기

이렇게 큰 소리로 말하라. "물병 던지면 안 돼! 물병 던지지 마!" 그런 다음 잠시 멈춰 심호흡을 한다. 이제 이렇게 말해 보라.

"엄마는 네가 물병을 던지지 못하게 할 거야."

'난 네가 ○○하지 못하게 할 거야'라는 이 짧은 말은 모든 것을 부모가 책임지고 있으며, 아이에게 계속해서 제멋대로 행동하다 결국 끔찍한 기분이 들게 되는 상황을 막아 주겠다고 알리는 것이다.

아이는 자신이 통제 불능일 때 기분이 좋지 않다. 우리가 남을 불쾌하게 만드는 자신을 좋아할 수 없는 것처럼, 아이도 선하고 안전한 결정을 내릴 수 없는 자신을 경험하고 싶지 않다. 그런데도 이렇게 떼를 쓰는 것은 아이의 발달상 스스로 멈출 수 없다는 의미다. 아이는 던지다 멈출 수 있으면 안 던질 테고, 때리다 멈출 수 있으면 안

때릴 테고, 깨물다 멈출 수 있으면 깨물지 않을 것이다. 그래서 통제 불능 상태의 아이는 어른이 개입해서 억제해 주어야 한다. 억제는 아이가 스스로 할 수 없는 일이기 때문이다. "난 네가 ○○하지 못하게 할 거야"라고 말하며 개입해 그 말대로 이루어질 때까지 후속 조치를 하는 것, 이것이 바로 사랑과 보호의 행위다.

'후속 조치'란 무슨 의미인가? "누나를 발로 차지 못 하게 할 거야"라는 말은 종종 부모가 두 아이를 물리적으로 분리할 것을 의미하고, "네가 나를 때리지 못하게 할 거야"라는 말은 종종 주먹을 휘두르는 아이의 손을 붙잡는 것을 의미하며, "네가 싱크대에서 뛰어내리지 못하게 할 거야"라는 말은 아이를 들어서 내려놓는 행동을 의미한다.

단, '난 네가 ○○하지 못하게 할 거야'는 일상적인 상황에 쓸 만한 전략은 아니다. 나는 여기서 부모가 자녀에게 매번 문제를 지적하며 부모의 지배력을 보여 주라고 권하는 것이 아니다. 이 전략은 아이가 좋은 결정을 내릴 수 없는 순간을 위한 것이다. 아이가 안전하지 않거나 부모의 강력한 리더십이 필요한 행동을 할 때 말이다.

이런 상황에서 부모가 "제발, 그만해"라든가 "그러면 못 써"라고 말만 하고 그친다면, 아이는 자신이 상황을 주도하고 있다는 사실에 겁에 질린다. 이러면 아이를 더 제멋대로 행동하게 만든다. 아이는 부모가 권위 보여 주기를 회피한다고 느끼면 기본적으로 이런 메시지를 받게 되기 때문이다. '왜 아빠가 나더러 책임지라는 거지? 아빠는 내가 힘들어하는 것을 분명히 보고도 도와주려고 나서지 않았어! 내 몸을 압도한 감정들이 이제 아빠를 압도하고 점령해 버린 거야.

그게 더 무서워.' 아이는 이런 식으로 점점 더 '진정'할 수 없게 된다.

충동과 행동 구별하기

물어뜯고 싶은 충동이 들 수 있다. 하지만 사람을 물어뜯어서는 안 된다. 때리고 싶은 충동이 들 수 있다. 하지만 사람을 때려서는 안 된다. 아이의 충동이 향하는 방향을 돌리는 안전한 방법을 찾는 것이 충동 자체를 차단하려고 애쓰는 것보다 훨씬 더 성공 가능성이 크다. 예를 들어 아이가 화가 나 뭔가를 물려고 하면, 씹기 전용 목걸이를 주어서 다른 아이에게 충동을 해소하려는 행동의 순환을 끊어내라. 발로 차는 아이는 다른 아이와 붙여놓지 말고, 안전하게 다리를 움직이며 발버둥칠 수 있는 방으로 들여보내라. 그러면 결국 아이는 자신에게 허락된 감정, 그리고 충동을 조절하는 법만 배우게 된다.

부모들은 종종 충동을 없애겠다는 목표를 세운다("도대체 왜 그러는 거야?" "뭐가 문제니?"). 하지만 인간이라면 누구나 충동이 들 수 있음을 인정하고 충동을 해소할 수 있는 곳으로 아이를 옮기면, 아이는 조절을 배워 간다. 시간이 지나면서 더 나은 결정을 내릴 수 있게 된다.

감정의 불이 확산되지 않게 하기

자녀를 통제 불능 상태로 만든 감정을 불이라고 상상해 보자. 이 순간들은 일반적으로 뜨겁고 폭발적으로 느껴지기 때문에 상상하기가 그리 어렵지 않을 것이다. 감정 조절 장애라는 화재를 꺼 버릴 소화기는 없기 때문에(감정은 우리 본질의 핵심이다. 그러니 감정을 없애는 것은 답이 아니다) 우리의 목표는 불을 억제하는 것이어야 한다. 실제 화재라면 어떻게 할 수 있을까? 불의 피해를 최소한으로 줄이고 싶을 것이다. 그러니까 가능하다면 당신은 불길이 커질 우려가 있는 넓은 곳에서 좀 더 좁은 곳으로 불씨를 '옮기고', 문을 닫고, 안전하게 꺼지기를 기다릴 것이다.

"난 네가 ○○하지 못하게 할 거야"라고 말하고 통제 불능의 행동을 멈추도록 개입한 후에도 아이가 여전히 흥분 상태에 있다면, 아이는 본질적으로 자기를 저지해 달라고 호소하는 것이다. 아이가 위험한 일을 하지 못하도록 확실히 경계를 지어주는 것은 때때로 가장 차원 높은 사랑과 보호의 행위다. 그것은 감정의 불이 집이나 마당, 생일 파티를 모두 뒤덮지는 않을 거라는 신호를 아이에게 보낸다. 이 작업은 다음 단계들로 나눌 수 있다.

1. **아이가 돌이킬 수 없는 지점을 지났을 때를 인식한다.** 자신에게 이렇게 말하라. '아이의 감정의 불이 더 크게 타오르지 않게 해야 해. 난 할 수 있어.' 아이는 당신의 도움을 거부하려고 할 것이다. 몸이 주변의 모든 자극을 '위협'이라고 해석하고 있기 때문이다. 하지만 사실 아이는 당신에게 이렇게 말하고 있다. "제발 강해지세요. 제가 소리를 지르고 반항할 때도 저에게 최선이 되는 일을 해주세요."
2. **아이를 안아 들고 비교적 '안전'한 곳으로 옮긴다.** 감정의 폭풍

에 휩쓸릴 만한 위험한 물건이 없는 작은 방이면 좋다. 작은 방은 대화가 아닌 물리적 의사소통을 통해 아이의 감정이라는 불이 집 전체를 태울 수 없도록 예방한다. 아이에게 이렇게 말한다. "엄마가 해야 할 가장 중요한 일은 너를 안전하게 지키는 거야. 그리고 지금 안전은 너를 네 방으로 데리고 가서 너와 함께 앉아 있는 거야. 넌 아무 문제 없고 엄마는 너랑 함께 있어." 이러한 말은 여러 면에서 자녀보다 부모에게 더 도움이 된다. 부모는 이 말을 하면서 자신이 가진 권위와 해야 할 일을 상기하게 된다. 지금 아이에게 무엇이 필요한지 아는 사람은 부모뿐이다. 부모가 사랑으로 아이와 함께 있어 주는 것과 떼쓰기를 저지해 주는 것 말이다.

3. **방에 들어가서 문을 닫고 문 앞에 앉아 아이가 나가지 못하게 한다.** 아이가 나가려 할까? 아마도 그럴 것이다. 다행히도 당신의 덩치가 더 크다. 거기 앉아 있으라.
4. **신체 공격을 막는다.** 아이가 안전하게 느끼고 감정을 조절하려면, 자기가 나쁜 결정을 내리는 것을 부모가 막을 수 있고 자기감정이 자기 자신이나 다른 사람에게 위험하지 않다는 증거가 필요하다. 아이에게 다음과 같이 말하라. "네가 때리지 못하게 할 거야." "네가 책을 던지지 못하게 할 거야." 그리고 아이가 때리거나 발로 차지 못하게 하라.
5. **집중하고 심호흡한다.** 당신 자신과 자녀, 모두를 위해 약간 과장되게 다 들리도록 심호흡을 하라. 문 앞에 앉아서 '핫초코 호흡'

을 하면 게임에서 앞서게 될 것이다. 아이는 부모의 감정 상태를 파악한다. 만약 아이가 당신이 감정을 조절하고 있다고 느끼게 되면, 아주 심각한 조절 장애 상태에 있던 아이라도 부모인 당신을 보고 진정하는 데 도움을 받게 된다.

6. **"나에겐 아무 문제가 없어, 우리 아이에게도 아무 문제가 없어. 나는 여기에 대처할 수 있어." 자신에게 반복해서 말한다.** 만약 이런 식으로 아이와 함께 앉아 있는 것이 이상하게 느껴진다면, 자신에게 이렇게 말하라. "이것은 나에게 정말 새로운 신호야. 좋은 징조지. 변화의 징조."
7. **말을 많이 하지 않는다.** 이유를 추론하려 하지 말고, 훈계도 하지 말고, 벌도 주지 말고, 절대로 말을 많이 하지 말라. 아이는 위협 상태에 있다. 아이는 어떤 단어도 처리할 수 없으며, 당신이 말한 모든 내용을 추가적인 위협으로 해석할 가능성이 크다. 그런데 부모의 신체 언어나 어조, 말의 속도와 같은 비언어적 의사소통에 반응할 수는 있다. 이런 때는 자녀가 다른 언어로 말한다고 상상하면 유용하다. 결국 아이에게 필요한 건 심호흡하며 침착함을 유지하는 부모의 존재다. 기다리라. 5분이 걸릴 수도 있고, 30분이 걸릴 수도 있다.
8. **아이에게 말하기 전에 얼마나 느리고 부드러운 어조로 말할지 생각한다.** 아이가 혼란에 빠져 격렬하게 떼를 쓸 때는 '차분하고 안정된 목소리'가 필요하다. 아이(또는 어른)가 투쟁 또는 도피 상태에 있을 때, 눈을 똑바로 보는 것은 위협으로 해석될 수 있으므

로 옆이나 아래를 내려다보며 평소보다 더 느리고 조용하게 다음 중 몇 가지를 말하라. "넌 힘든 시간을 보내고 있어. 엄마는 항상 네 옆에 있어." "네가 그런 감정이 드는 건 나쁜 게 아니야. 넌 그렇게 느낄 수 있어." 그런 다음 천천히 심호흡한다.

이 모든 억제 작업은 아이에게 이런 메시지를 보낸다. "너에게 그런 감정도 생길 수 있어. 하지만 그런 감정들이 네 주변을 망가뜨리게 해서는 안 돼. 감정을 표현하면 너한테 도움이 될 거야. 하지만 격분해서 행동하면 기분이 더 나빠져. 그래서 엄마는 감정을 말하는 건 허락하지만 심하게 행동하는 건 못 하게 할 거야."

감정을 의인화하기

아이가 순간적으로 격한 분노에 휩싸여 "엄마 미워!" "날 내버려 둬!" "엄마 가버려"와 같은 불쾌한 말을 뱉을 수 있다. 잠시 멈추고 이 말들을 다르게 재구성해 보자. 물론 아이가 당신을 향해 쏘아대는 것처럼 보인다. 하지만 아이는 사실 몸 안에 있는 압도적이고, 무섭고, 위협적인 감정에게 이야기하는 것이다. 그것은 아이가 자신을 보호하려는 방법으로, 또는 구해 달라고 호소하기 위해서 자신의 감정 상태를 향해 "이런 감정 싫어!" "날 힘들게 하지 마!" "불편한 감정은 가버려!"라고 말하는 것과 같다.

아이의 말이 향하는 방향을 재구성하면, 평정심을 유지하며 아이 옆에 머물기가 좀 더 쉬워진다. 그리고 공포에 질려 공격받고 있는 아이에게 당신이 필요하다는 것을 알게 될 것이다.

상황을 돌이켜보기

우리 대부분은 떼쓰기의 폭풍을 지난 뒤 이렇게 생각한다. '와, 끝나서 다행이야. 다음으로 넘어가자!' 하지만 일단 상황이 진정되고 난 후 아이와 연결되어 통제되지 않았던 순간을 돌이켜본다면, 노력 대비 높은 효과를 볼 수 있다. 감정의 화재 현장으로 돌아가 연결과 공감, 이해 등을 겹겹이 쌓으면 '통제 불능'의 순간에 '조절'이라는 핵심 요소를 더하게 된다. 그러면 다음에 아이가 힘들어할 때 공감, 이해로 연결하기가 더 쉬워질 것이다.

사건을 다시 이야기해 보는 것은 혼란스러웠던 감정의 붕괴 순간을 검토해 차후에 조절하기 위한 하나의 전략이다. 형이 친구들과의 놀이에 자신을 껴주지 않는다며 둘째가 공격적으로 떼를 썼다고 가정해 보자. 몇 시간, 혹은 하루가 지난 후에 당신은 이렇게 말할 수 있다.

"아빠가 이걸 제대로 이해했는지 한번 보자. 넌 형이랑 형 친구를 만나 같이 놀고 싶었어. 그런데 형이 안 된다고 했고 넌 같이 놀게 해 달라고 부탁했어. 형은 그래도 싫다고 했지. 기분이 나쁘고 힘들어진 너는 형에게 발길질을 하면서 소리를 질렀어. 아빠가 널 들쳐 안고 네 방으로 데려간 다음 네 옆에 앉았어. 그런 다음 우리는 함께 네 몸이 진정되기를 기다렸는데, 그러다 보니 진짜 진정되었어."

많은 부모가 이때 가장 많은 질문을 던진다. "그러고 나서는 뭘 해야 하죠? 다음에는 어떻게 대처해야 좋은지 아이에게 알려주면 되나요?" 아니다! 부모가 아이의 곁에 일관되게 머물러 주는 모습, 아이가 진정되는 과정에 대한 설명을 건네는 것만으로도 아이는 자신의 경험을 저장하는 방식을 바꿀 수 있다. 조절(떼쓰기 빈도가 더 줄어드는 것!)로 결론이 나려면 이해와 연결이 되어야 하는데, 상황을 들려주는 것이 정확히 이런 역할을 한다. 이런 말을 덧붙이는 것도 괜찮다.

"같이 못 놀아서 속상했겠다. 아빠는 다음에도 형이 친구를 만나러 갈 때 네가 어떻게 할 수 있을지 궁금해."

이 정도는 괜찮다. 아무런 해가 되지 않을 것이다. 하지만 핵심 요소는 해결책이 아니라 연결과 상황 돌려주기라는 점을 기억하라.

일상에서 어떻게 적용할까?

누나가 파란색 물병을 가져갔다는 이유로 속상해하며 물병을 던지고 엄마를 때렸던 둘째의 이야기로 돌아가 보자. 엄마는 둘째에게 다가가 서랍장에서 그를 떨어뜨려 놓으며 말했다.

"엄마는 네가 던지지 못하게 할 거야!"

엄마는 둘째가 완전히 두려운 상태에 있다는 것을 알기에 "엄마 미워"라는 말에 덥석 물리지 않았다. 엄마는 둘째의 손목을 잡아서 엄마를 때리려는 걸 막고는 방으로 데려갔다. 그리고 이 말만 했다.

"엄마가 해야 할 가장 중요한 일은 너를 안전하게 지키는 거야. 지금 안전은 너를 방으로 데려와 함께 앉아 있는 거야. 넌 아무 문제 없어. 엄마가 네 옆에 있어 줄게."

엄마는 둘째 곁에 앉았다. 둘째가 버둥거리며 비명을 질렀다. "나가!

엄마 미워!" 엄마는 이것이 아들의 본모습이 아니라 본인의 감정에 대고 말하고 있다고 시각화한다. 그러고 나니 지휘관이라는 역할을 인정하는 데 도움이 되었다. 하지만 둘째가 계속 떼를 쓰자 조금씩 좌절감이 들었다. 엄마는 둘째에게 이렇게 말했다.

"잠깐만. 엄마 잠시 숨 좀 쉬러 밖에 나갔다 올게. 넌 이 시간을 잘 지날 거야. 엄마 다시 올게."

엄마는 방에서 나와 심호흡을 몇 번 하고는 자신은 안전하며 이 일을 해결할 수 있다고 한 번 더 다짐한다. 그러고 나서 방으로 들어가 자기를 걷어차려는 둘째를 저지하고, 몇 마디만 건넸다.

"엄마가 있잖아." "괜찮아, 너는 힘든 시간을 보내고 있을 뿐이야."

둘째가 마침내 진정하고 안아달라고 한다. 엄마는 둘째에게 벌을 주거나 이 일을 마음에 담아두지 않겠다고 다짐한다. 그리고 아들을 껴안으며 말한다.

"알아. 엄마도 알아. 엄마는 널 사랑해."

CHAPTER 15
형제자매끼리 경쟁하는 아이

“

여섯 살 첫째아들과 네 살 둘째딸은 아빠가 점심 준비를 하는 동안 블록을 가지고 놀고 있다. 그러던 중 비명 소리, 우는 소리, 우당탕탕 소리가 차례로 들린다. 놀이방으로 달려가 보니 첫째는 블록을 모조리 제 앞에 끌어다 놓고 있고, 둘째는 그걸 막고 있다. 둘째는 아빠에게 달려가 “오빠가 나 밀었어! 날 넘어뜨렸다고!”라고 말한다. 첫째는 “아니야, 안 그랬어. 재가 내가 쓰던 블록을 가져갔어. 재는 맨날 나를 힘들게 한단 말이야!”라고 말한다.

”

형제자매들은 왜 그렇게 많이 다툴까? 내가 좋아하는 양육서 중 하나인 《싸우지 않고 배려하는 형제자매 사이*Siblings Without Rivalry*》(푸른육아, 2014)의 저자인 일레인 마즐리시(Elaine Mazlish)와 아델 페이버(Adele Faber)의 훌륭한 비유로 시작해 보자. 그들은 아이에게 형제자매가 생긴다는 것은 남편이 바람을 피웠다는 것을 알았을 때 느껴지는 기분과 비슷하다고 말한다. 남편이 집에 와서 이렇게 말한다고 상상해 보라. "놀라운 소식이 있어요! 우리에게 두 번째 부인이 생겼어요! 당신은 큰 아내가 될 거예요. 이제 우리는 작은 아내가 생겨서 행복한 대가족이 될 거예요!" 만약 당신이 나와 같다면, 당신은 이런 생각을 하면서 주변을 둘러볼 것이다. '뭐라고? 내가 지금 다른 세상에 있는 건가? 이게 왜 나한테 좋다는 거지?' 친척들과 이웃들이 당신에게 새로운 아내가 생긴 게 너무 신나지 않냐고 묻는다. 1년이 지나자 사람들이 모두 새로운 아내에게 선물을 잔뜩 안기며 포옹을 해댄다. 그러면서 당신도 영원히 이 여자를 사랑하며 아무 탈 없이 지낼 것이라고 기대한다.

어느 날 당신이 그녀의 손에서 예전에는 당신 것이었던 물건 하나를 가져갔다고 상상해 보라. 사람들이 모두 그 행동을 한 당신에게 소리를 지른다. "당신은 이러면 안 돼요! 어린 아내에게서 그걸 빼앗으면 안 되죠! 그녀가 얼마나 작고 무력하고 순진한지 보세요!" 이쯤 되면 우리는 혼란스러움을 넘어서 배려받지 못하고 있다는 분노로 가득 차게 될 것이다. 이것이 바로 형제자매가 생길 때의 느낌이라는 것이다.

큰아이의 경우, 형제자매가 생기면 '애착 욕구'와 '유기 불안'이 생긴다. 애착이라는 렌즈를 통해 볼 때, 아이는 항상 자신이 '안전한지' 알아내려고 애쓴다. 이렇게 묻는 것과 같다. '내 욕구가 충족될 수 있을까? 나는 나의 본모습이나 고유한 특성, 흥미, 열정, 존재 방식을 인정받고 환영받고 있는 걸까? 나는 이 집에서 착한 아이로 보일까?'

형제자매들이 서로 싸우는 것은, 부모에게 자기가 불안해하고 있고 가족 내에서 안정감을 느끼려는 필수적인 욕구가 형제자매로 인해 위협받고 있다고 '말하는' 것이다.

우리가 남편의 두 번째 아내와 씨름하고 있다면 남편이 무엇을 해줘야 하는지에 대한 비유로 돌아가 보자. 만약 우리가 다른 아내를 내보내라고 남편을 설득할 수 없다면, 적어도 남편이 진심으로 내 말을 들어주고 내 마음을 봐주고 우리만의 특별한 시간과 관심을 가지고 내가 새로운 아내에게 가질 수 있는 여러 가지 다양한 감정을 인내해 줘야 할 것이다. 남편과의 관계에서 안정감을 느끼면 느낄수록 새로운 아내가 덜 위협적일 것이다. 물론 사랑하는 사람의 관심을 다른 사람과 공유해야 하는 상황이 계속되고 있어서 여전히 어렵고 갈등을 일으킬 수 있다. 이런 상황을 더 악화시킬 수 있는 요인과, 더 다루기 쉽게 만들 수 있는 요인이 몇 가지 있다.

'더 다루기 쉬운' 범주에는 자녀가 형제자매에 대해 다양한 감정을 느끼고 있다는 사실을 받아들이는 것이 있다. 많은 부모가 흔하지만 비현실적인 이야기에 집착한다. "형제는 가장 친한 친구가 되어야 해!" "너희끼리는 항상 서로에게 잘해야 해!" "나는 내 아이에게 남매라는 선물을 줬어. 아이들은 정말 행복해야 해!" 이런 식이다. 내가 지금 자녀를 두 명 이상 두는 것이 나쁜 생각이고, 형제자매는 보통 서로 적이고, 형제자매는 서로에게 끔찍한 게 당연하다고 말하고 있는 걸까? 전혀 아니다. 다만 형제자매 관계는 복잡하다. 이런 복잡성을 잘 이해할수록, 우리는 자녀에게 감정을 더 잘 견딜 수 있도록 준비시킬 수 있다. 그러면 아이는 감정을 더 잘 조절할 수 있다.

그렇게 된다면 아이는 감정을 행동으로 자주 드러내지 않는다. 이것이 우리의 목표다. 기억하라. 문제는 감정이 아니라 감정 조절이다. 아이의 감정조절능력은 아이의 감정을 수용하고, 인정하고, 허용해 주려는 부모의 의지(그리고 감정이 위험한 행동으로 표출될 때 경계를 설정하려는 의지)에 달려 있다. 부모가 자녀와 자녀의 감정(이 경우 형제자매에게 질투하거나 화를 내는 경우일 수도 있다)에 더 많이 연결할수록, 자녀의 때리기, 조롱하기, 깔보기 같은 문제 행동이 폭발될 가능성은 작아진다.

형제자매 간의 경쟁 관계를 이해하는 데 있어 고려해야 할 또 다른 중요한 것이 있다. 바로 출생 순서다. 출생 순서만으로도 책을 한 권 쓸 수 있을 정도로 할 말이 많지만, 여기서는 몇 가지만 말하겠다.

큰아이는 혼자 사랑받는 것에 익숙하다. 부모의 완전한 관심을 받는 것이 몸에 배어 있어서, 새로운 형제자매를 갖게 되면 자기의 세계가 완전히 뒤흔들리는 것처럼 느낀다. 물론 아이는 적응할 수 있다. 다만 부모는 아이가 겪어야 할 변화의 크기를 인정해야 한다. 큰아이는 유일한 자녀였던 자신을 바라보던 부모의 기대와 관심을 토대로 세상을 바라보고 적응해 왔다는 사실을 고려한다면 말이다. 큰아이는 새로운 형제자매가 생겼을 때, 자기중심적으로 반응하기 쉽다. 하지만 "나는 개가 싫어. 병원으로 돌려보내 버려요!"라는 말이나 "나를 계속 봐주세요! 날 보라고요!"라는 호소 뒤에는 자기 회로에 엄청난 변화를 겪고 있는 아이가 존재한다.

둘째와 셋째(그리고 넷째 등) 아이는 큰아이와 반대되는 회로를 가지고 있다. 이 아이의 회로에는 자신의 공간에 끊임없이 다른 누군가가 존재한다. 자기가 (아직)할 수 없는 것들을 언제나 할 수 있고, 끊임없이 부모와의 시간과 관심을 얻으려고 경쟁하는 존재 말이다. 둘째가 된 것은 좌절의 연속이다. 블록탑을 쌓을 때마다 언니가 더 쉽게 하는 것을 봐야만 하고, 달리기를 할 때마다 형에게 매번 져야 하며, 자기는 처음 접하는 글자와 책을 오빠가 힘들이지 않고 읽는 것을 지켜볼 수밖에 없다.

여기에는 고칠 문제란 없고, 단지 이해해야 할 역학 관계만 있을 뿐이다. 물론, 형제자매 간의 역학 관계가 모두 같은 것은 아니다. 어떤 동생은 형보다 일을 더 쉽게 한다. 큰아이는 힘들어하는데 작은아이는 책을 읽고, 큰아이는 평범한데 작은아이는 어떤 종목에서 스타급 운동선수다. 이런 특이한 경우들도 나름대로 문제가 있다. 하지만 출생 순서의 역학을 기억하는 것은 아이에게 실제로 무슨 일이 일어나고 있는지, 아이가 어떻게 느끼는지, 어떤 불안감이 유발되는지, 아이가 행동을 통해 어떤 충족되지 않은 욕구를 보여 주고 있는지 생각할 때 매우 중요하다.

서로 뺏고 싸우는 경쟁적인 아이를 바꾸는 전략

집중 놀이 시간 가지기

건강한 형제 관계 만들기에 집중 놀이 시간, 즉 자녀마다 부모를 독점해 함께 보내는 시간만큼 중요한 전략은 없다. 아이는 부모에게 안정감을 더 많이 느낄수록 형제자매를 경쟁자가 아닌 놀이 친구로 더 많이 보게 된다. 아이들의 마음이 편하지 않고 불안정한 것 같다면, 아이 한 명 한 명이 가족에게 닻을 내리고 있다고 느끼도록 집중 놀이 시간을 몇 번 잡아 보자. 집중 놀이 시간은 여러 영역에서 일어나는 변화의 기초가 된다. 집중 놀이 시간을 실행하는 자세한 방법은 11장을 참조하라.

공평보다 각자의 욕구 우선하기

많은 가족이 갈등을 줄이기 위해 '공평해지는 것'을 목표로 삼는다. 하지만 상황을 공평하게 처리하는 것은 때로는 갈등을 크게 일으키는 원인이 된다. 공평해지려고 할수록 경쟁의 기회가 더 많아진다. 부모가 공평하게 하면, 다음과 같은 메시지를 전달하는 셈이 되어서다. "네 동생을 매의 눈으로 계속 지켜봐. 형제자매가 가진 모든 것을 확실히 기록해 둬. 그래야 우리 가족 안에서 너한테 무엇이 필요한지 알 수 있어."

부모는 자녀가 외적으로가 아니라 내적인 면에서 자신의 필요를 알아내기를 바란다. 나는 우리 자녀들이 어른이 되어서 "내 친구들은 무엇을 가지고 있지? 걔네 직업은 뭐지? 집은? 차는? 나도 걔네가 가진 게 필요해"라고 생각하지 않았으면 한다. 불안하고 공허한 삶이란 내면이 없는 삶으로 이어진다. 내가 누구인지 모르고, 그저 외부의 다른 사람들과 얼마나 견줄 만한지만 알고 있는 삶 말이다.

공평함에서 벗어나는 방법은 다음과 같다. 아이가 "불공평해!"라고 소리치면 아이의 시선을 내면으로 옮겨 준다. 강요하지 말고 본보기를 만들면 된다. 모든 것을 공평하게 하는 대신("너도 새 신발을 사줄게"), 아이 내면에 일어나고 있는 일이 무엇인지 정확히 말해 주자.

"네 남동생이 새 신발을 사는 걸 보니 너도 사고 싶구나. 그런데 지금은 안 돼. 엄마아빠는 너희에게 각자 필요한 걸 사줄 건데, 네 신발은 아직 멀쩡하잖아. 속상한 건 이해해. 입이 삐죽 나와도 이해할게."

혹은 아이가 이렇게 소리친다면 어쩌겠는가? "불공평해요. 제가 축구 연습할 때 엄마가 걔한테만 아이스크림을 사줬잖아요! 내일은 나만 데리고 아이스크림을 사러 가요!" 여기서 당신이 '공평성'을 지향한다면 "알았어, 내일 아이스크림 사러 가자. 그럼 됐지?"라고 말할 것이다. 그리고 이는 자녀에게 필요한 것을 요구하려면 다른 사람(이 경우 형제자매)을 감시해야 한다고 가르치게 된다.

'개인의 욕구' 지향에 근거해 대응한다면 대화는 이렇게 흘러갈 것이다.

부모: "엄마랑 아이스크림 먹었으면 좋겠구나?"

자녀: "네, 이번에는 저만 데려가요!"

부모: "알았어. 그러니까 넌 내일 우리가 갖기로 한 집중 놀이 시간에 아이스크림 먹으러 가고 싶은 거야?"

자녀: "음, 아마도요. 아니면 공원에 같이 가자고 했었나요? 흠, 그랬던 것 같기도 한데, 나중에 다시 얘기해도 돼요?"

부모: "그럼, 생각해 보고 뭐가 더 좋은지 말해 줘."

이 시나리오에서 아이는 필요한 것을 결정하려고 내면을 들여다보면서 자신을 바라보는 법을 배우게 된다.

감정 표출 허용하기(단, 부모에게만)

자녀들이 형제자매에 대해 어떻게 느끼는지 부모에게는 솔직하게 이야기해도 된다는 것을 알게 되면, 형제나 자매한테 직접 감정을 표출할 가능성이 훨씬 낮아진다. 자녀에게 이렇게 말하라.

"누나가 있어서 힘들지?"

"남동생한테 여러 가지 기분이 들 수 있어. 행복하거나 신날 수도 있고, 슬퍼하거나 화가 나기도 하지. 그런 감정들이 들 수 있어. 그리고 아빠한테 그런 기분에 대해 이야기해도 좋아."

아이가 좀 더 자라면 구체적인 상황으로 설명해 줄 수도 있다.

"우리는 이번 주말에 네 여동생 체조 시합에 갈 거야. 동생이 무언가를 해서 가족의 많은 관심을 받는 것을 보면 미묘한 기분이 들 수 있어. 네가 그렇게 느낀다 해도 이상한 게 아니야. 아빠한테 그런 기분에 대해서 이야기해도 돼."

감정은 힘이며, 자신이 허용하지 못하는 감정은 행동으로 드러나서 몸 밖으로 튀어나올 가능성이 더 크다. 아이가 질투심을 느끼는 걸 더 많이 허용할수록, 그 감정이 올라오는 순간의 문제 행동을 더 많이 줄일 수 있다. 질투하지 못하게 하면 할수록, 즉 질투심이 생겼을 때 대처하는 기술이 발달하지 못할수록, 질투는 모욕("맥시는 여기서 제일 못하네, 걔는 구려")이나 행동(관중들이 조용히 해야 할 때 큰소리를 내거나 엄마한테서 달아나 비명 지르기)으로 나타날 가능성이 크다.

감정 표출의 단점은 다음과 같다. 나는 형제자매가 서로를 모욕하거나 욕하는 것에 대해서 관용을 베풀지 않는다. 내 생각에 이것은 괴롭힘이다. 그래서 나는 이에 대해서는 강경한 태도를 취한다. 형제에게 욕하는 것은 단순히 놀리는 것이 아니다. 부모가 개입해 막지 않으면, 아이는 형제자매의 자존감을 조금씩 깎아내릴 하나의 수단으로 새기게 된다. 부모들에게 자녀가 형제자매를 질투하거나 미워할 때, 부모에게나 혼자서는 그 마음을 말로 표현해도 괜찮다고 분명히 가르치라는 이유다. 자녀와 단둘이 있을 때 이렇게 설명해 줄 수도 있다.

"형제자매가 있는 게 힘들 수 있어. 네가 여동생에 대해 할 말이 많다는 것도 알겠어. 우리 둘만 있을 때 동생 문제에 대해 말해도 좋아. 그렇게 생각하지 말라고 설득하지 않을게. 아빠가 너를 이해하고 도와줄게. 중요한 게 하나 더 있어. 아빠는 네가 동생에게 심한 말을 하거나 놀리는 것은 절대로 허락 못 해. 아빠의 가장 중요한 역할은 우리 가족을 안전하게 지키는 거야. 안전에는 서로에게 사용하는 말도 포함돼. 알았지?"

위험할 때 개입해서 속도를 늦춘 후 말하기

부모는 자녀에게 누가 옳고, 누가 그르고, 누가 먼저고, 누가 나중인지 따지기보다 서로 함께 문제를 해결하도록 가르치고 싶어 한다.

그러려면 반응할 때 '속도부터 늦추라'고 가르쳐야 한다. 일단 아이가 반응을 조절하고 나면 자연스럽게 문제를 해결하는 경향이 있기 때문이다.

예외가 있다. 위험할 때다. 때리기나 던지기, 신체적 다툼, 위협뿐만 아니라 심한 말, 욕설, 정서적 괴롭힘을 수반하는 언어적 수위가 올라가는 상황 등이다. 부모는 이런 상황에 개입해서 위협받는 아이와 통제 불능의 아이를 모두 보호해야 한다.

끼어들기(위험한 상황)

통제 불능 상태에 놓인 아이에게는 부모가 통제권을 쥐고 있다는 것을 보여 줄 필요가 있다. 여기서는 이전 장에서 다루었던 '나는 네가 ○○하지 못하게 할 거야' 전략을 사용할 수 있다.

"아빠는 네가 여동생을 때리지 못하게 할 거야. 네가 지금 뭔가 화나는 일이 생긴 게 분명하네. 화가 날 수 있어. 그런데 화나는 걸 다른 방식으로 표현해야 해. 아빠가 도와줄게."

'나는 네가 ○○하지 못하게 할 거야' 전략은 아이들 사이에 끼어들거나 둘을 떼어놓는 것 같은 부모의 제재 행위와 결합되어야 한다. 개입한 후 자녀가 진정하고 있는지, 아니면 더 멀리 떨어뜨려 놓아야 하는지 판단하라. 이는 어느 한 사람이 나쁘다거나 문제가 생겨서가 아니라 모두를 안전하게 보호할 공간이 더 필요하기 때문이다. 만약 진정되지 않는다면 이렇게 말해 보자.

"너희 둘 모두 지금 당장 각자 방으로 들어가야겠다. 너희가 큰일을 저지른 건 아니야. 엄마의 역할은 모두를 안전하게 지키는 거고, 지금 안전은 각자 진정하기 위해 두 사람이 떨어지는 거야. 엄마가 곧 너희 각자에게 갈게."

다른 아이에게 이렇게 말하면서 한 아이만 방으로 데려갈 수도 있다.

"엄마가 동생만 데려가면 네 기분이 안 좋을 수 있어. 하지만 때리는 건 절대 안 돼. 네 동생이 진정하려면 엄마 도움이 필요해. 너도 엄마가 필요한 거 알아. 엄마가 곧 갈게!"

'나는 네가 ○○하지 못하게 할 거야' 전략은 다소 위험할 때 적용되는 것이므로 불쾌한 말이나 조롱, 놀림도 포함될 수 있다. 이는 부모가 개입해서 아이들을 갈라놓아야 하는 또 다른 이유로, 한 아이는 괴롭힘을 당하지 않게 하고 다른 아이는 계속해서 괴롭히는 역할을 하지 못하게 해서 보호하는 것이다. 두 아이 모두 부모의 도움이 필요하다.

속도를 늦추고 말하기(위험하지 않은 상황)

아이들이 말다툼하면서 격해지고 있긴 하지만 신체(때리거나 발로 차기)나 말(위협이나 욕설)로 선을 넘지 않는다면, 부모의 역할은 '천천히' 진행하되 '해결하지는 않는 것'이다. 아이들에게 조절을 강요하지 않고 부모 자신이 조절하는 본보기를 보이는 것이다(즉, "심호흡 해!"라고 말하는 게 아니라 "엄마는 심호흡을 해야 할 것 같아!"라고 말하기). 아이들에게 당신이 재판장이 아니라는 사실을 상기시키면서, 누구 편을 들어주거나 한 아이를 '나쁜 아이' 또는 '착한 아이'로 만들지 않고 각자 입장을 설명할 수 있도록 도와주면 된다.

아이들이 누가 먼저 소방차 장난감을 가지고 놀지를 놓고 난리다. 둘 다 비명을 지르며 화가 나 있다. 이럴 때 보통 해결을 이런 식으로 하고는 한다. "동생이 먼저 하게 해 줘. 동생은 두 살이잖니, 이그!" "형이 먼저 가지고 놀아. 그다음에 동생이야."

하지만 속도를 늦추는 것은 이런 식이다.

"잠깐 엄마가 소방차를 가져갈게. 좋아. 이제 엄마는 심호흡 좀 할게."

심호흡을 몇 번 하면서 아이들도 당신처럼 조절하는 법을 배울 기회를 준다.

"흠, 너희는 둘인데, 트럭은 한 대라니! 곤란하네. 어떻게 하면 좋을까? 문제를 해결할 방법이 있을까?"

그런 다음 잠시 멈춘다. 이제 할 일은 아이들이 자기 몸을 조절하고 자기만의 문제 해결 기술에 접근할 수 있도록 고조된 상황을 진정시키는 것이다. 여기서 부모의 역할은 가능한 한 빨리 이 상황을 해결하는 것이 아니다. 아이들이 문제 해결로 가는 과정을 배우도록 도와야 한다. 부모가 아이들 대신 무언가를 바로잡으면, 아이들은 문제 해결이 필요할 때마다 부모를 찾도록 의존하게 된다. 이는 모두에게 좌절감을 안겨 준다.

일상에서 어떻게 적용할까?

장난감을 두고 싸우는 남매를 본 아빠는 '진정시키되 해결은 하지 말자'라는 말을 기억하고 직접 감정 조절의 본보기를 보이기로 한다.

"와, 여기 많은 일이 일어나고 있네! 아빠는 심호흡 좀 해야겠어!"

그는 가슴에 손을 얹고 숨소리를 몇 번 내는데, 아이들은 평소에 보던 아빠의 모습이 아니어서 상황을 멈추고 아빠를 바라보았다. 아빠는 이어서 말했다.

"사랑하는 우리 아들, 딸이 화난 게 보이네. 두 사람 모두 이 상황이 좋지 않은가 봐. 아빠는 무엇이 옳고 그른지, 무슨 일이 일어났는지 판단하지 않을 거야. 둘째는 블록을 가지고 놀고 싶었을 거고, 첫째는 뭔가 만들 계획으로 블록을 지키고 싶었겠지. 너무 어렵다. 둘 다 멋진 계획을 가지고서 블록을 원하고 있는데 말이야. 잘 생각해 보면 분명히 해결책을 찾을 수 있을 거야."

그러고는 잠시 멈추었다. 결국 첫째는 "자, 이거 받아"라고 말했고 동생은 만족한 것 같다. 아빠는 조금 지쳤지만, 아이들이 문제 해결하는 방법을 배우고 있고, 이 과정이 그 목표를 이루는 데 큰 도움이 되었다는 사실을 떠올린다. 또한 아이들이 형제 관계로 힘들어할 수 있다는 사실에 주목하면서 아이마다 집중 놀이 시간을 갖도록 일정을 잡기로 했다.

CHAPTER 16
무례하고 반항하는 아이

> 여덟 살 난 아들이 엄마에게 토요일에 친구네 집에 가도 되는지 물었다. 엄마는 답했다. “우리 토요일마다 할머니 뵈러 가잖아. 안 돼.” 그러자 아들이 중얼거렸다. “난 우리 집이 싫어.” 엄마가 놀라 물었다. “너 지금 뭐라고 했니?” 그러자 아들이 폭발하듯 말한다. “엄마도 싫고 우리 가족도 싫어! 엄만 세상에서 가장 나쁜 엄마야!” 아들의 말에 화가 난 엄마가 소리쳤다. “넌 뭐 때문에 엄마한테 그런 식으로 말하는 거니? 당장 네 방으로 가!”

―――――― 아이가 무례하게 굴거나 심지어 크게 반항할 때, 부모는 두 가지 선택을 할 수 있다. 부모 입장에서 아이의 행동을 무례함의 렌즈로 볼 수 있고(‘아이가 나를 존중하지 않아!’), 감정 조절에 어려움을 겪고 있는 아이의 렌즈로 볼 수도 있다. 첫 번째 렌즈를 기본으로 하는 게 솔깃하다. 더 쉽고, 습관처럼 더 오래 적용해 온 방법이다.

하지만 당신 자신을 보라. 당신은 왜 가끔 무례한 행동이 나오는가? 왜 당신은 직장에서 말대꾸하거나 하라는 대로 하지 않는가? 나는 매번 같은 이유가 생각난다. 오해받는 것 같아서다. 인정받기 바라지만 그러지 못해서다. 다른 사람이 내 말을 제대로 들어주지 않으면 좌절감을 느끼고, 그만큼 상대와의 관계는 돈독해지지 못한다. 내가 반항하게 되는 순간을 떠올리면 자녀의 무례함이나 반항심에 어떻게 접근할지 정하는 데 도움이 된다.

방학을 맞은 아들이 아침부터 게임을 하겠다고 한다. 엄마는 분명 안 된다고 했는데 아침 식사를 마치고 거실로 들어서면서 보니 아들이 게임을 하는 게 아닌가. 무례함이라는 렌즈를 사용하면, 우리는 이렇게 생각하게 된다. '엄마인 내가 안 된다고 했잖아! 내 말이 말 같지 않나? 쟤는 자기가 하고 싶은 건 그냥 다 하고 마네. 부모에 대한 예의가 하나도 없다니까!'

무례하다고 느끼면 매우 자극되어서 부모인 우리는 이런 상황에 대부분 소리지르거나 벌을 주고 싶은 충동이 생긴다. 그렇게 한다고 해서 아이가 부모를 새삼 존경하게 된다고 보지는 않지만, 어른으로서 자신의 영향력이 없어진 것 같은 불편한 기분을 참을 수 없기 때문이다. 그래서 우리는 자기 자신을 더 좋게 느끼려고 처벌을 통해 자기를 내세운다.

하지만 아이의 행동을 감정 조절의 렌즈를 통해 보면 이렇게 생각할 수도 있다. '아이는 정말로 무언가를 원했는데 내가 안 된다고 말했어. 원하는 것을 갖지 못하는 기분을 참을 수 없었던 거구나. 그 문

제를 함께 해결해야겠네. 그리고 우리 관계에서 무엇이 부족해서 아이가 내 말을 듣지 않았는지도 궁금하네.'

아이는 감정조절능력이 뛰어나지 않다. 감정이 크고 격렬할수록 그것을 관리할 능력이 떨어진다. 따라서 아이의 격한 감정은 어른들이 격한 감정이 생겼을 때 시도하는 모든 것, 예를 들어 감정을 알아듣게 설명하거나, 심호흡 하거나, 마음을 가다듬는 것으로 나타나지 않는다. 대신 앞의 사례처럼 노골적인 반항이나 "나는 엄마가 싫어" "나는 아빠가 없었으면 좋겠어!" 같은 말을 내뱉는 형태로 나타날 수 있다. 감정이 크고 격렬할수록 더 빈번하게 이런 종류의 말이나 행동으로 드러난다. 이는 종종 부모가 "너 어떻게 그런 말을 하니!" 또는 "당장 네 방으로 가!"라는 말로 아이를 밀어내는 결과를 낳기도 한다. 그렇게 우리는 악순환에 빠진다. 아이의 무례함에 부모가 발끈하면 아이의 감정은 더욱 오해받고, 아이는 홀로 남겨지며, 아이의 감정은 강도가 세진다. 아이는 부정적 감정 자체보다 그런 감정을 혼자 느낄 때 더 힘들어지기 때문이다. 그래서 더 통제되지 않는 언행이 나온다.

부모로서 우리는 자녀의 미숙한 조절 기술(아직 미숙해서 무례함과 반항으로 나타날 수 있다)과 아이의 현실적이고 정상적인 감정(분노, 슬픔)을 분리해서 보려고 반드시 노력해야 한다. 더 큰 그림을 이해하려면 겉으로 드러난 행동의 이면을 보고, 아이가 쏟아낸 말을 필사적인 호소로 읽어내야 한다. 그리고 당장 행동을 처벌하지 않으면 그런 행동이 다시 일어날 가능성이 크다는 생각을 버려야 한다. 처벌을 생략한다고 해서 나쁜 행동이 강화되지는 않는다.

우리가 살면서 본의 아니게 무례하게 행동하는 경우를 상상해 보자. 직장에서 힘든 하루를 보내고 왔는데, 배우자가 식기세척기에서 그릇을 꺼내 정리해 놨는지 묻는다. 당신은 발끈한다. "난 오늘 엄청 일이 많았어. 식기세척기 근처에도 못 갔다고. 당신은 혼자 할 수 있는 게 뭐 하나라도 있기는 한 거야?" 배우자가 본의 아닌 당신의 무례함에 화를 내거나 싫은 소리를 하는 대신 이렇게 말한다고 상상해 보라.

"당신 너무 화를 내면서 말하네. 오늘 무슨 일 있었어? 지금 당신 말투보다 그게 더 중요한 것 같은데, 무슨 일인지 말해 봐. 들어줄게."

어떤 느낌이 드는가? 이후 당신이 배우자에게 계속해서 무례하게 행동할 가능성은 거의 없지 않을까? 만약 배우자가 "그렇게 무례하게 말하는 건 용납 못 해. 일주일 동안 말도 걸지 마!"라고 반응한다면 어떤 느낌일까? 이 시나리오가 누구에게도 좋은 결말이 아님을 우리 모두 알 것이다.

자녀에게도 같은 원칙이 적용된다. 공감과 친절로 자녀의 무례함을 대하면 아이는 인정받고 있다고 느끼게 되고, 그 보답으로 친절해져야겠다는 생각을 스스로 하게 될 것이다.

소리치고 반항하는 아이를 바꾸는 전략

미끼를 물지 않기

아이가 한 말이 유일한 진실인 양 아이의 행동에 반응하는 것은 미끼를 무는 것과 같다. 자녀가 겉으로 보인 행동을 더 깊은 곳에 있는 무언가의 취약한 표시로 보는 것, 즉 말 자체가 아닌 말 이면에 존재하는 감정을 보면 미끼를 물지 않게 된다. 이 차이가 전부다. 이것은 어떻게 작동할까?

- **1단계:** 자녀의 행동에 경계를 짓는다("나는 ○○을 허락하지 않을 거야" 또는 "난 네가 ○○하지 못하게 할 거야").
- **2단계:** 더 깊은 감정과 걱정, 인정받고 싶은 욕구를 알아주면서 너그럽게 해석하는 과정을 보여 준다. 때로는 말없이 가만히 옆에 있어 주는 것만으로도 충분하다. 아이는 부모가 함께 있어 줄 때 이를 자신이 선하다는 신호로 해석한다. 아이의 어떠한 행동도 부모를 두렵게 하지 않는다는 것을 보여 주는 것이기 때문이다.

대화 예시

- "이게 무슨 일이지? 엄마가 그만하라고 했는데, 게임을 다시 시작했구나. 이제 엄마가 게임기 가져갈 거야. 중간에 그만두기가 힘들긴 하지만 해결할 방법도 있을 거야. 혹시 엄마한테 하고 싶은 이야기가 있으면 들어줄게."
- "와, 엄마한테 그런 말을 하다니! 네가 정말 화가 많이 난 건 알겠어. 블록이 무너지면 화가 날 수 있어. 엄마는 네 옆에 항상 있으니까 속상할 때는 와서 이야기해 줘. 네 말을 들어 줄게."

- "엄마한테 그런 말투나 단어를 쓰지 마. 그건 허락하지 않을 거야. 네가 그런 식으로 반응하는 걸 보니 뭔가 속상한 일이 많구나. 10대라는 시기를 지나기가 힘든 거야. 뭔가를 터놓고 이야기하고 싶을 때 언제든 말해. 그리고 엄마는 네가 그렇게 화낼 때도 널 사랑해. 그건 변함없어."
- 때로는 말하기조차 너무 힘들 수 있다. 그럴 때는 그냥 심호흡을 하고 고개만 끄덕여도 된다. 어쩌면 바닥을 바라볼 수도 있겠다. 격앙된 순간에는 눈을 마주치는 것조차 너무 힘들게 느껴진다. 하지만 인내하면서 곁에 머물러 주는 간단한 몸짓은 이런 말을 건넨다. "네 말 들었어. 아빠 여기 있어. 그리고 여전히 너를 사랑해."

벌을 주거나 무섭지 않게 대하면서 권위 보이기

1. **심호흡을 한다.** 아이의 반항은 무례함이나 나쁜 아이라는 표시가 아님을 기억한다.
2. **권위를 보인다.** 경계 설정에 대한 부모의 역할을 다시 강조하면서 당신이 하게 될 일에 대해 이야기하라(당신은 부모로서 해야 할 일을 알고 있어야 한다). 소파에서 뛰어내리는 아들을 안아 올리면서 "소파에서 내려가자"라고 말할 수 있다. 영상시청 시간이 끝났음에도 아이패드를 들고 옷장에 숨은 딸을 발견했다면 "지금 바로 아이패드를 주거나, 포기하기 힘들면 아빠가 뺏어도 돼"라고 말할 수 있다. 이렇게 덧붙일 수도 있다. "아빠가 너한테서 그걸 뺏으면 넌 기분이 안 좋아질 거야."

3. **경계를 유지하되, 자녀가 당신에게 순종하지 않는 것이 아니라 아직 충동조절능력을 갖추지 못했기 때문이라는 사실을 상기한다.** 이 말은 당신이 분명히 폴짝폴짝 뛰지 말라고 했는데도 이를 듣지 못하는 아들을 제재하거나, 딸의 손이 닿지 않는 곳에 아이패드를 두어야 할 수 있다는 의미다. 딸이 '들켰다'라고 해서 갑자기 충동 조절 능력이 발달할 것이라고는 기대하지 말라. 아이는 당신에게 경계를 정해 달라고 요청하는 것이다. 이제 당신은 조력자가 되어야 한다.
4. **충동을 '바람직한 방향으로' 돌릴 방법이 있는지 생각해 본다.** 어떻게 하면 아이가 부모의 경계를 위반하지 않으면서 일상적인 욕구를 표현하도록 도울 수 있을까? 여기서 할 만한 말은 이러하다. "너 정말 뛰고 싶구나. 그렇지만 소파 위에서 뛰는 건 안 돼. 밖으로 나가서 놀이터에서 뛰어 보자." "엄마가 오전에 일하는 동안 너 혼자 할 수 있는 활동 목록을 만들어 두면 좋을 것 같은데, 엄마가 도와 줄까?"
5. **먼저 돌이켜 생각하고, 행동은 나중에 한다.** 자녀가 충동을 조절하는 데 어려움을 겪고 있는가? 상황이 좀 진정되면, 자녀가 잠시 멈춰서 숨을 가다듬고 더 나은 선택을 하도록 연습을 시킬 수 있는가? 아이가 특정 규칙을 따르도록 하려면 아이의 동의가 더 많이 필요한가?

사실대로 말하기

아이가 싫어할 만한 규칙을 정하려고 할 때, 사실 그대로 말하라. 그러면 아이의 경험을 인정함으로써 관계를 확립하고 미리 할 수 있는 모든 생각을 해내서 대처할 기회를 제공하게 된다.

"소파 위에서 뛰어서는 안 돼. 네가 그런 곳에서 뛰는 거 좋아하는 건 엄마도 알아. 소파가 확실히 잘 튀어 오르긴 하지. 소파말고 어디에서 뛸 수 있을까?"

"아빠는 이제 이메일 작업을 할 거야. 우리 가족 규칙 너도 알지? 엄마아빠가 옆에 없을 땐 아이패드 못 쓰는 거. 네가 아이패드 가지고 놀고 싶은 거 알아. 음, 아빠가 잠시 일하는 동안 넌 뭘 하면 좋을까?"

진정되면 연결하고 조절 능력 기르기

아이가 말대꾸하거나 반발하면, 부모는 보통 아이와 잠시 멀어지고 싶어 한다. 하지만 이때 아이에게 필요한 것은 다시 연결하려는 부모의 노력이다. 무례함과 반항으로 가득 찬 무대에 선 아이는 내심 이렇게 소리치고 있다. "저는 엄마아빠가 저를 이해하려고 노력하고, 제 곁에 있고 싶어 하고, 저를 좋은 아이로 바라봐 주기를 원해요. 이건 제가 마음대로 행동하도록 내버려 두는 게 아니에요. 제가 왜 이렇게 행동하는지를 궁금해하고 제 곁에 머물러 주는 것을 의미하죠."

여기서는 집중 놀이 시간이 핵심이다. 또한 아이의 투쟁에 공감하는 대화 전략을 쓰거나 부모로 가득 채워주는 '채우기 게임'을 시도해 보자.

일상에서 어떻게 적용할까?

토요일에 친구 집에 갈 수 없다는 엄마의 말에 "미워"라고 소리친 아들을 두고 엄마는 '이것은 조절의 문제지 무례한 것이 아니다'라는 사실을 상기하며 아들의 감정을 인정하려고 애썼다.

"이해해. 친구네 못 가서 속상하지?"

그러자 아들은 놀라는 듯하더니 이내 화를 냈다.

"엄만 이해 못 하잖아! 절대 이해할 수 없을 거야!"

엄마는 때로는 아이 곁에 있는 것만으로도 충분하다는 사실을 떠올렸다. 다시 한번 심호흡을 하고 바닥을 내려다보며 천천히 고개를 끄덕인다. 그리고 말했다.

"엄마는 여기 있을게."

모두 진정된 그날 저녁, 엄마가 아들 옆에 가서 앉았다.

"네가 친구들과 재미있는 시간을 못 보내서 속상한 거 엄마도 알아. 엄마도 그런 거 싫었어. 엄마가 네 삼촌 축구 경기를 보러 가야 한대서 친한 친구의 열여섯 번째 생일 파티를 놓친 적 있다고 말했던가? 친구들이 다 모이는데 나만 못 간다니 무척 끔찍했어. 너무 화가 나더라고."

엄마는 이렇게 말해 주면서 아들이 여전히 좋은 아이라는 사실을 한 번 더 확인해 준다.

"넌 아까 힘든 시간을 보냈을 거야. 하지만 네가 그렇게 말하고 행동해도 엄마가 널 엄청나게 사랑한다는 사실과 네가 좋은 아이라는 사실은 변하지 않아."

CHAPTER 17
징징대는 아이

“

딸이 엄마 옆에 앉아서 숙제를 하고 있다. 엄마는 이메일을 보내면서도 딸의 숙제를 도와주다, 거실을 여기저기 기어 다니는 둘째를 돌보려고 자리에서 일어섰다. 그러자 딸이 연필심을 일부러 부러뜨리더니 엄마에게 말한다. “엄마! 나 뾰족한 연필이 필요해! 엄마가 하나 갖다 줘. 응? 지그음! 지금지금지금!!” 엄마는 금방이라도 폭발할 것 같은 기분이 들었다.

”

무엇이 우리를 괴롭히고, 또 그 이유는 무엇일까? 이것들이 우리 자신에 대한 중요한 단서가 된다. ‘신경을 건드린다’라는 말은 특정 행동이 우리 몸의 회로를 어떻게 멈추게 하는지 알게 한다. 아이의 징징거림이 부모를 미치게 만들 때 실제로 어떤 일이 벌어지는지 이해하면 어떻게 대처해야 하는지 알아내는 데도 도움이 될 것이다.

부모는 종종 아이의 징징거림이 감사할 줄 몰라서 그런다고 해석한다. 아이가 반찬 투정을 하거나 새 장난감을 갖고 싶다고 칭얼거릴 때, 우리는 아이가 부모의 수고를 하나도 인정하지 않는다고 느낄 수 있다. 그런데 이런 식으로 해석하면 종종 아이에게 일어나고 있는 일을 놓치게 되는 것 같다는 생각이 든다.

나는 아이가 '무력감'을 느낄 때 징징거린다고 생각한다. 그래서 '징징거림 = 강한 욕구 + 무력감'이라는 공식을 자주 사용한다. 아이가 옷을 입고 싶은데 도저히 못 할 것 같을 때, 친구들과 놀고 싶은데 엄마가 안 된다고 말할 때, 이럴 때 징징거리는 소리가 나온다. 그러면 왜 부모는 징징거리는 소리에 폭발하게 될까? 그 소리는 그저 잉잉거리는 목소리 그 이상이다. 아이가 애원하는 모습이 영원히 끝날 것 같지 않아서다.

징징거림이 무력감의 표현이라면, 연약함을 표현하지 못하게 하는 가정에서 자란 사람은 폭발할지도 모른다. 만약 당신이 어려서부터 "정신 바짝 차려!" "혼자 힘으로 해야지!" "애처럼 굴지 마."와 같은 말을 자주 들었다면, 당신은 아마 연약함을 많이 받아 주지 않는 환경에서 자랐을 것이다. 그 결과, 당신은 자신의 이런 부분을 드러내서는 안된다고 배웠을 수 있다. 그렇게 자란 당신은 자녀가 징징거릴 때 마치 당신 몸에서 이렇게 말하는 것처럼 느끼게 된다. '난 여기서 뭘 해야 할지 알아. 이걸 멈추게 해, 멈추게 하라고!' 당신의 몸은 어려서부터 배운 대로 자녀에게 반응한다.

사실 어른에게도 욕구와 무력감의 조합은 잔인하게 느껴진다. 나도 징징거리게 될 때가 있다. 출근하기 전에 커피숍에 들렀는데 문이 잠겨 있었다. 매니저가 창밖으로 머리를 내밀며 말했다. "오늘은 문을 늦게 엽니다. 20분 후에 오세요." 커피 한 잔이 절실한데, 20분을 기다리면 회의에 늦을 터였다. "어떻게, 한 잔만 주시면 안 될까요? 매니저니임~? 힝." 나는 징징댄 셈이다. 잉잉거리는 내 목소리는 이상하게 들렸고, 그런 나를 보는 기분은 별로였다. 절망적이고 무력했다.

아이 또한 연결을 구할 때 징징거린다. 욕구를 인정받지 못하고 홀로 남아 있다는 것을 알리기 위함이다. 이때 부모로서 할 일은 아이를 위해 옳은 결정을 내리는 것이지만, 그래도 여전히 아이를 이해하고 연결하려는 모습을 보일 수 있다. 그렇다고 아이의 터무니없는 요구를 들어주라는 말은 아니다. 다만 겉으로 나타나는 행동 이면에 존재하는 아이의 감정에 집중하고, 마음을 읽어 주며 연결될수록 아이는 덜 징징댈 것이다.

징징거리는 동기가 무엇인지 알면 자녀의 징징대는 횟수를 줄이는 데 도움이 되지만, 아이가 징징거릴 때 효과적으로 대응하는 데도 도움이 된다. 아이는 꼭 한 번씩 징징거리기 때문에, 이것을 기억하는 것은 당신이 자녀를 위한 결정을 번복하지 않고 그 순간의 위기를 극복하는 열쇠가 된다.

내 커피의 예를 들어보자. 나에게 정서적 안정감을 주는 것이 카페 매니저의 일은 아니지만, 그가 밖으로 나와서 이렇게 말했다고 가정해 보자. "저희가 오늘은 오픈 시간이 조금 늦어졌어요. 실망스러우시죠. 커피를 마시고 싶은데 못 마시면 정말 속상하죠!" 이런 설명을 듣고도 내가 "어떻게, 한 잔만 주시면 안 될까요? 매니저니임~?"이라고 징징대는 꼴사나운 행동을 했을까? 아마 아닐 것이다. 그런 행동을 했다고 쳐도 매니저가 내게 "저도 그럴 때 정말 속상해요"(연결) 또는 "조금만 있다가 오시면 더 맛있게 내려드릴게요"(희망)라고 말했다면, 내 기분은 훨씬 나아졌을 것이다.

마지막으로 아이들이 징징거리는 중요한 이유가 하나 더 있다. 아이는 자주 감정 해소할 곳을 찾는다. 징징거리는 것은 모든 것이 너무 과하게 느껴진다는 신호다.

토요일 오후, 아들이 내게 '얼음 아홉 개 넣은' 물을 달라고 징징댔다. 그렇게 해서 줬더니 이번에는 물이 차갑다고 칭얼대면서 얼음은 그대로 두고 물을 더 따뜻하게 해달라고 고집을 부렸다. 나의 인내심에 고비가 왔지만 그 순간을 무사히 넘겼다. 그러고 나서 점심식사 시간이 되었는데, 이번에는 치즈가 들어간 파스타는 먹지 않겠다고 고집을 피웠다. 처음에는 치즈를 넣지 않은 파스타를 먹겠다고 했고, 그다음에는 치즈를 조금 넣은 파스타, 이내 파스타나 치즈를 아예 먹지 않겠다고 했다. 나는 점점 자제심을 잃어 가면서 아들이 칭얼거리는 소리조차 듣기 싫어졌다. 그때 나는 잠시 멈춰 생각했다. '지금 나한테 감정을 표출할 수 있도록 경계를 잡아달라고 요청하고 있구나. 자기는 실컷 울고 싶다고, 자기를 감당할 든든한 그릇이 되어 달라고 말하는 거지.'

나는 상황을 해결하려고 애쓰던 것을 그만두고 그냥 말했다.

"아무것도 맘에 드는 게 없지? 알겠어. 가끔 그런 기분일 때도 있지."

아들은 "오, 엄마, 제 마음을 역시 잘 이해하시네요"라고 말하지 않았다. 오히려 아들은 소리 지르고 울면서 반항했다. 나는 아들을 방으로 데리고 가서 감정을 실컷 발산할 때까지 잠시 함께 앉아 있었다. 내가 알게 된 사실은 이렇다. 아들이 징징거린 건 감정을 해소할 시간을 달라고 애원한 것이었다. 아이는 한참 동안 감정을 쏟아낸 뒤 이내 잠잠해졌다.

징징거리며 신경을 긁는 아이를 바꾸는 전략

부모 내면의 징징거리던 아이 바라보기

당신이 어려서부터 징징거리는 것에 유독 지적받고 연약함이 용납되지 않는 가정에서 자랐다면, 뭔가 시도해 봤으면 좋겠다. 자신에게 이렇게 말해 보자. "도움을 요청하거나 무력감을 느껴도 괜찮아. 강인하고 회복력 있는 사람이라도 가끔 이런 감정을 느껴."

어쩌면 거울 앞에서 징징거려 볼 수도 있다. 많은 이메일에 답장하느라 얼마나 벅찬지, 얼마나 집을 청소하기 싫은지, 얼마나 피곤한지 불평해 보라. 역설적이게도 칭얼거리는 자신을 더 많이 받아들일수록, 그 일로 자극받는 일이 줄어들 것이다. 자녀가 징징대서 속이 부글부글거릴 때는 어떻게 할까? 이렇게 크게 말하라.

"잠깐만. 심호흡 좀 하자."

그러고 나서 가슴에 손을 얹고 자신에게 말하라. '나는 문제 없어. 숨을 깊게 쉬면 이겨낼 수 있어.'

유머스럽게 접근하기

아이가 징징거릴 때 가장 잘 맞는 것은 어른의 장난기다. 아이가 징징거릴 때 유머스럽게 접근하면 아이에게 가장 필요한 것이 제공된다. 바로 연결과 희망이다. 이 둘은 모두 가벼운 분위기에 존재한다(유머는 놀리는 것이 아님을 기억하자. 유머는 연결되면서 가벼운 분위기를 더하지만, 놀리기는 거리를 두게 하고 수치심을 준다).

"아빠! 내 잠옷 좀 갖다 줘! 아빠가 갖다 줘어어어! 얼르은!!"라고 말하는 아이의 징징거림을 받아주기가 힘들다고 느끼면, 우선은 심호흡하며 마음을 가라앉히자. 그런 다음 창문 쪽으로 가서 바깥을 내다보면서 이렇게 말한다.

"오우, 어디서 징징이가 다시 나왔어! 징징이라니, 도대체 그 녀석이 어떻게 다시 들어왔을까?"

혼잣말을 계속하면서 아이의 긴장이 풀리는지 지켜본다.

"좋아, 징징이들이 어떻게 들어왔는지는 모르지만, 몇 놈이라도 꺼내서 던져 버리자!"

아이에게 다가가 징징이를 몸에서 '꺼내는' 시늉을 한 다음, 창문이나 문, 혹은 다른 물건 쪽으로 내던지라. 그러고 나서 아이에게 돌아가 이렇게 말한다. "뭐라고 했지? 아, 잠옷이 필요하다고?" 이때가 잠옷을 아이에게 갖다 줄 수 있는 때다. 당신은 징징거리기를 '강화'하는 게 아니라, 유머로 아이와의 연결을 강화했을 뿐이다.

아이의 요구를 대신 말해 주기

자녀의 징징거림을 '강화'하지 않으려면, 자녀가 징징거릴 때 아이에게 요구 사항을 또박또박 말하게 시켜야 한다고 많은 부모가 믿는다. 이 생각에는 본질적으로 잘못된 점이 없다. 그리고 때로는 너무 따져 묻거나 통제하는 것처럼 느껴지지 않는 선에서 "징징대지 말고 다시 한번 말해 볼래?"라고 제안하는 것도 분명 괜찮다.

하지만 자녀에게 징징거리지 말고 '적절한 어조로' 요구 사항을 다시 말하라고 지시하면, 때때로 불필요한 권력 투쟁이 벌어져 별일 아니던 일이 갑자기 전면전으로 확대된다. 정말 그럴 만한 가치가 없는 일이다(부모와 아이가 권력 투쟁을 벌이면 결국 아무것도 남는 게 없다).

나는 아이한테 요구 사항을 또박또박 말하라고 하기보다 부모가 직접 보여 주는 것이 더 인간적이고 효과적이라고 본다. 아이가 "아빠, 책 좀 갖다 줘어어어어!"라고 말할 때, 아빠가 아이 대신 또박또박 말하는 것을 보여 주는 식이다.

"아빠, 저 책 좀 가져다 주실래요? 감사합니다."

아빠가 아이처럼 요구 사항을 말한 다음, 아빠의 역할로 돌아와 대답한다. "응~ 알았어."

책을 갖다 주고, 심호흡을 하고, 훈계는 건너뛴다. 그리고 아이가 두 말의 뉘앙스가 어떻게 다른지 느끼고 변화할 것임을 믿어 준다.

욕구 받아 주기

아이의 징징거림은 더 많은 관심, 더 많은 연결, 더 많은 따뜻함,

더 많은 공감, 더 많은 인정을 요구하는 행동이다. 충족되지 않은 욕구가 드러나는 행동인 징징거림에 대응해 부모가 할 수 있는 일에는 여러 가지가 있다.

- 휴대폰을 치우면서 이렇게 말한다. "엄마가 정신이 없어지는 걸 네가 눈치챈 것 같아서 전화기를 치워 버렸어. 엄마 지금 여기 있어, 여기."
- 아이의 눈높이에 맞춰 쪼그리고 앉아 말을 건넨다. "너 뭔가 기분이 좋지 않구나. 그래 보여. 그게 뭔지 생각해 보자."
- 어릴 때 겪는 일반적인 어려움에 공감한다. "넌 네가 모든 결정을 내릴 수 있으면 좋겠지? 엄마도 이해해."
- 발산할 기회를 준다. "기분이 아주 안 좋구나. 엄마한테 털어놔 봐. 지금 엄마랑 있으니까 괜찮아."
- '채우기 게임'을 한다. "네가 엄마한테 이렇게 말하고 있는 것 같아. 네가 엄마로 채워져 있지 않다고. 가득 채워 줄까?"

일상에서 어떻게 적용할까?

아이의 징징거리는 소리가 유독 거슬린다는 것을 상기한 엄마는 딸이 뾰족한 연필을 달라고 징징거리자 심호흡을 하고 대답했다.

"징징이가 어떻게 여기 들어왔지? 이 녀석이 몰래 들어왔다니 믿을 수가 없네. 우리가 문을 열어둔 게 틀림없어! 좋아, 엄마는 징징이를 잡아다 밖으로 던져버릴 거야!"

엄마는 창문으로 걸어가 뭔가를 던지는 시늉을 했다. 몸을 움직이면서 발끈했던 마음을 가라앉힐 시간을 벌면서 마음이 차분해졌다. 엄마는 딸에게 돌아가 말했다.

"마당에 강아지들이 징징이를 붙잡지 못해 다시 들어오면 어쩐다? 으!"

그러고 나서 엄마는 태도를 바꾸고 말했다.

"아까 뭐 달랬지? 뾰족한 연필? 그래, 하나 갖다 줄게."

연필을 가져다 주면서 보니 딸의 기분이 더 가벼워진 것 같다. 자칫 벌어졌을 수도 있던 권력 투쟁이나 언쟁을 피하고 두 사람은 즐겁게 저녁 식사를 먹기로 했다.

CHAPTER 18
거짓말하는 아이

“

학교에서 돌아온 아들에게 엄마가 물었다. “선생님께 전화가 왔었어. 네가 친구를 운동장에서 밀었다던데, 어떻게 된 일이야?” 아들이 대답한다. “전 아무도 안 밀었어요. 그런 일 없었어요.” 엄마는 더 세게 나간다. “엄마 앞에서 거짓말하지 마! 그냥 사실대로 말하면 덜 혼날 텐데 왜 거짓말을 하니?” 아들이 지지 않고 말한다. “거짓말 아니에요. 엄만 왜 저보다 선생님을 더 믿으세요? 엄만 맨날 혼만 내고!” 두 사람은 원치 않는 상황에 빠졌다.

”

아이는 왜 거짓말을 할까? 무엇이 거짓말하게 만드는지로 뛰어들기 전에 무엇이 거짓말하지 않게 하는지부터 시작해 보자. 자녀가 거짓말을 하면, 부모는 보통 최악의 해석부터 하려 한다. “우리 애는 너무 반항적이야!” “우리 애는 자기가 나를 감쪽같이 속일 수 있다고 생각해!” “우리 애가 내 앞에서 거짓말을 했어. 정말 뭐가 되려고 저러는지 모르겠어. 애한테 뭔가 심각한 문제가 있어!" 하지만 이렇게 거짓말을 무례하다는 렌즈로 보다 보면 ("네가 감히 나한테 거짓말을 해? 날 무시하지 마!") 요점을 완전히 놓친다. 그러면 우리는 자녀와 싸우게 되고, 승부가 날 수 없는 부모 자녀 간의 권력 다툼에 빠진다.

사실 아이의 거짓말은 반항적이거나 교활하거나 반사회적인 것과는 거의 상관이 없다. 이 책에서 다룬 많은 행동처럼 거짓말은 사람을 조종하는 것이나 '감쪽같이 속이는' 것이라기보다는 아이가 기본적인 욕구와 애착에 집착하는 것과 관련된다.

지금 나는 아이가 거짓말을 하더라도 '벌을 주지 말라'라고 말하는 것이 아니다. 거짓말을 대하는 내 접근법은 그 순간에 이실직고하게 만드는 것이 아니라 거짓말하게 만든 핵심에 다가가는 것을 목표로 한다. 우리는 우리가 이해하지 못하는 행동을 바꿀 수 없으며, 처벌이나 위협, 분노로는 결코 이해나 변화를 촉진하는 환경을 만들어 낼 수 없다.

아이는 몇 가지 중요한 이유로 거짓말을 한다. 첫째, 아이는 환상과 현실 사이의 경계가 어른보다 모호하다. 아이는 가상놀이를 자주 한다. 현실의 법칙에 얽매이지 않는 다른 세계를 상상하고 그 세계로 들어가 다른 사람처럼 행동한다. 나는 가상놀이의 열렬한 팬이다. 아이는 일상의 어려움을 가상에서 표현하고 탐구할 수 있다. 그곳은 아이가 통제할 수 있는 안전한 세상이기 때문이다.

아이가 스탠드를 넘어뜨렸다는 것을 다 알고 묻는데도 아이가 "아니요, 저는 방에서 놀고 있었어요"라고 대답하면, 그 순간 아이는 자기 환상으로 들어가 버림으로써 부모를 실망시키거나 화나게 할지도 모른다는 두려움과 죄책감에 대처하고 있는 건지도 모른다. 우리는 이것을 두 가지 방식으로 볼 수 있다. 아이가 '사실대로 말하는 것을 회피하고 있다'고 보거나, 사실대로 말하는 것이 너무 힘들고 무섭게 느껴져서 자기가 통제할 수 있고 자기한테 더 좋은 결말을 만들 수 있는 가상의 세계로 빠져든다고 보는 것이다.

거짓말을 가상세계처럼 자기가 상황을 통제할 수 있고 결말을 바꾸고 싶다는 욕구의 표현으로 본다면, 우리는 거짓말하는 아이에게서 반항하려는 의도가 아니라 안전감과 자기 내면의 선함을 느끼려는 욕구를 발견할 수 있다. 결국 이런 것들은 아이뿐 아니라 어른도 움직이게 하는 욕구다. 아이는 부모가 자기를 사랑스럽고 가치 있는 사람으로 보지 않는다고 생각하면 자신의 선함이 남아 있는 상상 속으로 도피할 것이다.

그것이 거짓말로 나타나는 것은 생존적 욕구다. 아이의 생존은 부모와의 애착에 달려 있고, 부모와의 애착은 아이가 안전하다고 느끼고 자신이 필요한 사람이라고 느끼는 데 의존하기 때문이다. 당신이 딸에게 스탠드를 망가뜨렸냐고 물으면, 딸이 가장 먼저 하는 생각은 아마 이럴 것이다. '스탠드가 망가지지 않았더라면, 스탠드 근처에서 놀지 않았더라면 좋았을 텐데. 대신 내 방에서 놀고 있었어야 했는데.' 이러한 바람은 "나는 내 방에서 놀고 있었어"로 표현된다. 하지만 이것을 '거짓말'로 규정하고 "거짓말하지 마!"라고 응대하면, 그

이면에서 일어나고 있는 일의 본질을 놓치게 된다.

두 번째로 아이가 거짓말을 하는 이유는, 사실대로 말했을 때 부모와의 애착이 위협받을 것 같다고 느끼기 때문이다. 애착은 근접성의 체계다. 말 그대로 양육자와 가까이 머물며 양육자도 자신과 가까이 지내고 싶어 한다고 느끼는 것이다. 아이는 이것을 염두에 두고 부모와의 관계를 지속해서 관찰한다. '내가 지금 부모님께 말하려는 것이 나를 부모에게서 멀어지게 할 것인가, 아니면 가까이 있게 해주고 연결되도록 도울 것인가?' 부모가 자기의 행동을 두고 '나쁜 아이'라는 렌즈로 보고 자기를 밀어낼 것이라고 예상한다면, 아이는 매번 거짓말을 할 것이다.

아이는 버림받지 않으려 본능적으로 자신을 보호하게 되어 있다. 어린 시절에는 나쁜 아이로 보이는 것("지금은 너랑 이야기하고 싶지 않아. 네 방으로 가!" "대체 누가 엄마 앞에서 거짓말을 한다니?")이 가장 큰 위협이 된다는 말이다. 우리는 거짓말이라고 꼬리표를 붙이지만 그것은 때로 아이가 자신을 보호하려는 반응인 것이다. 이것은 '조종'과는 거리가 멀다. 오히려 자기방어의 한 형태라고 할 수 있다.

마지막으로, 아이가 거짓말을 하는 큰 이유는 독립하겠다고 주장하기 위해서다. 어른이나 아이 할 것 없이 우리는 모두 어떤 자리를 차지할 수 있고, 내가 누구인지 알고 있고, 나는 나의 권리를 가진 존재라고 느끼려는 기본적인 욕구를 지니고 있다. 이 때문에 통제당하는 느낌을 싫어하는 것이다. 이러한 시나리오에서 사람들은 자기 삶을 소유하기 위해서라면 작은 부분이라도 서슴지 않고 저항하려

한다. 심지어 자신에게 불리한 방식일지라도 말이다.

소유권과 주권이라는 감정에 접근하려면 삶의 일부분이 부모와 분리될 필요가 있다. 어떤 아이에게는 거짓말이 이런 인간의 기본적인 욕구를 달성하기 위한 핵심 전략이 된다. 음식을 제한하는 환경에서 자란 아이는 쿠키를 몰래 먹을 때 자기 정체성을 찾은 듯 느낀다. 엄청난 학업 스트레스를 받으며 자란 십 대가 시험공부를 하지 않으면 부모에게서 독립한 기분이 든다. "난 그 쿠키를 먹지 않았어요!" 라든가 "난 이미 공부 다 했어요!"라고 거짓말을 함으로써 분리감을 느끼는 것이다. 물론 이런 상황에서 부모는 어쩔 수 없이 통제를 강화하는 것으로 주로 대처하는데, 그러면 거짓말만 더 늘게 된다.

이제 순환에 대한 놀라운 사실을 알아보자. 그것도 '악'순환 말이다. 부모의 통제와 자녀의 거짓말이 순환하는 데 변화를 주는 것은 종종 바로 이 패턴에 대해(아이의 거짓말에 놀라지 않고!) 우리 자녀와 연결하려는 것에서 시작된다. 평온한 시간에 아이에게 다가가 이렇게 이야기한다.

"엄마는 네가 혼자 더 많은 일을 하게 하고 싶어. 어려서 혼자 할 수 있는 게 별로 없어서 싫은 것도 알아. 어디서부터 시작할까? 네 뜻대로 하고 싶은 부분이 뭐니?"

아이의 말을 듣고 거기서부터 시작하라.

여러 전략에 뛰어들기에 앞서, 나는 부모들이 특정한 거짓말을 '고쳐 주려' 하거나 '비난'하는 데 집착하기 쉬우므로 중요한 사실을 반복해 말하고 싶다. 거짓말하는 경향이 있는 아이를 키우는 데 있어 내 접근 방식은 지금 '실토'하게 하는 데 초점을 두기보다 미래에 진실을 말할 가능성을 늘리는 데 중점이 있다. 자녀가 "거짓말했어! 맞아!"라고 말하게 하는 게 목표가 아니라, 가정환경을 변화시켜 아이가 부모를 자신을 견뎌 줄 안전한 어른으로 바라볼 수 있게 하는 것이다.

그러려면 아이가 거짓말하는 순간, 우리 모두 심호흡을 하고 자존심을 죽여야 한다. 아이한테 이실직고하라고 요구하기보다 눈감고 넘어가 주어야 한다. 우리는 그보다 더 장기적이고 영향력이 큰 목표에 집중해야 한다. 그럴 만한 가치가 있다고 장담한다.

아무렇지도 않게 거짓말하는 아이를 바꾸는 전략

거짓말을 소원으로 재구성하기

거짓말을 소원으로 바꿔서 보면 아이를 계속 선하게 바라볼 수 있다. 이는 거짓말에 대응하는 데 있어 매우 중요하다. 아이의 거짓말을 소원으로 바꿔 말하면 대화의 방향이 바뀐다. 단순히 '진실'을 말하거나 '거짓말'하는 것 이상의 선택권을 허용하기 때문이다. 그러면 중간 지대가 생긴다. 여기도 저기도 아닌 새로운 부분을 보면서 목소리를 낸다면 그 순간 긴장이 풀어지고 아이와 연결할 방법이 생긴다.

아이가 "나도 플로리다에 여행 다녀온 적 있어!"라고 말하면, 이렇게 말하면 된다.

"우리가 플로리다로 여행을 갔으면 좋겠구나. 거기 가면 우리 뭐 할까?"

아이가 "내가 동생 탑을 무너뜨린 게 아니야. 그냥 쓰러졌어!"라고 말하면, 이렇게 답할 수 있다.

"넌 그 탑이 안 무너지기를 바랐구나."

"엄마도 때때로 무슨 일을 하고 나서 그러지 말 걸 하고 후회해. 그런 일이 벌어지면 참 힘들지."

거짓말을 소원으로 바꿔 보면 아이를 반박해야 할 상대로 보는 대신 같은 팀으로 느낄 수 있다. 이렇게 관점을 바꾸면 변화가 가능해지고, 다음번에는 아이가 진실을 말하게 될 가능성이 더 커진다.

기다렸다가 '사실을 말할' 기회 제공하기

가끔은 그냥 잠시 멈춘다. 아무것도 하지 않고 그냥 기다린다. 다섯 살짜리 우리 아이라면 이런 식으로 대응할 수 있다. "엄마, 내가 퍼즐을 망치고 소파 밑에 숨긴 게 아니에요. 전 안 그랬다고요!" 이럴 때 나는 천천히 고개를 끄덕이고, 다른 말은 하지 않는다.

왜 아무 말도 하지 않느냐고? 우리 아들은 이에 대해 분명히 방어적이고, 죄책감을 느끼거나 수치스러운 상태에 있어서 사실대로 말하지 않는 것이기 때문이다. 나는 이것을 가지고 아이와 옥신각신해서는 안 된다는 것을 알고 있고, 권력 투쟁에 휘말리고 싶지 않으며, 궁극적으로 변하게 하려면 아이의 수치심부터 줄여야 함을 상기한다. 몇 시간 후에 나는 아들의 '나쁜' 행동을 관대하게 해석할 수도 있다. 그리고 그것을 솔직해질 기회로 여긴다.

"엄마는 아까 형이 맞춰 놓은 퍼즐이 망가져 버린 상황을 다시 생각하고 있어. 네가 방에 들어왔을 때 엄마랑 형이 둘이서 퍼즐 맞추기를 하는 모습을 보고 질투가 났을 수 있지. 너도 같이 하고 싶었을 텐데 말이야. 이해해."

그렇다고 해서 우리 아들이 갑자기 솔직해지지는 않을 것이다. "내가 한 거 아니에요. 난 안 그랬어요. 안 했다고!" 그러면 나는 또 그냥 넘어갈 것이다. 그리고 혼자서 그 사건을 되돌아볼 것이다. 나한테 이런 질문을 할 것이다. '이 거짓말에 담긴 진짜 의미는 무엇일까? 자기가 더 독립적이었으면 좋겠다고 말하는 건가? 내가 형이랑 둘이서만 시간을 보내는 것이 질투가 났던 걸까?'

일단 그러한 행동의 의미(이것은 정말로 무엇에 관한 것인가, 아이가 어려움을 겪고 있는 것이나 필요로 하는 것은 무엇인가?)에 대해 곰곰이 생각해 보면, 우리는 다른 식으로 개입할 토대를 마련할 수 있다.

"만약 그랬다고 해도"라고 말해 주기

아이가 거짓말을 밥 먹듯이 할 때, 나는 아이가 사실대로 말하면 내가 어떻게 반응할지 생각해 보는 것이 효과적이라고 본다. 아이가 지난주 내내 쓰기 숙제를 하지 않았다는 전화를 학교로부터 받았다고 해보자. 집에 가서 아이에게 물었는데 아이는 계속해서 "난 숙제 했어, 했다고! 이젠 그 얘기 안 할 거야!"라고 말한다. 나라면 아이의 반응에 잠시 멈췄다가 틈이 생기면 이렇게 말할 것이다.

"음, 알았어. 엄마가 말하고 싶은 건 네가 며칠 숙제를 안 했다고 해도 엄마는 너를 이해하려고 애쓸 거란 말이야. 네가 숙제를 하지 않는

데는 다 이유가 있을 테니까. 엄마도 며칠 동안 쓰기 숙제를 안 한 적이 있어. 글쓰기가 너무 어려웠거든. 어쨌든 만약 네가 그랬다고 해도 엄마는 너를 혼내기보다 너랑 같이 앉아서 그 이야기를 하고 싶었어."

이때 담담하게 말해야 한다. 아이를 쳐다보지 말고, "그래서 너는 안 그랬다는 거지? 그렇지?"라며 다그치지도 말라. 그냥 넘어가라. 충분히 알아들었을 것으로 믿자. 물론 이 정도는 말할 수 있다.

"글짓기가 어렵긴 해. 엄마는 그래. 네가 숙제를 안 했더라도 넌 여전히 좋은 아이야."

만약 여지가 조금 더 남았다면 이렇게 덧붙일 것 같다.

"뭔가를 시작하기가 힘들 때는 어떻게 하면 될까?"

정직해지려면 무엇이 필요한지 아이에게 직접 물어보기

만약 집에서 거짓말이 문제가 된다면, 문제의 순간이 지나간 후에 정직해지려면 무엇이 필요한지 아이와 더 많이 의논해 보라. 이런 접근법은 자기 생각을 말로 표현할 수 있는 연령대의 자녀에게 효과적이다. 이렇게 시작하면 된다.

"네가 지금 문제가 있다는 건 아니야. 아빠도 가끔은 사실대로 말하기가 어려워. 네가 사실대로 말하려면 필요한 것들이 있다는 걸 알거든. 솔직하게 말하기 두렵게 만드는 아빠의 모습이 있거나, 솔직하게 말하면 큰일이 일어날 거라고 생각할 수도 있어. 네 생각을 듣고 아빠가 어떻게 해주면 좋을지 고민해 볼게. 너에게 별것 아닌 것 같은 일이라도 아빠한테 사실대로 말할 수 있었으면 좋겠어."

일상에서 어떻게 적용할까?

친구를 밀지 않았다고 끝까지 거짓말하는 아들을 보고 엄마는 잠시 멈추었다.

"좋아, 무슨 말인지 알겠어. 나중에 이야기하자."

"제 말 믿으시는 거예요? 제가 한 게 아니라는 거?" 아들이 물었다. 엄마는 이렇게 답했다.

"엄마는 뭘 믿어야 할지 확실히 모르겠어. 엄마가 믿는 것은 내가 너를 사랑하고, 네가 힘든 시간을 보내고 있어도 좋은 아이라는 거야. 아이나 어른이나 때때로 말하기 어려운 일을 하기도 해. 엄마는 너에게 무슨 일이 있는지 이해하고 돕는 사람이지, 벌을 주거나 잔소리하는 사람은 아니라고 생각해. 만약 네가 정말로 누군가를 밀쳤다고 해도 그럴 만한 안 좋은 상황이 있었을 텐데 그걸 들어 주고 싶어. 그 행동이 괜찮다는 건 아니지만, 기분이 나빴거나 힘들었던 일에 대해 대화하면서 그 행동을 반복하지 않을 방법을 같이 찾을 수 있을 거라 생각해. 어쨌든 나는 마음을 좀 가다듬고 이제 저녁 식사 준비를 하러 갈게. 혹시 네가 원하면 여기 있을게. 엄마는 널 사랑해. 그리고 우리는 이 문제를 해결할 거야."

아들은 엄마 말뜻을 어느 정도 이해한 것 같다. 그리고 엄마는 자리를 떴다. 나중에 엄마가 아들 방에 잠깐 들어가 이렇게 말했다.

"엄마는 판단받는 기분이랑 의심받는 기분이 뭔지 알아. 끔찍하지."

아들은 결국 엄마에게 친구가 자기에게 패배자라고 부르고, 아기라고도 불러서 너무 화가 난 나머지 밀어 넘어뜨렸다고 말했다. 엄마는 아들에게 화를 다스리는 방법을 알려 주어야겠다고 생각했지만, 일단 이 데이터는 나중을 위해 저장하고 지금은 이렇게 말하면서 솔직하게 말해 준 아들의 마음에 연결하는 데 집중한다.

"우리가 이런 이야기를 나눠서 너무 기뻐. 이건 정말 중요한 일이야."

CHAPTER 19

공포와 불안을 크게 느끼는 아이

> 다섯 살짜리 아이는 불을 무서워한다. 생일 파티를 할 때 촛불을 켜면 순식간에 겁에 질려 버리고는 한다. 친구들과 함께 캠핑을 간 아이는 아빠와 함께 다른 가족이 커다란 모닥불을 피우는 것을 보게 된다. 아빠는 아이에게 불은 한 자리에만 있을 거라 안전하다고 계속 말한다. 불은 무서운 게 아니라 재미있는 것이라고 강조하기도 했다. 그래도 아이는 아빠에게 매달리며 비명을 지르고 운다. 아빠는 어찌할 바를 모르겠다.

공포는 몸이 위협을 인지하고 가장 기본적으로 반응하는 것이다. 최근에 실제로 공포를 느꼈던 때를 떠올려 보라. 아마도 심장이 두근거리거나 뱃속이 꼬이고 뒤집혔을 것이다. 인간에게 공포는 여러 가지 신체적 반응으로 나타나는데, 보통 심박수, 가슴 조임, 위장장애가 증가한다. 이러한 몸의 경험은 "나는 지금 위험에 처해 있어"라는 메시지를 전달하고, 이런 메시지는 공포라는 정서적 경험으로 이어진다.

이러한 감정들은 아이의 작은 몸에서도 어른만큼 본능적으로 나타난다. 아이는 공포를 과장하거나 주의를 끌기 위해 지어내지 않는다. 부모인 우리의 목표는 공포에 질린 자녀가 '나는 위험에 처해 있다'에서 '나는 안전하다'로 이동할 수 있도록 돕는 것이어야 한다.

부모는 대부분 이 궁극적인 목표를 이해하지만, 본능적으로 아이에게 설명을 통해 두려움에서 벗어나게 하려 한다. 아이가 "이거 너무 무서워!"라고 말하면, 부모 대부분은 "아니, 무서운 거 아니야!"라고 대답하고 싶어 한다. 하지만 공포를 합리화하거나 아이에게 두려워하지 말라고 설득하는 것은 성공적인 전략이 아니다.

아이가 두려움을 느낄 때, 아이의 몸은 스트레스 반응을 경험한다. 뇌가 '나는 위험에 처해 있다'라고 느끼면 생존에 집중할 수 있도록 논리적 사고 영역을 멈춘다. 공포 상태에 있을 때 공포를 느끼는 이유를 설명해도 안전감이 전해지지 못한다는 의미다. 아이가 안전하다고 느끼려면 부모의 존재를 느끼게 해 주어야 한다. 공포 속에 혼자 남겨지는 것이 가장 무섭기 때문이다. 이때 아이에게 필요한 것은 논리보다 연결이다.

게다가 아이에게 공포에서 벗어나라고 설득하면 유용한 정보를 놓치게 된다. "상황이 이러이러하니 넌 겁낼 필요가 없어"라는 식의 접근 방식은 자녀에게 낯선 상황과 감정을 받아들이라고 설득하는 데 초점을 두고 있다. 그런데 "뭔가 있는 것 같은데 더 말해 줘"라는 식의 접근 방식은 자녀의 마음에 더 다가가는 데 초점을 맞추게 된다.

예를 들어 아이에게 개에 대한 공포에 관해 물어보면, 주인공이 개에 물린 내용의 책을 읽었던 것뿐이라는 사실이 드러날 수 있다. 혼자 있는 것에 대한 두려움에 관해 물어보면, 아이 혼자 집에 있던 어느 날 오후에 일어났던 일을 알게 될 수 있다. 통학버스를 타는 것에 대한 두려움에 관해 물어보면, 아이가 버스 안에서 두 학생이 싸우는 장면을 목격했던 사실을 듣게 될 수 있다. 이렇게 공포에 관한 세부적인 내용을 알게 되면 자녀에게 도움이 될 만한 정보를 더 많이 얻을 수 있다.

마지막으로 아이가 뭔가 위협받는 느낌과 불편한 기분이 든다고 하면, 그 감정을 그대로 믿어 주어야 한다. 부모인 우리는 아이에게 공포에서 벗어나라고 설득하기보다 아이가 자신에게 느껴지는 감각을 믿고 신뢰하며 자라기를 응원해야 한다. 아이가 '뭔가 이상해. 내 몸이 이 상황을 벗어나라고 해'라는 생각이 들 때 자신의 감각을 받아들이게 해 주어야 한다.

한 가지 특정한 공포가 아니라 더 일반적인 불안감에 관해 이야기할 때도 같은 원칙이 적용된다. 아이가 불안해할 때("수영 수업할 때 물에 빠지면 어떡해?" "수학 시험 망칠 것 같아"), 우리는 왜 그것들이 괜찮은지 말하고 싶은 충동을 자주 느낀다("그동안 잘해 왔잖아, 괜찮을 거야!" "좋게 생각해야지!"). 하지만 특정한 공포 상태에 있을 때와 마찬가지로 일반적인 불안 상태에 있는 아이를 설득하려고 하면 불안감을 더 악화시킬 뿐이다. 왜 그럴까?

아이는 무엇을 회피하고, 무엇에 기꺼이 맞서야 하는지 끊임없이 확인하고 배우는 과정에 있다. 부모는 아이가 더 '긍정적'으로 생각하거나 느끼도록 촉구하는 것이 아이를 돕는다고 생각하지만, 아이는 부모의 개입으로 더 깊은 곳에 있는 메시지를 받아들인다. 자기가 느끼는 그대로 받아들여서는 안 되며, 긴장하거나 수줍어하거나 주저하는 것은 잘못된 것이라는 메시지 말이다. 이것은 아이에게 '불안에 대한 불안'을 느끼게 한다. 마치 '나는 이런 식으로 느껴서는 안 된다!'라는 믿음을 갖게 되는 것이다.

불안은 그냥 '제거'할 수 없다. 불안은 더 참아 주고, 존재를 허용하고, 그 목적을 이해해야만 효과적으로 관리할 수 있다. 그러면 다른 감정이 나올 수 있는 공간을 만들어 불안이 우리를 사로잡지 못하게 된다. 부모가 할 일은 감정 자체를 바꾸는 것이 아니라, 자녀가 불안감에 대해 궁금해하고 그 불안감이 올라왔을 때 스스로 편한 마음을 가질 수 있도록 돕는 것이다.

공포와 불안에 과민한 아이를 바꾸는 전략

아이와 함께 구멍으로 뛰어들기

자녀가 어떤 상황에 대해 불안해한다고 상상해 보라. 생일 파티에 가는 것처럼 작은 일일 수 있고 친척의 죽음과 같이 큰일일 수도 있다. 이제 자녀가 땅속의 작은 구멍에 들어가 있다고 상상해 보라.

그 구멍은 불안을 나타낸다. 아이는 그와 비슷한 불편함을 느끼고 있다. 이때 부모가 구멍으로 함께 뛰어들어 아이로 하여금 부모가 같이 머무는 것처럼 느끼도록 해야 한다.

끌어내 주는 것이 아니라 아이와 함께 구멍에 뛰어들 때, 두 가지 강력한 일이 일어난다. 아이가 더는 외롭지 않다. 그리고 아이는 그동안 너무나 끔찍하게 느껴졌던 것이 그만큼 끔찍하지 않다는 사실을 경험하게 된다. 부모가 그러한 순간에 기꺼이 함께할 것을 알기 때문이다.

만약 당신이 예고 없이 자녀를 떠난 적이 없는데도 자녀가 당신이 없어질 것 같아 걱정한다고 가정해 보자. 만약 아이에게서 불안을 끌어내려고 했다면 아마 이렇게 말했을 것이다. "걱정할 것 없어, 엄마가 언제 너한테 말도 없이 떠난 적 있니?" 하지만 논리는 옆으로 치워 두고 이렇게 말하면서 구멍으로 '뛰어들라'.

"자고 일어나면 엄마가 없을 것 같아 걱정이구나. 그건 정말 무섭지."

실제 상황 연습하기

부모는 자녀가 불안해하는 상황을 마주하지 않게 하려 한다. 아이가 갑자기 두려움을 잊게 되거나 다음에는 상황이 달라지길 바라며, 불안해하는 상황에 대해 생각하거나 말하기를 회피한다. 하지만 회피는 불안을 더 크게 만든다. 아이와 어떤 상황에서 불안해지는지 나누지 않는 것은 부모도 그 상황을 불안해하고 있다고 말하는 것과 같다. 이는 아이를 더 불안하게 할 뿐이다.

실제 상황 연습하기는 부모가 문제 상황을 극복할 수 있다고 생각한다는 것을 아이에게 보여 주는 기회다. 그리고 아이가 '실제 상황'이 발생했을 때 어떻게 반응할지 연습할 기회이기도 하다. 실제 상황 연습하기는 아이가 분리나 진료 예약, 스포츠 시험, 놀이 약속, 수업 중 큰 소리로 책 읽기 등에 준비가 더 잘 되었다는 느낌을 갖게 하는 데 도움을 준다.

실제 상황 연습하기는 아이와 직접 하거나 인형을 가지고 시나리오를 연기하며 해볼 수 있다. 인형은 역할놀이를 직접 할 수 없는 어린아이나 무서운 상황을 연습하는 데 저항감이 있는 아이에게 특히 유용하다. 분리에 대한 실제 상황 연습은 이렇게 시작될 수 있다.

"월요일에 넌 처음으로 학교에 가게 될 거야. 우리가 어떻게 작별 인사를 할지 생각해 보고 몇 번 연습해 보자. 그러면 그 순간을 우리 몸이 대비할 수 있을 거야!"

그런 다음 짧은 절차를 생각해내고 연습하라. 아이가 슬퍼하면, 걸어서 멀어지는 연기를 하거나 용기를 내게 만드는 가족만의 구호를 만들어 외쳐 볼 수도 있다. 아이가 괴로워하더라도, 이 연습으로 아이가 더 불안해지지는 않는다. 오히려 아이는 힘든 상황을 제대로 알게 되어 현실을 좀 더 편하게 맞을 수 있다.

진료를 앞둔 실제 상황 연습하기는 인형을 사용해 볼 수 있다. 부모는 곰인형을, 딸은 토끼인형을 갖는다. 부모는 곰인형이 되어 말해 보자.

"안녕, 토끼야! 병원에 잘 왔어! 너와 엄마는 나와 함께 검사실로 갈 거야."

그리고 진료가 진행될 순서대로 미리 해보라. 몇몇 문제가 될 만한 순간을 미리 연습해 볼 수도 있다.

"좋아, 토끼야! 내가 네 귀를 들여다보고 괜찮은지 확인하는 동안 엄마 무릎에 앉아 있어 줘. 가만히 있을 수 있겠어? 오! 토끼야, 잘했어!"

특정 공포를 해결하기 위한 대화하기

공포에 관해 이야기하지 않으려는 유혹에 빠지기 쉽다. 마치 아이가 두려워하는 게 무엇이든 그것을 상기시키지 않으면 아이가 그 두려움을 완전히 잊기라도 할 듯 말이다. 그래 봐야 소용없다. 아이가 두려움을 극복하게 돕는 가장 좋은 방법은 두려움을 드러내놓고 이야기하는 것이다. 이를 통해 아이에게 부모는 아이만큼 그 주제를 두려워하지 않는다는 것을 보여 주기 때문이다. 다음은 부모와 자녀 모두 생산적으로 두려움을 해결하기 위한 예시다.

- **1단계: 정보를 수집하고 이해를 더하기 위해 자녀에게 공포에 관한 이야기를 꺼낸다.** 질문은 많이 하고 말은 적게 하자. 설득하거나 설명하지 말고 그냥 정보만 수집한다. "밤에 혼자 잠들 때 어떤 기분인지 좀 더 이야기해 보자." "화장실에 혼자 들어가는 걸 네가 힘들어하는 것 같아." 그런 다음, 들은 내용을 다시 말해서 '수집한 정보가 맞는지' 확인한다. "어두울 때 집 안 어딘가를 혼자 걸으면 뭔가 무섭게 느껴진다는 거지? 왜 그런지는 모르지만 그렇게 느끼는구나."

- **2단계: 자녀의 공포가 '그럴 만하다'라고 인정한다.** 아이가 공포를 이해하도록 돕는 것이 거기에 맞설 용기를 내도록 돕는 열쇠다. "어둠에서는 아무것도 볼 수 없어서 무섭게 느껴질 수 있지. 주변에 무엇이 있는지 확실히 모르니까 무섭기도 하고. 네가 어두울 때 혼자 집 안을 돌아다니는 게 쉽지 않을 만해!"
- **3단계: 자녀에게 이 공포에 관해 대화하게 되어서 기쁘다고 말한다.** 이를 통해 아이는 자기 내면의 공포스러운 감정을 말할 가치가 있음을 알게 된다. 그리고 이는 아이가 이런 감정을 밀어내기보다는(그렇게 하면 이런 감정이 더 커지기만 할 뿐이다!) 잘 대처하도록 격려한다. 이렇게 해보라. "우리가 이런 이야기를 나누다니 정말 기쁘다. 이건 중요한 일이거든."
- **4단계: 자녀가 문제를 해결하도록 한다.** '해야 할 일을 안내하는' 아이디어를 제공하되, 자녀가 대처 체계를 자유롭게 생각해내는 순간을 경험하도록 한다. 부모가 공포를 설명해 주거나 문제를 해결해 주고 싶은 충동을 눌러야 한다. '궁금하다'나 '생각하고 있다'와 같은 말은 자녀를 문제 해결에 참여시키는 데 도움이 된다. "지하실로 같이 가서 계단을 하나씩 내려가 볼까? 언제 무서운 기분이 들기 시작하고, 언제 더 무서워지는지 알려줘." 이런 식으로 공포심에 대해 질문하다 보면 순간적으로 부모의 존재감이 느껴지면서 아이가 공포 속에서도 덜 외로워지기 때문에 공포심이 아이를 강하게 사로잡지 못할 것이다. 그다음에는 "계단을 내려가면서 너 자신에게 무슨 말을 할 수 있는지 궁금한 걸"

이라든가, "지금 계단 하나를 내려가는 연습을 하고, 며칠 있다가 계단 하나를 더 내려가는 연습을 하고, 다음 날에는 몇 개 더 내려가면 어떨까?" 이런 식으로 해결책을 제안할 수도 있다.

- **5단계: 구호를 만든다.** 아이가 불안과 싸울 때 스스로에게 건네는 응원의 말이 크게 도움이 될 수 있다. 큰 소리로 말하든 마음속으로 말하든, 구호는 아이를 고통의 근원보다는 차분한 말에 집중하게 한다. "긴장해도 괜찮아, 나는 이겨낼 수 있어." "무서워도 난 용기를 낼 수 있어." "난 안전해, 엄마아빠가 가까이 있으니까." 자녀와 함께 기분이 좋아지는 구호를 만들어 공포의 순간에 반복해서 읊게 하자.
- **6단계: '공포에 천천히 대처하는' 이야기를 들려준다.** "네가 그러는 걸 보니까 엄마가 네 나이쯤이었을 때가 생각나네. 엄마는 개를 무서워했어. 개를 보면 몸을 막 떨었던 기억이 나." 하지만 이런 식으로 빠른 해결책을 제시하면 안 된다. "그때 엄마는 안전하고 아무 일 없다는 걸 깨달았어." 대신 천천히 대처한 이야기를 들려준다. "엄마는 네 할아버지와 그 일에 관해 자주 이야기했어. 엄마랑 할아버지는 개가 나오는 책도 많이 읽었어. 그리고 개한테 조금씩 더 가까이 다가가 봤어. 어느 날에는 할아버지가 도와줘서 개를 만져 봤어. 그랬더니 조금씩 개가 덜 무서워지는 거야. 겁이 나는 데 용기를 내기란 그렇게 어려운 일이었지!"

일상에서 어떻게 적용할까?

불을 무서워하는 아이에 대해 아빠는 이렇게 생각해 보았다. '나는 이 모닥불이 무섭지 않다는 걸 알지만, 아이는 무섭다고 느껴. 내 목표는 아이가 이 공포 속에 혼자 떨지 않도록 아이의 기분을 이해해 주는 것이지, 거기서 벗어나라고 설득하는 게 아니야.' 그는 아이를 옆으로 끌어당기며 말한다.

"불은 뭔가 너를 무섭게 만들어, 그렇지? 아빠가 네 옆에 있을게."

아빠는 아이의 몸이 순간 이완되는 것을 느끼면서 자기한테는 아무것도 아닌 이 간단한 말이 아이에게 변화를 준 것에 놀랐다.

"아빠도 네 나이 때 무서워했던 것들이 있었어. 때로는 아직도 그것들이 무서워. 그럴 때 아빠는 '긴장해도 괜찮아'라고 아빠 자신한테 말하고는 했어. 이제 아빠가 심호흡을 몇 번 하면서 그 말을 해볼게."

아빠는 아이를 위해 감정을 조절하는 모습을 보여 줬다. 아이가 진정되는 듯 보이자 이렇게 말했다.

"아빠 무릎에 앉고 싶으면 그렇게 해. 우린 불에서 멀찍이 떨어져서 여기 앉아 있자. 불에 좀 더 가까이 갈 준비가 된 것 같거나 마시멜로를 구워 먹고 싶으면 말해. 그럴 준비가 됐는지 넌 알 수 있을 거야. 준비가 안 돼도 괜찮고."

CHAPTER 20

망설임과 수줍음이 많은 아이

“

여섯 살 된 딸아이는 여러 사람이 모인 곳에서 노는 것을 즐기지 않는다. 유치원 친구의 생일 파티에서 다른 아이들은 무리 지어 달려가 놀이 기구에서 놀기 시작했는데 딸은 엄마 뒤로 숨는다. 엄마는 낮은 목소리로 말한다. “넌 여섯 살이야. 게다가 여기 있는 애들은 다 아는 친구잖아! 창피하게 왜 이래?” 아이는 울기 시작하고, 엄마는 좌절한다. “너 왜 이렇게 엄마를 난처하게 하니?” 하지만 이내 아이에게 상처를 준 것 같은 죄책감에 휩싸였다.

”

망설임과 수줍음은 고쳐야 할 문제가 아니다. 사실 나는 망설임과 수줍음이 아이보다 부모를 더 불안하게 만든다고 생각한다. 그 결과, 부모는 아이에게 무슨 일이 일어나고 있는지 제대로 보면서 그 순간에 필요한 것을 주기보다, 자신의 불편함을 덜려는 의도로 개입하는 것이다. 만약 이 말에 공감한다고 해도 당신이 나쁜 부모는 아니다. 자녀의 행동이 당신에게 무엇을 불러일으키는지 깊이 생각해 보려는 의지, 그래서 당신에게 필요한 것과 아이에게 필요한 것을 분리하려는 의지는 당신이 좋은 부모라는 증거다.

생일 파티에 참석할 준비가 되지 않은 아이나 축구를 하고 싶지 않은 아이, 가족 행사에서 어른들과 이야기하지 않으려는 아이처럼 소극적인 자녀를 두었다면, 특히 부모가 독립성과 외향성을 중요시하는 성향이라면 더욱 감정이 자극되어서 아이와 힘겨루기를 하려고 할 수 있다.

자녀의 수줍음에 부모가 갖게 되는 주된 불안감 중 하나는 아이가 '영원히 이럴 것'이라거나 '집단 내에서 적응하지 못하면 힘들어질 것'이라는 우려다. 아이는 부모의 판단을 내면화하게 되는데, 자신에 대한 부모의 불안한 시선을 아이가 느끼면 더 고립감을 느끼게 되고 심지어 그 감정에서 헤어 나오지 못하게 된다. 이는 부모를 더 좌절하게 만든다. 이런 순환이 반복되고, 망설임과 불안은 더 심해진다. 어떻게 하면 이 순환을 멈출 수 있을까? 아이를 바꾸는 것으로 할 수 있는 일이 아니다. 부모 자신을 되돌아보고 우리 내면에서 그 작업을 함으로써 아이를 변화로 이끌 수 있다.

어른의 맥락에서 수줍음에 대해 생각해 보자. 배우자와 함께 개업식에 초대받아 방문한 당신이 무척 긴장한 상태라고 해 보자. 당신은 배우자에게 이렇게 부탁했다. "내 옆에 있어 줘, 알았지?" 당신은 아마도 두 가지 유형의 답변을 들을 수 있을 것이다. ① "무슨 말도 안 되는 소리야? 여기 모르는 사람도 하나 없잖아." "지금 당신 때문에 정말 난

처한 거 알지?" ② "이 자리가 좀 어렵구나? 괜찮아. 사람들이랑 어울리고 싶어질 때까지 나랑 같이 있자. 그러고 싶어지면 얘기해 줘."

각각의 반응이 어떻게 느껴지는가? 언제 불안감이 좀 누그러지겠는가? 첫 번째 반응을 살펴보자. 만약, 그날 저녁 집에 돌아온 배우자가 이렇게 말한다면 어떨까? "내 말 들어봐. 내가 언제나 당신 옆에 있어 줄 순 없잖아. 그래서 그렇게 말한 거야. 당신은 혼자 있는 법을 배워야 해." 납득이 되는가? 아니면 두 번째 반응처럼 배우자가 당신의 감정과 마음을 받아 주고, 아까 그 순간에 당신이 어떤 감정이 들었던 건지 물으면서 당신도 차츰 나름대로 잘 지낼 수 있게 될 거라고 믿어 주면 어떨까?

당신은 두 상황에서 누구의 속도대로 살고 싶은가? 당신 자신인가, 아니면 배우자인가? 그렇다면 아이는 부모의 속도대로 안내하고 있는가, 아니면 아이 자신의 속도를 인정해 주고 있는가? 우리 모두 답을 알고 있는 것 같다. 수줍음이 많은 아이가 혼자가 되거나 무리에 참여하려고 애쓸 때, 부모로서 아이에게 필요한 정서적 지지를 계속해 주기란 확실히 어려운 일이다. 부모로서 자동반사적으로 부정적 반응이 일어나기 쉬워서 이를 어기고 정서적 지지를 하려면 피로감이 몰려온다. 하지만 양육은 인내심을 갖고 해야 하는 훈련이다. 양육은 아이가 누구이며 무엇을 필요로 하는지와, 부모인 나는 누구이며 무엇을 필요로 하는지를 분리해서 자녀를 돌보는 것이어야 한다.

우리는 살면서 어느 시점부터인가 자신감이란, 기다리기보다는 참여하고, 잠시 멈추고 숙고하기보다는 뛰어드는 것이라고 배웠다.

왜 그런지는 모르겠다. 여기에는 깊은 모순이 있다. 나는 십 대 자녀가 자기 의사는 없이 또래와 다르게 행동하면 큰일이 나는 줄 안다며 걱정하는 부모를 많이 만나기 때문이다.

나는 소심한 여섯 살짜리 아이를 둔 부모와, 감수성이 예민한 열여섯 살짜리 아이를 둔 부모를 연달아 상담했던 날을 잊지 못한다. 여섯 살 자녀를 둔 첫 번째 부모는 이렇게 말했다. "얘는 친구들이 모두 놀러 가는 것을 보고도 망설여요. 어떨 때는 심지어 친구들이 같이 가자고 해도 싫답니다! 너무 소심해요. 아이가 좀 더 자신감이 있었으면 좋겠어요." 이어진 다음 상담에서 십 대의 부모는 이렇게 말했다. "우리 아이는 또래 친구들이 하는 거라면 뭐든 하려고 해요. 뭘 스스로 생각하지 못하고, 너무 쉽게 흔들리는 것 같아요. 이제 십 대인데 아이가 좀 더 자신감을 길렀으면 좋겠어요."

자신감이란 무엇이며, 수줍음이나 망설임과 어떤 관계가 있는 걸까? 나에게 자신감이란 자기가 어떤 기분인지 알고 그 순간 자신의 선택을 따라도 괜찮다고 믿는 경험이다. 참여하고 싶은지 확신이 서지 않는 아이가 잠시 머무르며 친구들을 관찰하는 것은 일종의 자신감일 수 있다. 주저하는 아이에게 자신감을 심어 주는 것은 "엄마가 같이 있어 줄게. 천천히 가도 돼"라고 말하는 양육자에게서 비롯된다. 이는 아이의 감정을 가장 잘 아는 사람은 아이 자신이지 부모가 아니라는 메시지를 준다. 아이에게 "지금 너 자신이 되어도 괜찮아"라고 말하는 것이다.

자신감이란 반드시 어떤 집단에 들어가거나 어떤 활동에 즉시 참여하는 것을 의미하지 않는다. 아이가 마음의 준비가 되어 있다면 그럴 수 있지만, 강요당한다고 느껴서 선택한다면 그건 자신감이 아니다. 자신감은 준비된 것이 아니라 언제 준비되는지 '아는 것'이다.

지나치게 소심하고 내성적인 아이를 바꾸는 전략

자기 자신을 확인하기

수줍음은 많은 부모를 자극한다. 특히 부모가 외향적이고, 참여하고, 행동하는 것을 중요시하는 가정에서 자랐다면 더욱 그렇다. 만약 아이 친구들 모임을 하는데 다른 아이들은 친구끼리 노는데 당신의 자녀만 당신의 무릎 위에 앉아 있다고 상상해 보라. 당신의 기분이 어떠한가? 아이를 밀어내고 싶은 충동이 생기는가? 여기에 잘못된 감정이나 충동은 없다. 단지 수집해야 할 중요한 정보만 있을 뿐이다.

만약 당신이 아이의 수줍음이나 망설임 때문에 괴롭다면, 아이가 여러 사람 속에 끼지 않으려 하는 것이 어쩌면 나중에 소중해질 특성일 수 있다고 생각해 보라. 예를 들어 수줍음에 대한 해석을 180도 달리 해보고 자신에게 이렇게 말해 보라.

"내 아이는 다른 사람이 어떻게 행동하든지, 자기가 누구이고 무엇이 편안하고 무엇이 그렇지 않은지 알고 있어. 얼마나 대담하고, 멋지고, 자신만만한 모습이야!"

두려운 감정 인정하고 기다리기

아이가 망설이거나 수줍어할 때, 아이를 설득하려 하지 말고 그 감정을 인정하는 것부터 시작하자. 그럴 만한 이유가 있다고 생각하자. 아이는 자기감정을 인정받으면 자신을 더 편하게 받아들이게 된다. 자신을 더 편하게 느끼면 여러 가지 반응에 더 마음을 연다(어른도 그렇다).

"너는 이걸 할 준비가 되면 느낄 수 있을 거야."

이 말은 부모인 당신이 아이를 신뢰한다는 사실을 전해 준다. 그리고 아이에게 자기 자신을 믿으라고 가르쳐 준다. 자기 신뢰는 자신감의 본질이다. 이 말은 또한 진전이 있을 거라는 암시를 주기도 한다. 결국 더 편안해질 것이라고 알려 주는 것이다. 우리는 자녀가 자신의 감정을 자신이 가장 잘 안다고 느끼길 바란다. 그러면 아이가 자신에게 가장 최선의 결정을 내릴 수 있기 때문이다. 따라서 자녀가 이웃과 대화하고 싶어 하지 않는다면, 어떤 모임에 참석하는데 긴장한다면, 이렇게 말할 수 있다.

"잠깐 시간이 필요한 것 같네. 천천히 해. 이야기를 나눌 준비가 되면 알게 될 거야."

"넌 전에 이런 모임에 와 본 적이 없잖아. 낯설 거야. 천천히 살펴봐도 괜찮아. 지금처럼 엄마 옆에 있어도 돼. 참여할 준비가 되면 느낌이 올 거야."

만약 아이가 전혀 준비되지 않았다고 느낀다면 어떻게 해야 할까? 당신은 이렇게 생각할지 모른다. '정확히 하라는 대로 다 했는데 아직도 아이는 모임마다 내 뒤에 숨어서 참여하지 않겠다는군.' 그렇다고 해서 이 전략을 '잘못' 사용하고 있는 것은 아니다. 우리의 '가장 관대한 해석'을 기억하자. 항상 물러서서 도망갈 기회만 엿보느라 애쓰는 아이는 분명히 믿을 수 없을 정도로 끔찍할 수 없고, 불안하고, 자기 뜻대로 할 수 없는 기분이 들고 있을 것이다. 이러한 아이는 한동안 큰 모임에는 참여하지 말아야 할 수도 있다. 이것은 그냥 맞춰 주라거나 수줍어하라고 장려하는 것이 아니다. 단지 아이가 선 자리에서 아이를 만나 주자는 것이다.

다른 전략들이 이 상황에 도움이 될 수 있다. 자녀에게 당신이 어렸을 때 분리를 힘들어했던 이야기를 들려줌으로써 자녀의 수치심을 없애거나, 이런 상황에서 나타날 수 있는 감정에 대해 미리 이야기함으로써 감정 예방 접종을 하는 것이다. 이것들에 대해 설명하겠다.

준비시키기

망설임과 수줍음이 많은 아이라면 앞으로 닥칠 일에 대해 실행 계획과 감정 준비를 해놓을 수 있다. 예를 들어 가족 모임에 가기 전에 자녀에게 세부 사항을 알려 주자.

"우린 오늘 큰이모네 집에 점심을 먹으러 가서 이모랑 이모부, 사촌 형을 만날 거야. 할머니랑 할아버지도 오실 거고, 어쩌면 셋째 이모랑 이모부, 얼마 전 태어난 아기도 만날 수 있어. 많은 사람이 모이는 데다가 장소도 낯설고 오랜만에 사촌들을 만나는데 좀 낯설지 않을까? 어른들이 반가워서 너한테 질문을 많이 건넬 수도 있어. 그러면 어떨 것 같아?"

질문한 다음, 기다린다. 감정을 예측하는 데는 엄청난 힘이 있다. 당신이 어떤 감정을 미리 확인하고 인정해 주면 아이는 마치 그런 감정을 가져도 된다고 허락받은 것처럼 느낀다. 이것은 조절에 있어서 절반은 전쟁을 치른 것이다. 해결책이나 대처 방법을 덧붙이지 말고 아이가 어떤 감정이든 느낄 수 있게 준비시키자. 정말 그것으로 충분하다는 듯이 잠시 멈추자. 그러고 나서 아이가 다음에 무엇을 하는지 보라.

꼬리표 붙이지 않기

아이는 우리가 생각하는 모습 그대로 될 것이다. 부모가 "첫째는 수줍음이 많아." "우리 애는 어른들과 이야기하는 것을 좋아하지 않아." "얘는 참 내성적이야." 이렇게 꼬리표를 붙여 말하면, 경직된 배역에 아이를 가두어 성장을 어렵게 만드는 셈이 된다.

꼬리표를 붙이는 대신, 특히 다른 사람이 꼬리표를 붙이려는 경우 자녀의 행동에 관대한 해석을 붙여야 한다. 만약 가족 중 한 명이 "얘는 왜 그렇게 수줍어해?"라고 말하면 이렇게 말하면서 끼어들라.

"수줍어하는 게 아니라 자기 마음을 잘 알아채는 아이인 거죠. 잘하고 있는 거예요. 스스로 준비가 되었다고 생각되면 학교생활에 대해서 더 많이 이야기할 거예요."

이렇게 말하면서 부모가 자기 편이라는 것을 아이가 알 수 있도록 등을 토닥거려 줄 수도 있다.

일상에서 어떻게 적용할까?

여섯 살 딸아이가 어울리기 어려워했던 생일 파티가 끝났다. 엄마는 딸에게 차가웠다고 생각했다. 하지만 이제라도 늦지 않았다고 되새기면서 아이에게 다가갔다. 엄마는 아이와 불안에 관해 이야기를 나누었다. 그리고 아이들 무리에 들어가라고 강요하고, 이상하고 창피하다고 말한 것을 딸에게 사과했다.

그다음 주말, 놀이 모임에 가기 전에 엄마는 아이에게 어느 놀이터로 갈 것인지, 아이들이 얼마나 올 것인지 알려 주었다. 모임에 참여하는 것이 어떤 기분일지에 대해 서로 이야기도 나누었다. 엄마는 딸이 느끼게 될 감정을 미리 인정해 주었다. 그것은 희망적이고 효과가 있는 것처럼 느껴졌다. 주말 모임이 시작되고 엄마는 아이에게 다시 한번 이야기를 꺼냈다.

"어떤 아이들은 친구들과 금세 어울리지만, 어떤 아이들은 상황을 잘 지켜보고 나서 움직여. 두 가지 방법 모두 어린아이가 할 수 있는 올바른 방법이야. 무엇이 너한테 맞게 느껴질지 알 수 있는 사람은 너뿐이니까 네가 잘 생각해 봐."

아니나 다를까, 아이는 엄마와 잠시 벤치에 앉아 있고 싶어 했다. 엄마는 여기서 딸의 용기와 대담함을 발견했고, 딸아이에게 속삭였다.

"자기 마음을 잘 알고 준비되었을 때 움직이는 것은 좀 멋진 일 같아. 시간을 갖고 너한테 맞다고 느껴지는 대로 해. 엄마가 같이 있을게."

엄마는 딸의 긴장된 몸이 약간 풀리는 것을 느꼈고, 더 호기심을 갖고 주위를 둘러보는 것을 알아차렸다. 그때 한 친구가 부르자 딸아이는 친구에게 달려갔다.

CHAPTER 21
좌절감을 견디지 못하는 아이

❝

네 살짜리 아들이 아빠 근처에서 열두 조각의 퍼즐을 맞추고 있다. 아들은 퍼즐 세 조각을 맞춰 놓고, 다른 조각들을 맞추려고 이리저리 대본다. 아들을 본 아빠는 이렇게 말한다. "그 조각은 거기 안 맞아. 색이 다르잖아!" 아들은 아빠를 바라보며 퍼즐 조각을 집어던진다. "난 퍼즐 못 해! 이거 싫어!" 이런 일이 있은 지 얼마 후 상담을 온 이 아빠는 아들이 뭔가를 하다가 어려워지면 쉽게 관두는 성향이 있다고 했다. 그럴 때마다 아들은 자리를 뜨거나 부모한테 그 부분을 대신 완성해 달라고 고집을 부린다고 한다.

❞

———————— 배움은 역설적이게도 모르는 것이나 실수, 투쟁을 더 많이 포용할수록 성장이나 성공, 성취의 발판을 더 크게 마련한다. 이는 어른과 아이 모두에게 적용된다. 어려움은 있기 마련이라고 생각하고, 실수를 배움의 기회로 받아들이고, 좌절을 인내

하는 힘을 기르는 것이 중요한 이유다. 결국 아이가 좌절감을 더 많이 견딜수록 어려운 퍼즐에 더 오래 매달릴 수 있고, 어려운 수학 문제와 씨름하거나 글쓰기에 더 깊이 몰두할 수 있다. 물론 이러한 기술들은 배움의 영역 밖에서도 통한다. 좌절감을 견디는 힘이 기대에 어긋나는 일을 감당하거나, 의견이 다른 사람들과 효과적으로 소통하거나, 개인의 목표에 매달리는 데 중요하기 때문이다.

만약 자녀가 좌절감을 견디는 인내심을 기르기 바란다면, 부모부터 자녀의 좌절을 보고 인내할 수 있어야 한다. 불편한 사실일 것이다. 부모인 내가 아이의 좌절감을 대하는 방식을 아이는 그대로 배우고 있고, 이를 토대로 아이 자신도 좌절감을 대하는 방식을 만들어 간다. 어떤 문제를 두고 아이가 씨름하고 있을 때 부모가 이를 의연하게 바라봐 줄수록, 즉 부모가 해결해 주기보다 아이 스스로 문제를 해결하게 할수록 아이도 자신의 투쟁을 자연스럽게 받아들인다.

부모가 수학과 씨름하는 것을 자연스럽게 생각하면, 아이도 아무렇지 않게 수학과 씨름하게 된다. 부모가 아이의 신발끈 매는 과정을 인내심을 가지고 지켜봐 주면, 아이도 이 새로운 기술을 참을성 있게 연습하려 한다.

좌절감은 참 답답할 정도로 관리하기 어렵다. 좌절감은 아이와 어른 모두를 "난 할 수 없어!" "더는 시도하고 싶지 않아!"라는 소용돌이에 빠뜨리면서 감정적으로 무너뜨린다. 그래서 좌절감을 인내하려면 그 순간 벌어지는 일에 도망치지 않고 발을 붙이고 서야 하고, 어떤 일을 어떻게 접근해야 할지 모를 때조차 괜찮다고 느끼면서 결과 대신 과정과 노력에 집중해야 한다.

이런 일은 우리가 '성장형 사고방식(growth mindset)'을 가지고 세상을 항해할 때 훨씬 더 쉽게 실천할 수 있다. 성장형 사고방식이란, 능력은 노력과 학습, 꾸준함을 통해 길러질 수 있고, 실패와 투쟁은 배움의 적이 아니라 배움으로 향하는 중요한 요소라고 보는 사고방식이다. 심리학자 캐롤 드웩(Carol Dweck)이 처음 소개한 개념인 성장형 사고방식은 도전을 수용하고 아이가 좌절을 견딜 수 있는 힘을 길러 주는 틀을 제공한다.

반면에 '고정형 사고방식'을 지닌 사람들은 능력을 타고나는 것으로 본다. 어떤 것은 할 수 있고 어떤 것은 할 수 없다고 믿어서, 만약 어떤 일에 실패한다면 그것은 당신이 결코 그 일을 할 수 없다는 의미로 받아들이는 것이다.

놀랄 것도 없이 성장형 사고방식을 수용하는 아이(그리고 어른!)는 도전을 환영하고, 실수로부터 배우고, 힘든 일을 더 오래 견딘다. 힘든 일이 성장으로 이끌어 준다고 믿기 때문이다. '성공'에 덜 집착할수록 우리는 새로운 것을 시도하고, 발전하고, 성장하려고 할 것이다. 물론 그것들은 모든 종류의 성공에 있어 핵심 요소들이다.

성장형 사고방식의 가장 좋은 점 중 하나는 배움을 위한 인내심을 기른다는 것이다. '배움을 위한 인내'라는 말이 이상하게 들릴 수 있다. 아이들은 매일, 하루 종일 배우고 있다. 배움이란 쉬운 일이 아니다. 시작점은 '모름'이고 끝점은 '앎'인 시간선이 있다고 상상해 보라. 그 두 점 사이의 모든 공간이 '배움'이다. 우리는 예상한 것보다 더 오래 배움의 공간에 머무르게 된다. 앎이라는 끝점이 빨리 다가오기를 바라거나, 실패와 그에 따른 당혹감을 감수할 필요가 없는 모름이라는 시작점으로 후퇴하기를 바라기도 한다. 이렇듯 배움은 자신의 연약함을 바라보게 한다.

내 자녀가 훌륭한 학습자가 되도록 도우려면, '모르더라도 여전히 배우는' 공간에 앉아 있을 수 있게 도와야 한다. 부모로서의 우리 역할은 자녀가 학습 공간에서 벗어나 앎의 공간으로 직행하도록 돕는 것이 아니라, 배움의 공간에 '머무르는 법'을 알게 해서 모른다는 사실을 참아낼 수 있게 돕는 것이다! 부모는 자녀의 문제를 직접 해결해 주거나, 자녀의 분투를 가볍게 보는 대신, 아이의 분투하는 모습을 인내심을 가지고 지켜봐 주어야 한다. 아이가 그 중간 지대에 오래 머물수록 호기심과 창의력이 생기고, 힘든 일을 견디며, 다양한 아이디어를 추구할 수 있다.

좌절을 못 견뎌 난폭해지는 아이를 바꾸는 전략

심호흡하기

좌절할 때 우리가 할 수 있는 가장 좋은 것 중 하나는 심호흡이다. 심호흡은 우리의 신경계를 진정시킨다. 그리고 다른 대처를 적용하기 위한 발판을 마련한다. 아이가 좌절하는 것 같으면 "숨을 크게 쉬어 봐"라고 말만 하지 말고 직접 시범을 보여 주자.

세 살짜리 아이가 음식을 포크로 가져 가려다가 실패해서 짜증을 내면, 옆을 돌아보고 소리가 나게 몇 번씩 숨을 들이마시고 내쉬어 보라. 여섯 살짜리 아이가 글자의 소리를 배우려고 고군분투하고 있으면, 아이 옆에서 심호흡을 몇 번 해 보자. 아이는 부모와 함께 호흡을 가다듬으면서 스스로 조절하는 법을 배운다.

심호흡을 하면 좌절감 주변에도 안전과 평정이 존재할 수 있음을 알게 된다. 두말할 것도 없이 심호흡은 우리를 진정시킨다. 이는 우리가 짜증을 내거나 발끈할 가능성이 작아진다는 의미다.

구호 만들기

나는 구호를 아주 좋아한다. 구호는 우리를 좌절하게 만드는 사건처럼 격하고 압도되는 감정을 치워 버리고, 배움에 집중할 수 있는 작고 다루기 쉬운 무언가를 제공한다. 그 결과, 아이는 매우 안정감을 가질 수 있다.

"아빠가 여섯 살 때 뭔가 어렵게 느껴지면 너무너무 좌절하곤 했어! 기분이 정말 안 좋더라고. 그때 아빠의 아빠, 그래! 할아버지! 할아버지가 이런 말씀을 해 주셨어. 할아버지는 좌절감이 들면 가슴에 손을 얹고 숨을 크게 들이마시면서 이렇게 혼잣말을 하셨대. '이게 원래 힘든 일이지, 내가 못하는 게 아니야!' 그래서 아빠도 혼자서 그렇게 말하기 시작했어! 너도 그렇게 해보고 싶으면 해 봐. 아주 좋을 수도 있어. 한번 보여 줄게."

어린아이를 위한 구호로는 이런 것들도 있다.

"난 할 수 있어." "난 도전하는 게 좋아." "난 어려운 일도 할 수 있어." "이 일은 하기 힘들어. 그래도 난 계속할 수 있어."

좌절감을 실패가 아닌 배움의 신호로 재구성하기

나는 내 아이들이 어릴 때부터 이런 말을 건네 왔다.

"뭔가를 배우는 게 어렵다는 거 몰랐지? 누구나 뭔가를 처음 배울 때는 실패하고 잘 안 되어서 속상해해."

만약 아이가 내 말을 받아들이는 것 같으면, 나는 말을 이어갔다.

"좌절감은 '난 이거 못 해!' '난 이거 그만하고 싶어!' 이런 거야. 이런 느낌은 뇌에다 내가 잘하지 못해서 그런 거라는 잘못된 신호를 보내. 근데 원래 뭔가를 배우려면 실패하게 되니까 그런 느낌을 받는 게 자연스러운 일이거든? 앞으로도 네가 뭔가를 하려고 할 때 이런 느낌이 들 수 있다는 걸 기억해 보자."

이 대화를 어떻게 일상에 적용할 수 있을까? 아이가 옷을 입으려는데, 나는 아이가 옷을 입으면서 좌절할 수 있다는 걸 알고 있다고 해 보자. 그러면 아이가 옷을 입기 시작하기 '전에' 이렇게 말할 수 있다.

"옷을 입으려는구나. 그 답답한 기분에 대비해 보자."

그러고 나서 나는 아이가 자연스럽게 듣도록 중얼거려 본다.

"새로운 일은 항상 힘들게 느껴져. 그런데 난 힘든 일도 할 수 있어."

성장형 사고방식의 가족 가치관 나누기

한 가족으로서 투쟁이나 도전의 순간(자녀나 부모 자신이 마주한 그 순간)에 성장형 사고방식의 가족 가치관을 적용하면 도움이 된다. 다음은 내가 좋아하는 네 가지 가치다. 나는 종종 이것들을 우리 가족 전체가 볼 수 있게 거실이나 부엌에 적어 놓는다.

1. 우리 가족은 도전하는 것을 좋아한다.
2. 우리 집에서는 정답보다 얼마나 열심히 하는지가 더 중요하다.
3. 우리 가족은 모른다는 것이 새로운 것을 배우는 시작점이 된다고 본다. 우리는 배움을 좋아하기 때문에 "모르겠어"라고 말하는 순간을 환영한다.
4. 우리 가족은 어려운 일에 매달리면 뇌가 자란다는 사실을 기억한다. 그래서 우리는 두뇌 성장에 열중한다.

일단 가치관을 확립했으면, '실수'했거나 모르는 게 있을 때 가족 가치관에 대해 자주 이야기하라. 나는 요리할 때 가족 가치관을 큰 소리로 자주 외친다("이 요리는 망친 것 같아! 새로운 요리법이라서 확실히 어려웠지만, 다음에 더 맛있게 만들 방법을 배운 기회였어!"). 좌절은 아이를 매우 '외롭게' 하고 자신이 '별로'라고 느끼게 할 수 있다. 그러므로 당신이 투쟁하는 모습과 인내심을 더 많이 보여 줄수록, 아이는 그것을 더 많이 흡수하게 될 것이다.

성공하는 기술보다 감정에 대처하는 기술 적용하기

좌절을 인내한다는 것은 모름과 앎 사이의 공간, 그 시작과 끝 사이에 자리할 수 있는 능력이다. 그래서 우리는 자녀에게 성공을 위한 기술보다 힘든 감정에 대처하는 기술을 키워 주려 한다. 그래야 아이가 성공에 이르기 전에 마음껏 노력할 수 있다. 이를 실천하는 것은 부모의 마음 먹기에 달려 있다. 자신에게 이렇게 말하라.

"나는 아이에게 셔츠를 수월하게 입는 법을 가르칠 것이 아니라, 그게 잘 안 될 때 참는 법을 가르쳐야 한다."

"나는 아이에게 수학 문제를 잘 푸는 법을 가르칠 것이 아니라, 수학 문제를 풀면서 감정을 다루는 법을 가르쳐야 한다."

감정 예방 접종, 실제 상황 연습, 투쟁에 공감하는 대화 나누기

감정 예방 접종은 인내심을 키우는 핵심 전략이다. 좌절감이 들 것을 예측하면 아이가 마음의 준비를 하는 데 도움이 되기 때문이다. 실제 상황 연습하기도 효과가 좋은데, 기술을 미리 연습할 수 있어서다. 예를 들어 팔찌에 구슬을 끼울 때 아이가 어떤 좌절감을 느낄지 예측한 다음, 구슬을 끼우는 척하다가 잠시 멈춰서 심호흡을 하고, 구호("난 힘든 일을 할 수 있어")를 말하는 식이다. 다가올 힘든 순간에 대비해 아이의 신경계를 준비시키고, 도움이 되는 대처 방법까지 미리 세워 두는 것이다.

마지막으로 당신이 좌절했던 순간을 자녀와 나누거나, 심지어 실제로 그런 순간에 좌절하는 모습을 보여 주면 자녀가 투쟁 속에 홀로 남겨진 기분을 덜 느끼도록 도울 것이다. 힘들어하는 사람 하나 없는 환경에서 나만 홀로 좌절감을 견디며 무언가를 배우기란 어려운 일이다. 감정 예방 접종과 투쟁에 공감하는 대화 전략에 대해서는 11장에서, 실제 상황 연습하기에 대해서는 19장에서 자세한 내용을 알아보기 바란다.

일상에서 어떻게 적용할까?

퍼즐 맞추기가 잘 안 된다고 좌절한 아들을 보면서 아빠는 먼저 자기 몸을 진정시켰다. 그리고 아들에게 이렇게 말하면서 상황을 바로잡았다.

"아들, 아빠가 아까 기분이 너무 안 좋았어. 그건 아빠 기분이지 네 기분이 아닌데 그렇게 대해서 미안해."

몇 분 후, 아빠는 아들과 대화할 기회를 포착하고 이렇게 말했다.

"퍼즐은 원래 어려워! 맞추기 힘들게 만들어졌어. 아빠가 그걸 충분히 말해 주지 못한 것 같아. 뭔가 잘 안 되면 자신이 잘못해서라고 생각하는데, 사실 그건 우리가 제대로 하고 있다는 의미인 거지!"

아들이 답했다. "몰라. 난 안 할 거야." 아들이 쉽게 넘어가지 않는다. 이제는 성공이 아닌 대처하는 법을 가르쳐야 한다는 걸 기억했다. 아빠는 조용히 퍼즐 몇 조각을 집어 들고 힘든 척 연기를 하며 큰 소리로 말한다.

"어휴, 이거 어려운데!"

아빠는 아들이 "아빠, 일부러 그런 척하는 거 다 알아"라고 말할 줄 알았지만 그러지는 않았다. 아직은 아들이 마음을 추스르는 중인 듯해 아빠는 응원의 말을 노래처럼 흥얼거리며 퍼즐을 맞춰 보았다.

"이게 아니면~ 다른 데 놔 보고~ 그래도 아니면~ 다른 조각을 시도해요~"

아빠는 한 조각을 내려놓고 다른 조각을 시도하는 유연한 모습으로 시범을 보였다. 아들은 결국 아빠에게 다가가 퍼즐의 마지막 조각도 맞춰 달라고 부탁했다. 아빠는 이것도 중요한 수확이라고 여겼다.

CHAPTER 22
편식하고 식습관이 안 좋은 아이

“

다섯 살 난 딸은 과자를 좋아한다. 엄마아빠는 아이가 제대로 된 식사를 하게 하려고 늘 고군분투한다. 오후 4시, 아이가 엄마에게 말한다. “배고파요! 먹을 것 좀 주세요. 과자! 저 크래커 주세요!” 엄마가 과자가 있는 수납장으로 달려가는 딸에게 말한다. “곧 저녁 식사 시간이야. 그때까지 기다리자.” 그러나 이내 배고파하는 아이를 보기 힘든 엄마는 이렇게 말한다. “좋아, 알았어. 이따가 저녁 식사를 맛있게 먹겠다고 약속하면 줄게.” 딸은 그러겠다고 약속한 다음, 간식을 먹는다. 막상 저녁 시간이 되니 아이는 역시나 식사를 깨작깨작하고 만다. 엄마는 화가 난다.

”

—————— 자녀의 식습관은 부모에게 많은 걱정을 안겨 준다. 자녀를 먹이는 과정이 부모의 감정을 유독 자극하는 이유는 어쩌면 그것이 아이를 기르고, 아이가 잘 자라는 데 필요한 것

을 채워 주는 부모의 능력을 보여 준다고 생각해서다. 결국 부모의 주된 역할은 자녀를 살아 있게 하는 것이니 말이다. 어떻게 보면 자녀가 얼마나 많이 먹고, 무엇을 먹느냐가 부모의 역할을 얼마나 제대로 하고 있는지 보여 주는 척도가 되는 듯하다.

아이가 저녁 식사를 안 먹겠다고 하면, 부모는 마치 아이가 "나는 당신이 제공하는 것을 받아들이지 않겠다. 나는 그 음식을 거절하고, 당신도 거절한다!"라고 말하는 것처럼 느낄 수 있다. 반대로 아이가 브로콜리를 먹는 것을 보면, 부모는 마치 아이가 "난 나를 생존하게 하려는 당신의 노력을 받아들입니다. 나는 음식을 받아들이고, 당신도 받아들입니다!"라고 말하는 것처럼 느낄 수 있다. 부모가 아이에게 먹어야 할 것과 먹지 말아야 할 것을 이야기하는 것이 자기가 일을 잘하고 있는지, 부족한 점은 없는지, 아이가 부모가 제공하는 것을 기꺼이 '받아들이는지' 아닌지를 확인하는 과정인 듯하다.

양육과 먹이는 것이 이렇게 깊이 연관되어 있음을 이해하는 것이 식사 시간의 긴장을 줄이는 첫 단계다. 이러한 이해가 실제로 일어나고 있는 문제와 이 문제를 마주하는 감정을 분리해서 바라보는 데 도움을 준다. 그리고 우리가 두려움과 불안보다는 앞에 놓인 상황을 기반으로 개입하는 데도 도움이 된다.

자녀와 음식을 두고 벌이는 상호작용은 더 심오한 문제도 보여 준다. 신체의 주권에 관한 문제나 통제권이 누구에게 있는지 식사를 중심으로 나타난다. 아이가 식사 시간에 "배 안 고파요." "이거 안 먹어, 먹기 싫어" "파스타만 먹을 거야"라고 할 때, 아이는 사실 이렇게 질문하고 있는 것이다. "부모는 무엇을 책임지고, 아이는 무엇을 책임지는 건가요?" "제가 언제 스스로 결정을 내릴 수 있을까요?" "저를 믿으세요?" 아이는 자신이 독립적이라는 걸 느끼기 위해 경계를 넓히고, 부모의 선택에 반발하고, 불가능한 선택을 하겠다고 한다. 물론 식사 시간 외에도 아이가 하는 일은 대부분 그러하다.

이 두 가지 갈등, 그러니까 부모의 불안이라는 내적 문제와 신체 주권이라는 외적 문제는 궁극적으로 교차한다. 아이가 음식을 두고 정해진 경계를 밀어내거나 완전히 거부하면 부모는 '나쁜 부모'가 된 것 같다. 그러면 부모는 다시 '좋은 부모'인 것처럼 느끼려고 아이를 통제하는 데 집중하게 된다. 아이는 통제된다고 느끼면 느낄수록, 독립을 주장하기 위해 부모의 통제를 거부하거나 밀어내는 데 더욱 매달릴 것이다. 이는 부모를 더 절박하게 하고, 권력 투쟁을 심화시키며, 모두를 좌절하게 한다.

어떻게 하면 이 악순환을 끊고 가족이 더 기분 좋게 느낄 수 있는 음식과 식사의 패턴을 확립할 수 있을까? 나는 그 답을 영양사이자 심리치료사인 엘린 새터(Ellyn Satter)의 선구적인 작업에서 찾을 수 있다고 본다. 엘린 새터는 식사를 둘러싸고 '책임 분담(Division of Responsibility)'이라는 개념을 만들어냈는데, 그 내용을 요약하면 다음과 같다.

- **부모의 역할:** 어떤 음식을 언제, 어디서 제공할지 결정한다.
- **자녀의 역할:** 제공되는 음식의 섭취 여부와 그 양을 결정한다.

엘린 새터가 제시한 이 개념은 건강한 식습관을 키워 나가게 하면서도 자기 조절과 자신감, 합의 등 훨씬 더 많은 것을 뒷받침한다. 당신은 이 '책임 분담 모델'이 이 책의 3장에서 소개한 가족의 역할 원칙과 상당히 비슷하게 들린다는 것을 알아챘을 수도 있다. 나는 가족 체계가 모든 구성원이 자기 역할을 알고 있을 때 더 잘 작동한다고 믿는데, 엘린 새터도 가족 구성원이 각자 '자기 역할을 해나갈' 때 음식뿐 아니라 신체 건강에 있어서도 잘 관리할 수 있다고 보았다.

엘린 새터는 부모가 먹는 것에 대한 경계를 책임져야 한다고 말한다. 여기서 경계란 무엇을, 언제, 어디에서 먹느냐를 말한다. 기본적으로 부모가 먼저 등장한다. 부모는 기본 결정을 내리고 선택지와 한계를 설정한다. 그 이후는 아이가 책임진다.

가족 체계에서 아이의 역할은 감정을 탐색하고 표현하는 것이다. 새터의 모델로 말하면, 아이는 식사 과정, 즉 입에 넣는 것, 삼키는 것, 먹는 양, 남기는 것 등을 통해 자신을 탐색하고 표현한다. 부모는 그릇처럼 바깥 가장자리를 만들어 주지만, 그릇 안에서는 아이가 자유롭게 탐색하고 표현할 수 있다.

새터의 책임 분담 개념을 내가 좋아하는 이유가 또 있다. 아이가 잘 먹지 않더라도 부모의 역할을 잘 수행했다고 느끼도록 안내한다는 것이다. 부모는 자신에게 이렇게 말할 수 있다.

"내 일은 언제 어디서 무엇을 하느냐야. 나는 내 할 일을 잘했나? 그래. 난 닭고기와 파스타, 브로콜리를 준비했어. 나는 저녁 시간을 오후 5시 30분으로 정했고, 우리는 식탁에서만 식사하기로 했어. 그렇네, 난 다 했네. 잘했어!"

물론, 부모의 마음은 당연히 "아들이 면만 건져 먹고 고기랑 채소는 안 먹었는데, 내가 뭘 잘못하고 있는 건가?"와 같은 질문으로 심란해질 것이다. 바라건대, 이때 내적 경보가 울렸으면 한다.

"아, 그건 아이가 할 일이야! 그 결정은 아들이 내린 거지. 내 역할로 돌아가자. 나는 내 일을 계속할 거고 아들도 자기 일을 할 거라고 믿자. 난 내 일을 잘 해내고 있어."

나는 음식을 둘러싼 불안을 최소화하는 것이 음식을 소비하는 것보다 더 중요하다고 생각한다. 예외가 있을까? 물론이다. 자녀의 건강에 문제가 있거나 의사가 자녀의 식사와 관련해 문제를 제기한 특수한 경우는 다르다. 하지만 그런 상황에도 먹는 동안 아이의 감정에 주의를 기울이는 것은 여전히 중요하다. 결국 식탁은 아이가 어떻게 느끼는지 들여다볼 수 있는 창으로, 우리가 자녀의 행동(먹는 것)을 관찰할 수 있는 또 하나의 공간이다. 언제나 그렇듯이, 아이에게는 탐험하고 실험하고 잘 자랄 수 있도록 경계를 설정해 주고, 개성을 신뢰하고 존중한다고 표현해 줄 부모가 필요하다.

자기 뜻대로 먹겠다고 고집하는 아이를 바꾸는 전략

구호 말하기

불안에 휩싸일 때 구호가 안정을 찾도록 도와준다고 이 책에서 여러 번 말했는데, 이는 아이뿐 아니라 부모에게도 해당한다. 만약 자녀가 음식을 대하는 모습을 지켜보자면 불안해지거나, 아이의 식생활을 통제하는 것을 포기하기 어렵다면, 구호를 사용해 부모로서의 역할과 집중해야 할 일을 떠올린다.

"내가 해야 할 유일한 일은 '무엇을, 언제, 어디서'야. 난 할 수 있어."

"아이가 무엇을 먹는지가 가장 중요한 것은 아니야. 나는 내 일을 잘하고 있어. 우리 애는 괜찮을 거야."

"아이가 얼마나 먹느냐가 내 양육의 평가 척도는 아니야."

식사에서의 역할 설명하기

자녀에게 아이가 맡은 일과 맡지 않은 일이 무엇인지 알려주고, 엘런 새터가 말한 책임 분담 개념도 공유하면서 아이가 자신의 역할을 이해할 수 있게 하자.

"엄마가 오늘 재미있는 것을 배웠어. 식사에서 너의 역할이 있고, 엄마의 역할이 있대. 언제, 어디서, 무엇을 먹을지 결정하는 건 엄마 일이래. 그러니 엄마도 네가 좋아하는 것을 하나라도 더 준비하려고 노력해 볼게. 너의 일은 엄마가 준비한 것을 먹을지 말지, 얼마나 먹을지 결정하는 거야. 그건 네가 네 몸에 들어가는 것을 선택할 수 있다는 의미이고, 또한 너는 엄마가 그날 먹기로 정한 메뉴 외에 다른 것을 달라고 졸라서는 안 된다는 말이기도 해. 엄마는 우리가 뭘 먹을지 고를 수 있지만, 너한테 억지로 더 먹으라고 하거나 다 먹으라고 강요하지 않을 거야."

후식 전략 세우기

후식을 먹는 올바른 방법은 없다. 핵심은 부모가 부모의 역할을 바탕으로 결정을 내려야 한다는 것뿐이다. 후식을 둘러싼 모든 것은 부모가 결정한다. 후식이 제공되는지, 된다면 무엇인지, 언제 제공되는지 말이다. 그다음은 아이가 할 일이다.

아이에게 밥을 많이 먹어야 후식을 주겠다고 하는 식으로 식사와 후식을 결부시켜서는 안 된다. 그것은 부모가 아니라 아이의 영역이다. 아마 당신은 이렇게 말하고 싶을 것이다. "우리 아이는 후식만 먹겠다고 해요. 밥을 얼마나 많이 먹을지와 후식을 연관해서 말하지 않으면 아이는 저녁을 전혀 먹지 않으려 할 거예요!"

지금이 책임 분담 모델이 효과가 있는지 확인할 좋은 기회다. 효과가 있다면 후식에 대해 몇 가지 해야 할 일이 있다. 저녁 식사에 간단한 후식을 곁들여 보는 것이다. 후식을 담아 식탁에 같이 내놓으면 된다. 실용적인 관점에서 나는 후식을 너무 많이 내놓아서 아이가 그걸로 배를 채우게 하지는 않을 것이다. 하지만 후식을 너무 미뤄서 탐나는 포상으로 설정하겠다는 생각도 좋아하지 않는다. 저녁과 함께 후식을 내놓으면 후식이 덜 흥미로워진다. 그러면 아이를 신뢰한다는 메시지를 은연중에 전달하면서도 시간이 지남에 따라 아이가 후식에 덜 집중하게 된다.

간식 전략 세우기

수납장에 들어 있는 바삭바삭하고, 짭짤하고, 맛있는 먹거리들, 우리 아이가 탐내는 것들, 다시는 사지 않겠다고 맹세하지만 결국 장바구니에 들어가는 것들을 먹는 데 정답은 없다. 어떤 부모는 간식을 먹이지 않고, 어떤 부모는 마음대로 먹을 수 있도록 하고, 어떤 부모는 그 중간에 있는 무언가를 한다. 간식에 관한 결정에는 우월한 것이 없다. 그러니 부모로서의 죄책감은 내려놓고 '나의 간식 전략이 우리 가족에게 효과가 있는가?'를 질문해 보라. '글쎄, 별로야. 아이가 저녁 식사를 더 많이 먹었으면 하거든.' '아니, 우리 아이는 과자가 아니면 안 먹어.' 이렇게 생각한다면, 새로운 간식 전략이 필요한 시점이다. 반대로 당신이 아이가 간식을 얼마나 먹든 개의치 않는다면, 당신에게는 효과가 있는 무언가가 있는 것이다.

만약 전략에 변화를 주고 싶다면, 당신의 역할이 '무엇을, 언제, 어디서'임을 떠올리는 게 중요하다. 자녀에게 허락을 구하지 않아도 된다. 그저 변화를 알리고 아이의 반응과 감정을 받아 주면 된다.

"엄마는 우리 집 간식을 바꿀 거야. 밥을 잘 먹어야 튼튼해지는데, 간식을 너무 많이 먹으면 밥을 충분히 먹을 수 없거든. 네가 유치원에서 돌아오면, 엄마는 △△와 ㅁㅁ만 간식으로 줄 거야. 여기에 익숙해지려면 시간이 좀 걸리겠지?"

아이의 반발 견디기

식생활에 변화를 주려면 부모는 의견을 밀어붙이고, 안 된다고 말할 수 있어야 하고, 아이가 불평하고 괴로워해도 참아야 한다. 이는 책임 분담 모델을 실행하는 데 있어 중요한 부분이다. 부모는 자신의 역할을 기꺼이 완수해야 하는데, 그 성패는 제약을 달가워하지 않는 자녀를 다루는 능력에 달렸기 때문이다. "괜찮아, 아이가 날 좋아하지 않아도 괜찮아!" 말이 쉽지, 식사 중에 배고프다며 짜증을 내는 아이를 참아 넘기기란 참 쉽지 않다.

다음은 도움이 되는 몇 가지 대화 예시다.

- 진실을 되새긴다. '내 역할은 음식을 제공하는 일이고, 아이가 할 일은 결정하는 거야. 아이가 좋아하는 음식이 아니어서 유쾌한 분위기는 아니지만, 우리 둘 다 제 할 일을 하고 있는 거야.'
- 동의가 필요하지 않다는 사실을 상기하라. '아이가 나한테 동의하지 않아도 돼.'
- 아이의 불만 표시를 허용한다. '불만스러울 수 있지.'
- 아이의 바람을 정확히 말해 준다. "넌 우리가 저녁으로 △△을(를) 먹었으면 좋겠구나." "우리가 뭘 먹을지 네가 선택하고 싶구나?"
- 자녀의 반발을 당신의 결정과 구분한다. '아이가 반발한다고 해서 내가 나쁜 결정을 한 것은 아니야. 내가 못됐거나 냉정한 부모라는 의미도 아니고.'
- 자신과 자녀 각자의 역할을 상기시킨다. "부모로서 엄마의 역할은 네가 좋아하지 않더라도 너한테 더 나은 결정을 내리는 거야."

일상에서 어떻게 적용할까?

식사 시간 전에 과자를 잔뜩 먹고는 식사를 거부하는 딸을 보면서 엄마는 이제껏 부모로서의 권한을 행사하지 못하고 아이에게 허락을 구해 왔다는 것을 깨닫는다. 분위기가 진정된 어느 주말 오전, 엄마는 딸에게 말했다.

"우린 뱃속에 저녁밥 먹을 자리를 남겨두어야 해서 간식에 변화를 좀 주려고 해. 그래도 크래커는 계속 먹을 수 있으니까 걱정하지 마. 저녁 식사할 때 네 접시에 좀 놔줄 거거든. 크래커가 저녁 식사에 같이 나오는 거지. 오후 3시쯤에는 과일이랑 치즈를 약간 줄 거야. 이렇게 바뀌는 게 힘들게 느껴질 수도 있어. 하지만 익숙해질 거야."

그날 오후, 딸이 또 크래커를 달라며 떼를 썼다. 엄마는 답했다.

"네가 과자 먹고 싶은 거 알아. 하지만 지금은 사과 몇 조각이랑 치즈만 먹을 수 있어. 그게 싫으면, 저녁 먹을 때까지 기다리면 돼. 불만이 생길 수 있어. 네 마음대로 하고 싶지? 그래도 우리 딸, 엄마가 네 옆에 있다는 거 잊지 마."

엄마는 딸이 새로운 간식을 안 먹겠다고 하면, 배고프지 않게 저녁 시간을 조금 앞당기겠다고 생각했다. 그러면서 뭔가 자신이 단단해지는 느낌이 들었다. '와, 이건 내가 영상시청 시간이나 장난감을 새로 사는 걸 두고 생기는 반발을 처리하는 방식이잖아. 나는 경계를 정해 주고 딸의 반응은 그대로 받아 주는 것 말이야. 이게 먹는 문제에도 효과가 있었네.'

CHAPTER 23

싫다는 아이에게 동의를 구하는 문제

❝

네 살짜리 딸과 일곱 살짜리 아들과 함께 부모님 댁에 방문했다. 손주들을 본 할아버지는 반가워하며 손자를 안아 주고 이어서 손녀에게 다가가는데, 이때 딸아이가 "안는 거 싫어요!"라며 도망친다. 할아버지는 손녀에게 다가가며 말한다. "이게 몇 달 만이냐! 할아버지 좀 안아 주렴! 안 그러면 할아버지 정말 슬플 거야. 할아버지 슬프게 할 거냐, 우리 강아지?" 이 모습을 지켜보는 엄마는 짜증이 나면서도 죄책감이 든다. 아버지가 상처받은 게 눈에 보이지만, 딸은 확실히 저항한다. 중간에서 엄마는 이 상황을 어떻게 해야 할지 모르겠다.

❞

자기 자신에게 이렇게 말해 보라.

"나는 내가 무엇을 원하는지, 무언가를 할 준비가 되었는지, 무엇이 나에게 옳다고 느껴지는지 아는 유일한 사람이다."

"나는 내 몸을 책임지고 있다. 나는 내 몸의 경계를 책임지고 있다. 누가, 얼마나, 언제 나를 만질지는 내가 정한다. 이전에 좋아했더라도 어떨 때는 원하지 않을 수 있다."

그리고 한 가지 더 있다.

"내가 원하는 바를 이야기했을 때 상대방은 그것을 좋아하지 않을 수 있다. 상대는 나의 주장을 존중하는 대신 자신의 요구를 말할 수 있다. 그러나 다른 사람을 행복하게 하는 것이 내 일은 아니다. 상대의 불편함은 상대의 감정이고, 그 감정을 다루는 것은 내 책임이 아니다."

좋다. 잠깐 멈추자. 당신 몸이 이 말에 어떻게 반응하는지 주목해 보라. 무슨 생각이 드는가? 당신이 어렸을 때 배운 것과 일치하는가? 현재 당신이 당신 몸에 관해 결정을 내리는 방식과 일치하는가? 당신이 아이였을 때, 십 대였을 때, 갓 성인이 되었을 때는 어떠한가? '신체 주권'의 문제가 자녀에게 어떻게 작용하는지 생각하려면 부모인 우리는 먼저 자신의 회로를 확인하고 이런 문제들이 나에게 어떤 감정을 불러일으키는지 알아야 한다.

부모가 신체 주권이라는 개념에, 혹은 자신에게는 내 몸을 완전히 통제할 권리가 있다는 생각에 공감하고 지키려는 것은 필연적으로 자녀에게 영향을 준다. 내가 내 몸에 관한 결정권자라고 느끼는 것은 학교나 책에서 배우는 것이 아니다. 그것은 바로 어린 시절의 경험에서 온다. 이는 한 가지 질문으로 요약되는데, 우리 자녀는 그에 대한 대답을 부모의 말이 아니라 부모가 어려운 상황에 대처하는 방식을 보고 배운다. 그 질문은 바로 이것이다.

"나는 다른 사람에게 싫다고 말해도 되는가? 상대가 화를 낸다고 해도?"

개인적으로 나는 우리 아이의 어휘 목록에 "싫어" "난 저거 안 해" "그만해"와 같은 말들이 있었으면 좋겠다. 그리고 어쩌면 더 중요한 것, 즉 이 말들을 사용할 수 있는 능력을 갖기 바란다. 뭐가 다르냐고? 우리 자녀는 청소년기에 접어들면 '싫어요'나 '하고 싶지 않아요'라는 말을 쓰게 될 것이다. 하지만 실제로 이 말을 둘러싼 경계를 유지할 수 있는 자신감은 유년 시절에 '부모와의 경험'에서 비롯된다. 어려서부터 자기 몸이 준비되었고 편안하다는 느낌에 주의를 기울이도록 격려받았는지, 아니면 다른 사람을 행복하게 하도록 자기감정은 밀어내라고 배웠는지에 따라 크게 달라질 것이다.

나는 지금 자녀가 조부모에게 안길지를 스스로 결정하는 문제만 두고 말하는 것이 아니다. 앞의 사례는 다른 사람을 기쁘게 하는 것과 자신의 신체 신호에 따라 행동하는 것 사이의 갈등에 대한 전형적인 하나의 예시다. 일상에서 자신의 마음을 살피고 결정을 내려야 하는 순간들은 아주 많이 존재한다. 그리고 이 순간들이 아이의 뇌에 회로를 만든다. 아이가 생일 파티에 참석하기를 주저하거나, 선의의 농담이라도 화를 내거나, 저녁을 얼마 먹지 않고도 배가 부르다고 하거나, 어두운 지하실이 무섭다고 하는 이 모든 순간은 뇌의 회로를 갖추는 순간이다.

아이는 항상 질문하는데, 그 질문 중 하나는 이것이다. "나는 내 몸 안의 신호를 누구보다 잘 아는가? 내 안에서 일어나는 일에 대해 다른 사람의 의견이 더 옳다고 봐야 할까? 나는 내 몸의 감각을 제대로 해석하는 걸까? 혹시 다른 사람에게 의지해야 제대로 해석할 수 있는 걸까?"

이제 다음 사례들에서 부모의 두 가지 응답, 즉 동의와 거절을 표현할 수 있는 능력의 회로를 심어주는 응답과 자기를 의심하는 회로를 심어주는 응답을 주의 깊게 살펴보라.

아이가 생일 파티에 참여하기를 주저한다면

- **동의의 회로:** "넌 지금 다른 아이들과 놀고 싶은지 확신이 없구나. 괜찮아. 천천히 해."
- **의심의 회로:** "무슨 말도 안 되는 소리야. 친구들이랑 어울려야지."

아이가 선의의 농담에 상처받았다면

- **동의의 회로:** "그 말이 안 좋게 느껴졌구나. 네 느낌이 그렇다면 그런 거야. 다시 말하지 않을게."
- **의심의 회로:** "너 왜 그렇게 예민해? 제발 좀 그냥 넘겨!"

아이가 저녁 식사 때 배가 부르다고 하면

- **동의의 회로:** "네 몸을 아는 건 너뿐이니까 네가 배부른지 아닌지는 너만 알 수 있어. 그런데 문제가 있어. 저녁 식사가 끝나면 상을 치울 거야. 다시 한번 확인해 보고, 네 몸이 뭐라고 하는지 알아봐.

지금은 배가 안 고파도 밤새 괜찮을지 확실히 확인해 보는 거야."

- **의심의 회로:** "배부르다는 게 말이 되니? 거의 먹지도 않았잖아. 여덟 수저만 더 먹고 식탁에서 일어나자."

아이가 어두운 지하실이 무섭다고 말하면

- **동의의 회로:** "어두운 지하실은 뭔가 무섭게 느껴지기는 하지. 네 느낌이 무섭다면 무서운 거야."
- **의심의 회로:** "넌 정말 별거 아닌 일로 유난을 떠는구나. 여긴 그냥 지하실일 뿐이야."

동의의 회로들을 보면, 어른은 아이의 경험을 믿어 준다. 아이가 특정한 방식으로 행동하도록 허락하는 것이 아니라, 아이의 감정적 경험을 인정하고, 그러한 반응이 나오는 이유가 있을 거라고 믿는다는 의미다. 의심의 회로들을 보면, 어른이 아이의 반응에 대한 정답을 정해 놓고는 아이가 표현하는 감정적 경험보다 부모의 정답을 더 강하게 요구한다.

아이는 "넌 네 자신을 몰라"라는 의미의 말을 반복해서 들으면 그에 반응해 자기를 의심하게 된다. 그래서 나는 모든 부모에게, 자녀에게 사용하는 어휘 목록에서 다음 단어들을 없애라고 권한다. '과장된' '유난스러운' '매우 예민한' '신경질적인' '특이한' '엉뚱한' 등. 이러한 단어는 당신이 아이들을 믿지 않는다는 암시를 건네고, 아이를 심리적으로 조종하게 만든다. 그러면 아이는 자기 자신을 믿지 못하게 된다.

이제 부모의 수치심을 확인해 보자! '내가 다 망쳐놨어.' '나는 세상에서 가장 나쁜 부모야.' 혹시 이런 생각이 드는가? 나도 그런 생각이 들었던 적이 있다. 그래서 그것이 얼마나 고통스러운지 안다. 손을 가슴에 얹고 똑바로 서서 심호흡을 몇 번 하라. 그리고 자신에게 말하라.

"나와 내 아이는 늦지 않았어. 내 반응은 내가 아이에게 신경 쓰고 있다는 표시지, 내가 나쁘다는 표시가 아니야. 새로운 것을 깊이 생각해 보고 시도하려는 내 의지는 이전에 물려받은 순환의 고리를 끊는 용감한 사람이라는 걸 말해 주는 거야."

무조건 싫다고 하는 아이를 바꾸는 전략

"네가 그렇다면 그런 거야"라고 말해 주기

동의의 회로를 만들어 가려면 먼저 자기를 신뢰하는 회로부터 만들어야 한다. 만약 아이가 자신과 자신의 감정을 믿지 못한다면, 자신에 대한 결정을 책임져야 하는 자신의 능력도 믿지 못할 것이다.

당신에게는 날씨가 완벽하게 좋은 것 같더라도 딸이 춥다고 하면 딸을 믿으라.

"춥구나, 네가 춥다면 추운 거지. 어떻게 해야 할지 생각해 보자."

아이가 간지럼 타는 것이 싫다고 하면 그 말을 믿으라.

"넌 간지럼 타는 게 싫구나. 네가 그렇다면 그런 거야. 말해 줘서 고마워. 이제 안 그럴게."

아이가 만화를 보며 무섭다고 말하면 그 말을 믿으라.

"이게 너한테는 무섭게 느껴지는구나. 네가 그렇다면 그런 거야."

"이유가 있겠지"라고 말해 주기

가끔 우리는 자녀에게 무슨 일이 일어나고 있는지 모를 때가 있다. 자녀가 화가 났다는 것은 알겠는데 무슨 일이 일어나고 있는지, 왜 기분이 나쁜지는 전혀 모를 때가 있다. 어쩌면 당신의 아들은 빨간색을 가장 좋아하는데도 어떤 날은 빨간 셔츠를 입기 싫다며 폭발할 수 있다. 당신이 9년 내내 일주일에 닷새를 일한 곳인데도 어느 날은 갑자기 출근하기가 더없이 싫은 날이 있는 것처럼 말이다.

이럴 때 나는 "이유가 있겠지"라는 말을 즐겨 사용한다. 이 말은 아이를 믿고, 아이의 경험을 인정한다는 의미다. 정확히 무슨 일이 일어나고 있는지 이해하지 못하더라도 말이다.

"이 빨간 셔츠가 유독 싫어진 이유가 있겠지."

"오늘 작별 인사를 할 때 기분 상하게 만든 뭔가가 있겠지."

부모가 자녀의 경험을 이해하지 못한다고 해서 그것이 진짜가 아닌 것은 아니다. 그럴 때 이러한 말을 건네면 아이와의 거리감을 줄이는 데 도움이 된다.

"네 몸은 네가 가장 잘 알지"라고 말해 주기

동의의 핵심은 나에게 무슨 일이 일어나고 있는지, 내가 무엇을 원하고 어떤 순간에 편안함을 느끼는지를 나만이 안다는 믿음에 관한 것이다.

"네 몸을 가장 잘 아는 사람은 너야. 네 마음도 네가 가장 잘 알겠지."

만약 아이가 "난 셔츠를 뒤집어 입는 게 좋아요"라고 말하면 이렇게 말할 수 있다. "네 마음은 네가 가장 잘 알지." 딸이 "전 분홍색을 안 좋아해요! 녹색이 좋아요"라고 말하면 이렇게 아이의 확신을 키워 주자. "네가 좋아하는 건 네가 잘 알지." 이렇게 덧붙일 수도 있다.

"넌 네가 무엇을 좋아하고 어떤 것이 좋은 느낌을 주는지 잘 아는구나."

"넌 정말로 너를 잘 아는구나. 진짜 멋진 걸."

소크라테스식 질문하기

나는 우리 아이들에게 동의라는 주제에 대해 생각해 보도록 만드는 질문을 즐겨 한다. 다른 주제들로도 그렇다. 아이는 스스로 생각하도록 격려받을 때 가장 잘 배우기 때문이다. 그렇게 하려면 질문하는 게 좋다. 특히 동의에 대한 질문이 생각할 거리가 많다.

당신이 아이와 '대화할 기회'가 생기면, 예를 들어 둘이서 분위기 좋고 조용하게 어울릴 수 있을 때, 자신의 욕구와 필요를 주장하는 것, 다른 사람들의 괴롭힘을 참아내는 것에 대해 함께 이야기를 나누어 보라. "재미있는 질문이 하나 있어!"로 시작한 후, 다음과 같은 질문을 건네 보아도 좋다.

"너한테 좋은 일을 하는 것과 다른 사람을 행복하게 하는 것 중 무엇이 더 중요할까? 동시에 두 가지를 다 할 수 없다면 어떻게 하지?"

"만약 네가 너의 마음을 따라 어떤 선택을 했는데, 그 선택으로 다른 사람이 화를 낸다면 어떨까? 그건 네 잘못일까? 네가 나쁘다는 의미일까? 그렇다고 본다면 왜 그렇다고 생각해? 아니라고 본다면 왜 아니라고 생각해?"

일상에서 어떻게 적용할까?

네 살 딸이 할아버지 품에 안기는 것을 거부하는 모습을 보면서 엄마는 동의의 회로를 떠올렸다. 엄마는 다른 사람이 속상해하더라도 아이가 자기 욕구와 필요를 주장할 수 있기를 바란다. 어린 시절부터 쌓인 이러한 경험이 성인이 되어서도 줄곧 작동하게 될 것임을 알기 때문이다. 엄마는 딸에게 말했다.

"할아버지를 안아 드리고 싶지 않구나. 그럴 수 있어. 네 마음은 네가 잘 아니까. 할아버지가 널 안아 주고 싶은데 그러지 못해서 슬퍼하시지만, 그래도 괜찮아. 거절하면 상대방이 기분 나빠할 수 있어. 그렇다고 해서 너의 마음을 바꿀 필요는 없어."

그러고 나서 아버지에게 다가가 말했다.

"아이들에게 자기 몸은 자기가 책임져야 한다고 알려 주고 있어요. 물론 이 방식에 아버지가 동의하지 않으실 수 있지만, 아이가 커서도 자기 생각과 주관을 가지려면 부모로서 이 부분을 가르쳐야 한다고 생각해요. 그러니 아버지가 저와 엇갈린 메시지를 보내지는 말아 주세요."

CHAPTER 24
자주 울음을 터뜨리는 아이

> 아빠는 일곱 살 된 아들이 야구단 모집에 들지 못했다는 연락을 받았다. 아빠는 아들에게 다가가 말했다. "네가 야구단에 들지 못했대. 그래도 다른 팀에 들어갈 수 있으니까 괜찮지? 다른 팀에도 친한 친구들이 있잖아." 아들이 눈물을 흘리기 시작한다. 아빠는 아들의 마음을 달래기 위해 무슨 말을 해야 할지, 아이의 관심을 딴 데로 돌려야 하는 건지 모르겠다.

다음은 간단한 객관식 문제다. 당신이 친구와 이야기하는 중이라고 상상해 보라. 그런데 뜻밖에도 당신은 눈물이 터지기 직전이다. 당신은 자신의 눈물이 어떻게 느껴지는가? 어떤 생각이 떠오르는가?

A. "난 울어야 할 이유가 없어! 이건 말도 안 돼."

B. "내가 울면 친구가 불편할 거야."

C. "지금 왜 눈물이 나려는 거지? 뭐가 내 마음을 건드린 걸까?"

당신은 어떤 생각이 눈에 띄는가? 울고 있는 자신에게 비판적인 느낌이 드는가? 친구의 반응이 걱정되는가? 아니면 자기감정에 대한 호기심이나 존중, 연민을 느끼는가?

눈물이 나오려 할 때 자신이 스스로를 어떻게 느끼는지 보면 과거로부터 쌓아 온 경험에 대해 많은 것을 알 수 있다. 앞의 질문에 대한 자신의 반응만 상상해 봐도 그간 자라면서 가족들에게 자신의 눈물이 어떻게 다루어졌는지 알 수 있다. 누구나 눈물을 흘리지만, 눈물에 대한 우리의 반응은 유년기에 발달한 회로를 기반으로 하기 때문이다.

눈물은 애착 체계에서 누군가의 정서적 지지와 연결이 필요하다는 것을 알리는 신호로 작용한다. 그리고 자신이 느끼는 감정과 그 감정의 순수한 강도를 나타낸다. 나는 가끔 내 눈물이 이렇게 말한다고 상상한다. "지금 내면에서 크고 격한 무언가가 일어나고 있어서 그걸 밖으로도 알려야 했어요. 지금 눈에서 흐르는 이 액체를 잘 알아차려 주세요."

눈물은 또한 아이의 연약함을 본능적으로 보여 준다. 이것은 부모를 매우 자극할 수도 있다. 아이의 눈물을 보고 부모의 마음에서 무언가가 건드려진다면, 그것은 어려서부터 무엇을 가두어 두라고 배웠는지 말해 준다. '우는 것은 창피한 일'이라는 수치심은 보통 세대를 거쳐 전해진다. 부모의 정서적 지원이 필요해서 우는 아이, 어려서부터 지지 욕구를 표현하지 말도록 배워 온 부모, 그리고 현재 자기가 받아온 경험대로 자녀에게 반응하는 부모가 있다. 그렇게 수치심은 대물림된다.

때로는 아이의 눈물이 부모의 내면에 있는 죄책감을 건드리기도 한다. 부모의 잘못이나 부모로서 부족해서 아이가 힘들어한다고 여겨지는 것이다. 이제 이렇게 진실을 떠올리자.

"몸은 거짓말하지 않는다. 눈물은 어떻게 느끼고 있는지에 대해 신체가 보내는 정직한 메시지다. 내 눈물이나 자녀의 눈물을 좋아할 필요는 없지만, 분명 존중해야 한다."

눈물에 대해 다룰 때마다 나는 이러한 질문을 받는다.

"'가짜 눈물'이나 '가짜 울음'은 어떤가요?"

이 질문에 나는 또 다른 질문으로 답하겠다. 왜 우리는 이 눈물을 가짜라고 부르는 걸까? 특정 상황을 해석하는 우리의 태도가, 부모로서 자녀에게 어떤 감정을 전하게 되는지 성찰할 필요가 있다.

어떤 눈물에 '가짜'라는 꼬리표를 붙인다는 건 눈물을 판단하는 것이다. 아이와 거리를 두고 아이가 부모를 조종하려는 '적'이라고 보는 것이다. 이런 생각이 아이에게 어떤 영향을 줄지 생각하면 오싹해진다. 우리는 아이가 최선을 다하고 있다고 믿어 주고, 인정해 주고, 열린 마음을 가진 부모로서 자녀에게 다가가고 싶어 하는 부모이지 않은가.

분명 아이의 내면은 선하다. 그렇다면 아이가 감정을 극대화해서 표현하려 할 때, 그 속에서는 무슨 일이 일어나고 있는 걸까? 이 질문은 호기심을 가지고 아이에게 다가가게 한다. 판단하는 대신 연결하려는 태도로, 아이와 같은 팀에 서게 만드는 말이다.

잠시 가짜 눈물을 생각해 보자. 무엇 때문에 어른인 내가 감정을 과장해서 표현하게 되는 걸까? 누구든 이런 적이 있을 것이다. 만약 내가 지금 내 감정이 심각하다는 걸 인정받고 내 욕구를 알리고 싶을 때, 누군가가 무관심이나 무효화나 무시하기로 나를 대한다고 느껴질 때 나는 여지없이 고조되어 강렬한 표현이 나올 것이다. 인정받고, 이해받고 싶은 마음이 간절해져서다. 이런 렌즈를 통해 가짜 눈물을 보게 되면, 우리는 겉으로 드러난 표현보다 충족되지 않은 근본적인 욕구에 더 관심을 가지게 된다.

"당신에게 무슨 일이 있군요. 내가 있으니 나한테 말해 봐요."

"당신이 얼마나 속상한지 알겠어요. 당신을 믿어요."

이런 말들이 눈물을 보는 순간에 건네야 할 강력한 대사 아닐까? 아이가 운다면 원하는 것을 다 들어주라는 말이 아니다. 우리는 두 가지 모두 가능하다는 것을 알고 있지 않은가? 부모는 아이를 공감하고 인정하면서도, 확고한 경계를 유지할 수 있다.

툭하면 눈물이 터지는 아이를 바꾸는 전략

눈물에 관해 대화하기

자녀가 울고 있지 않을 때 자녀와 눈물에 관해 함께 이야기해 본다. 책을 읽다가 등장인물이 슬퍼하는 장면이 나오면 잠시 이렇게 말할 수도 있다.

"얘는 슬퍼 보이네. 얘가 울까, 안 울까? 아빠는 슬프면 어떨 때는 울고, 어떨 때는 안 울거든. 어느 쪽이든 좋아."

당신이 울었던 때도 이야기해 보라.

"아빠가 네 나이였을 때, 아이스크림 트럭으로 아이스크림을 사러 간 적이 있었어. 할머니가 사먹어도 된다고 용돈을 주셔서 신나게 달려갔지. 그런데 아이스크림이 다 팔렸다는 거야! 오, 어떡해! 그때 아빤 울었어. 너무 실망했거든."

이 대화에서 우리는 우는 것이 수치스럽다는 생각을 없애게 된다. 결국 당신이 울었던 경험을 말하면, 심지어 정말 '사소한' 일로 울었던 경험을 아이에게 솔직하게 말하면, 아이는 자기 혼자만 울었다고 외로워하지 않을 것이다.

눈물을 중요하다고 생각하게 하기

나는 우리 아이들에게 이렇게 말한다.

"눈물은 우리 몸에서 무언가 중요한 일이 일어나고 있다고 말해주는 거야."

이렇게도 덧붙인다.

"요전에 TV를 보다가 울었는데, 그때는 왜 그런 건지 이해도 안 갔어! 때때로 우리 몸이 뇌보다 먼저 무언가를 알고 반응한대. 내 몸에서 뭔가 중요한 부분이 건드려지는 거야. 엄마는 왜 눈물이 나는지 이해할 수 없어도 괜찮다는 것을 알았어."

이것은 자녀에게 보내는 매우 강력한 메시지다. 때때로 우리 몸은 머리로는 이해되지 않는 것들을 알고 있다. 나는 어른들이 울음을 터뜨리며 "나 왜 눈물이 나는 거지? 내가 왜 이러지?"라고 자책하는 모습을 자주 봐 왔다. 자녀에게 우리의 눈물과 우리의 몸이 전하는 메시지를 잘 살피는 연습을 일찍부터 가르치면 아이의 정신 건강을 지키는 데 큰 도움이 될 것이다.

소크라테스식 질문하기

자녀와 함께 눈물을 드러내놓고 궁금해하는 시간을 갖고, 눈물이 나약함의 표시라는 일반적인 설명에 대해 깊이 생각해 보고 의문을 제기하도록 격려하자. 여기 몇 가지 기본적인 질문들이 있는데, 이것들은 모두 정답 찾기가 아니라 깊이 생각하도록 안내하는 것들이다.

"눈물이 우리에게 무엇을 말해 준다고 생각해? 눈물은 좋은 걸까, 나쁜 걸까? 아니면 좋지도 나쁘지도 않은 걸까?"

"눈물이 우리 몸에서 스트레스를 내보낸다는 거 알아? 흥미롭지?"

"우는 것을 싫어하는 사람들도 있어. 왜 그런 걸까?"

"남자아이나 여자아이나 울어도 될까? 어른이나 아이나 울어도 될까? 남자나 여자나 울어도 될까? 둘 다 똑같이 괜찮은가? 왜 그럴까? 넌 그걸 어떻게 배웠니?"

일상에서 어떻게 적용할까?

야구단에서 탈락해 울음을 터뜨린 아들을 보며 아빠는 심호흡을 하고 마음을 가라앉혔다. 그리고 눈물은 적이 아니고, 슬픔도 적이 아니며, 연약함도 적이 아니라는 사실을 떠올렸다. 감정에 휩싸였을 때 혼자 남겨지는 것이야말로 진정한 적이다. 그것이 가장 고통스러운 일이다. 그래서 아빠는 해결책이 아니라 아들과 함께 있어 주는 것이 위안이 됨을 상기하면서 아들에게 다가갔다.

"네가 정말로 그 팀에 들어가고 싶어 한 거 아빠도 알아. 많이 실망스럽지?"

그런 다음 잠시 멈추고, 눈물 흘리는 것을 부정적이라고 배워 온 자기 내면에게 말했다. '눈물 흘려도 괜찮아. 눈물은 중요한 거야.'

아들에게도 이렇게 말해 주었다.

"눈물은 몸에서 중요한 일이 일어나고 있다는 신호야. 엄마아빠는 네 마음이 어떤 말을 하는지 듣는 것이 가장 중요해. 그러니까 울어도 돼. 아빠가 옆에 있어 줄게."

아들은 더 크게 엉엉 울기 시작하고, 아빠의 마음에도 눈물이 고이는 듯했다. 아빠는 이것이 어릴 적 아버지와 갖고 싶어 했던 시간이었음을 깨달았다.

CHAPTER 25
자신감이 부족한 아이

> 여섯 살짜리 딸아이가 친구들과 술래잡기를 하고 있다. 운동 신경이 좋은 다른 친구들보다 약간 더 느린 딸이 계속 술래를 맡게 되는 상황이 이어진다. 딸은 친구들이 떠나자마자 엄마에게 다가와 울음을 터뜨리며 말한다. "친구들은 모두 나보다 빨라. 그래서 난 맨날 술래야. 내가 우리반에서 가장 느려!" 엄마는 아이가 속상해 하는 모습을 지켜보기가 힘들었다. 이럴 때 오늘은 그냥 일이 잘 안 풀리는 것이라고 해야 할지, 달리기는 못 해도 체스와 미술은 더 잘 한다고 말해 줘야 할지 고민이다.

흔히 자신감이란 기분이 좋거나, 자부심을 느끼거나, 스스로 행복하다고 느끼는 것을 의미한다고 배우는데 그렇지 않다. 자신감을 '자기 자신에 대해 좋게 느끼는 것'으로 정의하면, 우리는 아이에게 고통이나 실망감, 자신의 부족함에 대한 인식에서 벗어나라고 설득하게 된다. 이는 불행한 일이다. 나는 이런 식의 안내가 사실은 자신감을 파괴한다고 본다. 내가 생각하는 자신감은 '좋다'는 느낌이 아니라, 이렇게 믿는 것이다.

"나는 내가 지금 무엇을 느끼는지 알아. 이 느낌은 진짜고, 이런 감정을 가져도 돼. 이런 느낌이 들어도 나는 여전히 좋은 사람이야."

자신감은 내면에서 올라오는 여러 감정 속에서도 자기 자신을 편하게 받아들이는 능력, 자기 자신이 무엇을 느끼든 괜찮다는 느낌이다.

당신이 중요한 회의를 하고 있다고 해보자. 당신은 집중해서 따라가려고 노력하지만, 팀장이 무슨 말을 하는지 전혀 모르겠다. 이런 경우 자신감은 '자기 신뢰'에 관한 것이다. 마음속으로 이렇게 말할 수 있는 능력이다. '나는 지금 무엇을 하라는 건지 전혀 모르겠어. 완전 혼란스럽군. 난 내 느낌을 믿어. 그건 내가 나쁘다는 의미는 아니야.' 이렇게 생각을 정리하고 나서 말할 것이다. "잠깐만요, 제가 조금 혼란스러운데 제대로 이해했는지 확인해 보고 싶습니다. 우리 둘 다 같은 생각을 할 수 있게 그 부분부터 다시 시작할 수 있을까요?" 여기서 자신감 있게 당신의 생각을 말할 수 있었던 것은, 자신이 혼란스럽지 않다고 스스로를 설득하는 것이 아니라 혼란스럽다는 자신의 감정을 허용하는 데서 나온다.

부모는 아이를 위하는 마음으로 아이가 스스로에 대한 부족함과 그에 따르는 괴로움을 토로해도 인정해 주지 않는다. 아이가 슬플 때 행복해지도록 유도하거나, 실망할 때 자부심을 느끼도록 하는 것처럼 교묘한 방식으로 말이다. 우리가 아이를 현재 느낌과는 다르게 느끼도록 유도하려고 하면, 아이는 이렇게 배운다. '나는 내 감정을 잘 느끼지 못하는 것 같아. 나는 내가 속상한 줄 알았는데 내가 가장 신뢰하는 어른이 그건 큰 문제가 아니라고 말하네. 내 감정이 틀린 거야. 결국 다른 사람이 나보다 내 기분을 더 잘 알고 있구나.'

무서운 일이다. 자녀가 어른이 되었을 때 부모는 내 아이가 강한 내적 나침반, 즉 자기 몸 안에서 찾을 수 있는 '직감'을 갖기를 바랄 것이다. 직감은 애매한 상황에서 결정을 내릴 수 있게 해 준다. 너무 피곤해서 친구들 모임에 참석하지 않기로 하거나, 중요한 회의에 자신을 고의로 빠뜨린 동료에게 똑 부러지게 항의하는 것 같은 경우 말이다. 이런 종류의 자신감은 자신의 본능을 신뢰하는 것, 즉 '나는 내 감정을 신뢰한다'라는 자기 믿음에서 비롯된다. 나는 우리 아이들이 이렇게 말할 수 있기를 바란다. "나는 친구와 있었던 일로 화가 났어. 하지만 걔는 내가 과민반응을 하고 있고, 별문제가 아니라면서 나를 설득하려고 해. 걔가 어떻게 내 마음을 알 수 있겠어? 내 기분은 내가 알지! 그걸 알 수 있는 사람은 나밖에 없다고."

아이의 자신감은 부모가 아이 내면에서 표현하는 감정을 받아 주고 공감할 때 자란다. 슬픔이나 실망감, 질투심, 분노와 같은 힘든 감정에 공감해 주면, 아이의 자신감을 키우는 데 더 큰 효과가 나온다. 그러면 아이가 어떤 감정을 느끼든 '자기 자신'이 될 수 있다고 믿게 되기 때문이다. 이는 큰 선물 아닌가?

자신감 길러주기는 자녀에게 일이 '잘못'될 때 '적절한' 말을 해 주는 것뿐 아니라, 일이 '제대로' 될 때 건네는 말에 관한 것이기도

하다. 우리가 종종 자신감을 키워 줄 것으로 기대하지만 실제로는 방해가 되는 한 가지 유형의 조언이 있다. 칭찬이다. "잘했어, 얘야!" "넌 정말 똑똑하구나!" "넌 놀라운 예술가야!" 이런 선의의 말은 아이를 외부의 인정이나 다른 사람의 승인에 의존하게 만든다. 반면, 내적 인정은 우리가 자녀에게 권장해야 하는 것으로, 아이가 자신에게 인정을 구하는 과정이다. 아이가 긍정적 감정을 찾을 때 자기 내면을 들여다보는가, 타인의 반응을 구하는가의 차이다.

여섯 살짜리 자녀가 방금 그림을 그렸는데, 아이가 외부의 인정을 구한다면 부모를 찾아와 이렇게 물을 것이다. "이거 어때요? 마음에 들어요? 예쁘죠?" 반대로 내적 인정을 구한다면 그림을 가져와 이 그림에 대한 자신의 생각을 들려줄 것이다. 또 다른 예로 십 대 여자아이가 남자친구가 한 말 때문에 화가 났을 때, 아이가 외부의 인정을 구한다면 친구 다섯 명한테 이것을 '심각한 일'로 생각하는지 물을 것이다. 내적 인정을 구한다면 자신의 마음이 불편해졌음을 알아차리고 어떻게 말할지 결정할 것이다.

여기에 문제가 있다. 사실 누구나 외부의 인정을 추구한다. 외부의 인정을 좋아한다. 이것은 문제가 아니다. 우리의 목표는 다른 사람의 인정이나 의견을 외면하는 것이 아니라, 외부의 인정을 받지 못하는 상황에서도 공허하고 혼란스럽지 않다고 생각하는 것이다. 즉, 내면에 있는 아이의 본모습, '내면성'을 구축하는 것이다. 게다가 자신감은 외부의 인정이나 칭찬으로 만들어지지 않는다. 물론 그런 의견들을 들으면 기분이 좋지만, 결코 오래 남지 않는다. 그러고 나면 우리는 다시 자신을 좋게 느끼려고 다음 칭찬 한마디를 목마르게 기다린다. 이건 자신감이 아니라 공허함이다.

이제 짧은 칭찬의 말을 생각해 보자. 아이의 '내면'에서 일어나고 있는 일, 혹은 아이의 최종 결과가 아닌 처리 '과정'에 대해 논하는 것은 아이가 밖을 내다보는 대신 안으로 시선을 돌리게 한다.

"프로젝트를 열심히 하고 있구나."

"너는 이 그림에서 다른 색을 사용하고 있는 것 같은데, 이것에 대해서 말해 줘."

"어떻게 그렇게 만들 생각을 했어?"

이러한 말은 자신감이 생기게 한다. 다른 사람들의 긍정적인 말을 갈망하게 가르치는 대신, 자기가 하고 있는 일에 관심을 기울이고 자기 자신에 대해 더 많이 배우도록 가르치기 때문이다.

늘 나는 못해, 자신감 없는 아이를 바꾸는 전략

아이의 감정 인정하기

자신감이 어떠한 감정을 느껴도 괜찮다는 것을 아는 데서 나온다는 사실을 기억한다면, 당신이 자녀의 감정을 현실적이고 다루기 쉬운 것으로 보고 있음을 알려 줌으로써 아이는 자신감을 길러 갈 수 있다. 자녀의 감정을 정확히 말하고 인정해 주면, 자녀에게 그 감정이 괜찮다고 알려 주는 것이 된다.

- **아들이 등교할 때 엄마와 헤어지기 슬펐다고 말하면**: "엄마랑 헤어져서 혼자 학교에 가기가 슬펐지? 그럴 만해. 엄마랑 떨어지기가 힘들 때가 있어." ("하지만 학교에 가서는 금방 괜찮아졌지?"라는 말 대신 건넨 말)
- **딸이 축구 연습을 하러 가기 싫다고 하면**: "축구가 뭔가 약간 힘들게 느껴지는 때인가 보다. 그럴 수 있어. 어떻게 해야 할지 같이 생각해 보자." ("그렇지만 넌 축구를 좋아하잖니!"라는 말 대신 건넨 말)

칭찬 대신 "어떻게 그런 생각을 했어?"라고 묻기

아이가 한 '무언가'를 칭찬하는 대신 '어떻게' 했는지를 궁금해할 때, 아이가 자기 내면을 들여다보고, 자신을 궁금해하고, 심지어 자기가 한 일을 경탄하는 성향이 생기도록 돕게 된다. 결국 주변 사람 중 누군가가 내 상황을 물어봐 주고, 내 생각과 아이디어에 관심을 보일 때만큼 기분 좋은 것이 없다.

"너는 어떻게 이렇게 그릴 생각을 했어?"

"너는 어떻게 그런 식으로 이야기를 시작할 생각을 했어?"

"너는 어떻게 이 문제를 이렇게 풀 생각을 했어?"

"너는 어떻게 그런 재료들을 사용할 생각을 했어?"

아이에게 "어떻게 그런 생각을 했어?"라고 물으면, 아이가 한 일뿐 아니라 그렇게 한 과정에 관심을 보이게 된다. 이렇게 하면 아이의 내면에 '내 안의 것들은 흥미롭고 가치 있다'라고 선언하는 자기 신뢰가 쌓인다.

외적인 것보다 내적인 것 우선시하기

자신감 회로는 눈에 보이는 행동보다 '정체성'을 우선시하는 능력으로 만들어진다. 이런 능력은 아이가 '외적인 것'(성취, 결과물, 꼬리표)보다 '내적인 것'(변치 않는 자질, 감정, 생각)을 더 중요시하는 가정에서 성장하면서 생길 수 있다. 예를 들어 아이의 스포츠팀과 관련해 보면, 내적인 것은 연습하려는 아이의 노력, 이기고 질 때의 태도, 새로운 것에 도전하려는 의지일 수 있다. 외적인 것은 아이의 골인 수나 홈런 수, '최고 선수 선정'과 같은 꼬리표일 것이다. 학업과 관련해 보면, 내적인 것은 어려운 수학 문제와 씨름해 보려고 하고, 공부하는 데 시간을 내고, 어떤 주제에 대해 열정을 보이는 것일 수 있다. 외적인 것은 성적이나 시험 점수, '반에서 가장 똑똑한 아이'와 같은 꼬리표일 수 있다.

가족이 내적인 것에 더 집중할수록, 아이도 내적인 것에 더 많은 가치를 부여하게 된다. 이는 궁극적으로 자기가 무엇을 하느냐보다 자기가 누구인지를 더 중요하게 여기는 태도가 된다.

"넌 네 기분을 잘 알고 있어" "그렇게 느껴도 괜찮아"라고 말해 주기

만약 자신감이 '자기 신뢰'에 관한 것이라면, 아이에게 자신감을 길러 주기 위해서 자신의 감정을 믿는 것부터 가르쳐야 한다. 이것은 어른에게도 힘든 일이다. '내가 과민반응을 했나?' '이렇게 느껴도 괜찮은가?' '만약 다른 사람이 내 입장이었더라도 이런 기분일까?' 이런 질문들은 모두 자기 의심의 징후다. 그리고 이는 언젠가 감정 표현을 무시당하거나, 고립당하거나, 자기감정에서 벗어나라는 외부의 설득에 부딪힌 적이 있었다는 뜻이다. 부모로서 자녀의 감정 옆에 자기연민과 자기신뢰를 심어 주자.

"넌 지금 네가 어떤 기분인지 알고 있어."

"와, 넌 네 자신을 잘 아는구나."

이러한 말을 해 주면 아이는 그렇게 해낼 수 있다. 이렇게 반응하면 아이에게 판단이 아니라 열린 마음으로 내면을 바라보도록 가르칠 수 있다. 아이가 공원에서 친구들 무리에 끼지 못하고 당신에게 매달릴 때, 당신은 이렇게 말할 수 있다.

"아직 친구들과 함께 놀 준비가 되지 않았구나. 넌 지금 네가 어떤 기분인지 알고 있는 거야. 괜찮아."

자녀가 친구들 모임에 초대받지 못했다고 울면, 이렇게 말해 보자.

"실망했구나. 그런 감정이 들 수 있어."

일상에서 어떻게 적용할까?

달리기가 느려 매번 술래를 도맡는 딸을 보며 엄마는 자신감이란 괴로운 감정을 없애거나 다른 쪽으로 관심을 돌리게 하는 것이 아니라, 자신이 느끼는 감정을 받아 주는 데서 나온다는 사실을 떠올렸다.

"오늘 술래잡기를 하면서 뛰어다니기 정말 힘들었지? 매번 술래한테 제일 먼저 잡히면 기분이 참 별로지. 엄마도 알아. 그래도 엄마가 있잖아."

딸이 엄마 곁으로 다가와 더 크게 울었다.

"엄마가 네 나이였을 때 농구가 너무 힘든 거야. 다른 아이들은 바구니에 공을 잘 넣는데 엄마는 골대를 맞추기도 힘들었거든. 그래서 체육 시간이 진짜 너무 싫었어."

딸이 엄마에게 이야기를 더 들려달라고 했다. 마치 엄마의 이야기가 자기 기분에 공감해 주는 느낌이 들었나 보다. 솔직히 엄마는 어떤 해결책도 주지 못한 듯해, 이 방법에 확신이 들지는 않았다. 하지만 엄마는 아이에게 공감해 주고 싶었던 자신의 마음을 인정하고, 그 느낌을 믿기로 했다.

CHAPTER 26
완벽하지 않으면 못 견디는 아이

“

다섯 살짜리 딸이 유치원에서 내준 글쓰기 숙제를 하고 있다. ‘~하는 방법’을 주제로 네 문장을 만들어야 한다. 딸은 단어를 쓰면서 “철자가 이게 아닌데!”라며 지우고 쓰고 또 지우기를 반복했다. “그냥 네가 아는 대로 쓰면 돼. 선생님이 맞춤법은 좀 틀려도 된다고 하셨어.” 엄마의 말에 딸이 소리쳤다. “난 글 쓰는 게 싫어! 엄마가 철자 다 안 불러 주면 숙제 안 할 거야!” 엄마는 딸을 어떻게 도와야 할지 도무지 모르겠다.

”

―――――――― 일이 제대로 되어야 하고, “이만하면 됐어”를 용납하지 못하고, 자기가 상상한 대로 정확히 일이 진행되지 않으면 중단해 버리는 아이에게는 무슨 일이 일어나고 있는 걸까? 완벽주의 뒤에는 항상 감정 조절 투쟁이 있다.

“나는 세상에서 가장 그림을 못 그리는 사람이야!”라는 말 뒤에는 그리고 싶은 그림이 있었는데 막상 다 그리고 나니 마음에 들지 않는 아이가 있다. "난 수학이라면 진저리가 나"라는 말 뒤에는 잘하고 싶었지만 문제가 안 풀려서 당황하는 아이가 있다. "내가 팀을 실망시켰어"라는 말 뒤에는 경기를 잘했던 순간은 전부 잊고 실수한 순간만 계속 생각하면서 괴로워하는 아이가 있다. 각각의 경우를 보면, 실망감 즉 아이가 일어나길 바라는 것과 실제로 일어난 일 사이의 불일치가 완벽주의로 나타난다.

완벽주의는 감정 조절 투쟁의 신호이기 때문에 논리는 도움이 되지 않는다. 아이에게 그림이 훌륭하다거나, 수학은 누구나 어려워한다거나, 슛 한번 잘못한 것으로 실력 없는 운동선수가 되지 않는다고 설득해도 도움이 안 된다. 완벽주의라는 문제에 도움을 주려면 아이의 다루기 힘든 격렬한 감정과 과장된 생각, 흑백 논리 아래 놓인 감정을 봐야 한다. 그렇게 해야 아이 내면에서 벌어지는 일의 핵심에 도달해 아이가 감정을 다룰 기술을 갈고닦도록 도울 수 있다.

완벽주의 성향의 아이는 경직되기 쉽다. 기분과 반응이 극단적이기 때문에 종종 자기가 세상의 꼭대기 아니면 밑바닥에 있다고 느낀다. 이러한 아이의 자아 개념은 유난히 연약하다. 자신이 안전하고 행복하다고 느끼는 범위가 비교적 좁다. 그래서 자기가 원하는 대로 되지 않으면 멈춰 버린다.

멈추는 것("안 할 거야!" "난 끝났어!" "난 최악이야!")은 아이의 고집이 세거나 버릇없다는 표시가 아니라, 그 순간에 자신에 대해 좋은 감정을 가질 수 없다고 말하는 것이다. 부모인 우리의 목표는 그 범위를 넓혀 주어 완벽주의인 아이가 '중간 지대'에서도 살 수 있게 도와줌으로써 자기 가치를 극단적으로 높거나 낮게 보지 않게 하는 것이다. 완벽주의 성향의 아이가 완벽해지고 싶다는 욕구에 매달리기보다 만족할 만큼 기분이 좋을 수 있게 도와야 한다.

완벽주의자에게 행동은 정체성을 나타내는 지표다. 그들은 행동과 정체성을 분리할 수 없다. 완벽주의자가 자기 자신을 좋게 느낄 때든 나쁘게 느낄 때든 언제나 그렇다. 예를 들어 책 한 페이지를 완벽하게 읽는 것(행동)은 '나는 똑똑하다'(정체성)를 의미하고, 단어를 잘못 발음하는 것(행동)은 '나는 멍청하다'(정체성)를 의미하며, 처음으로 신발끈 묶는 것에 성공하는 것(행동)은 '나는 대단하다'(정체성)를 의미하며, 실뜨기를 망치는 것(행동)은 '나는 형편 없다'(정체성)를 의미한다.

완벽주의 성향의 아이를 도우려면, '하고 있는 일'과 '본모습'을 분리해서 보는 법을 알려 주어야 한다. 이는 중간 지대에 있어도 기분이 좋아지는 자유를 주는 것이다. 신발 끈을 처음 묶으려는데 잘되지 않거나, 책을 읽으려고 애쓰는 동안에도 내적으로 유능감을 느끼는 것 말이다. 완벽주의는 성공적인 결과에서만 자신을 인정하도록 만들기 때문에 아이뿐 아니라 어른도 배워 나가는 과정에서는 기분이 좋을 수가 없다.

완벽주의에 대해 주의해야 할 중요한 사항이 있다. 부모의 목표는 자녀를 완벽주의에서 벗어나게 하는 것이 아니라, 자녀가 자신의 완벽주의 성향을 알아차리게 돕는 것이어야 한다. 많은 부모가 자녀를 '완벽주의 성향에서 벗어나게' 해야 한다고 생각하지만, 그러면 아이의 어떤 부분을 중단시킬 때마다(특히 가혹하게) 그 부분이 나쁘거나 틀렸다는 메시지를 전하게 된다.

그보다는 완벽주의가 관제탑을 차지해서 아이의 감정과 행동을 주도하지 못하게 하고, 아이가 완벽주의와 더 나은 관계를 맺을 수 있도록 도와야 한다. 완벽주의에는 추진력, 결단력, 신념처럼 기분 좋게 느껴지도록 만드는 요소들이 있다. 그래서 우리는 완벽주의가 가하는 엄청난 압박에 무너지지 않고도 이러한 특성을 갖춰 나가도록 도와야 한다.

완벽주의로 힘들어하는 아이를 바꾸는 전략

실수하는 모습 보이기

자녀는 항상 부모를 지켜보면서 부모가 무엇을 소중히 여기는지, 가족에게 가장 중요한 것이 무엇인지 배운다. 완벽주의에 빠지기 쉬운 자녀를 두었다면, 자녀 곁에서 실수하고 투쟁하며 '중간 지대에 사는 모습'을 자주 보여 주자.

"오, 안 돼! 대표님한테 중요한 이메일을 보냈는데 오타가 너무 많네! 오, 안 돼, 안 돼. 이를 어째, 고치려고 했는데 못 했네."

그런 다음 자녀가 들어야 할 더 인상적인 메시지를 혼잣말처럼 전달한다. 가슴에 손을 얹고 큰 소리로 말한다.

"실수해도 괜찮아. 비록 실수할 때도 있지만 진짜 내 모습은 괜찮은 사람이야."

이는 행동과 정체성을 분리하고, 힘들 때도 내면의 선함을 인정해 주는 본보기를 보여 준다.

완벽주의가 만들어내는 감정에 관하여 이야기하기

아이가 완벽해야 한다고 주장하거나 뭔가 결함이 있다고 하면서 일을 중단해 버리면, 그 이면에 있는 감정을 읽어 주고, 그 감정에 관하여 이야기하거나 그 감정을 큰 소리로 말하는 연습을 하자. 이때의 목표는 완벽함에 가 있는 아이의 초점을 내면의 감정으로 옮기는 것이다. 아이는 자기감정을 느꼈던 경험을 토대로 자기 인식을 쌓으면서 조절력을 키우게 된다. “나만 정글짐을 못 해. 나는 놀이터에 절대 가지 않을 거야. 재미없어.” 아이가 이렇게 속마음을 털어놓으면, 그 아래 놓인 감정을 꺼내어 이야기해 보자.

“정글짐에 잘 올라가지 못하는 게 너한테는 꽤 중요하구나.”

“때때로 못 하는 게 하나 있으면 다른 재미까지 못 느끼게 돼, 그렇지? 하나라도 기분 좋지 않은 게 있으면 운동장에 있는 모든 활동이 재미없어 보이기도 하고.”

정서 조절을 위해 먼저는 마음을 정확히 읽어 주고, 아이가 자신의 상황을 어떻게 보고 있는지 말로 표현해 주면 된다.

간혹 이렇게 덧붙이고 싶을 수도 있다. “하고 싶지 않은 게 그거 하나면 괜찮아. 별거 아니네!” “상관없어! 넌 정글짐 말고 다른 놀이 기구에서는 재미있게 놀 수 있잖니!” 하지만 이런 식의 논리를 전하는 것으로는 조절력이 길러지지 않는다. 완벽주의에 빠지기 쉬운 아이에게는 힘든 감정을 조절하는 것이 핵심 투쟁임을 기억하자.

완벽이 인형으로 역할 놀이 하기

동물 인형이나 트럭, 아이가 가지고 노는 것이라면 무엇이든 사용해 완벽주의 성향의 인물이 등장하는 장면을 연기해 보자. 어쩌면 당신은 원하는 모양으로 파지지 않는 구덩이 앞에서 울고 있는 굴착기가 될 수도 있고, 나무를 반 정도까지만 오를 수 있는 곰 인형이 될 수도 있다.

"안 돼, 안 돼, 이제 안 할 거야! 완벽하게 못 할 거면 절대 하지 않을 거야!"

그런 다음 잠시 멈춰서 아이가 어떻게 반응하는지 본다. 괜찮은 것 같으면, 아이에게 이렇게 속삭인다.

"나도 전에 이런 적 있어. 가끔 내가 원하는 대로 되지 않으면 모든 게 나쁜 것 같거든."

어떻게 대처해야 할지 본보기를 보여 줄 수도 있다. 덤프트럭을 들어 굴착기 옆에 놓으면서 이렇게 말하면 좋을 것 같다.

"원하는 대로 되지 않아서 기분이 너무 안 좋구나. 이해해, 친구. 내가 함께 있어 줄게."

그러고 나서 굴착기가 다양하게 대처하는 모습을 보여 준다.

"알겠어. 한 번 더 떠볼게. 완벽하지 않아도 난 계속할 수 있지!"

우리 안의 '완벽이' 소개하기

상황이 잠잠해졌을 때, 누구에게나 내면에 완벽해야 한다는 목소리를 내는 '완벽이'라는 생각이 있다는 것을 알려 준다.

"엄마 안에 '완벽이'가 있다는 거 아니? 완벽이는 완벽하지 않으면 하지 말라고 말하는 아이야. 혹시 너한테도 그런 애가 있을지 몰라. 수학 숙제를 하다가 완벽이가 불쑥 나타날 수도 있지. 근데 완벽이가 있는 게 큰 문제는 아니야. 다른 사람들도 많이 가지고 있거든! 다만 완벽이가 너무 시끄러워질 때면 집중하기가 힘드니까 그럴 땐 그 아이한테 친절하게 말하면 도움이 되기도 하더라."

여기서 잠시 멈추고 아이가 어떻게 반응하는지 보라. 대개 아이들은 이를 즉시 받아들이고 "그게 무슨 말이에요?"라고 물을 것이다. 계속 말한다.

"엄마 마음에는 여러 친구가 있는데, 다른 친구들 소리가 다 묻힐 정도로 완벽이가 시끄럽게 떠들지만 않으면 문제가 되지 않아. 완벽이가 시끄러워지려고 해도 걔한테 이렇게 말하면 돼. '오, 안녕, 완벽이 왔구나! 넌 항상 완벽하지 않으면 그만두라고 말하지. 근데 너무 시끄러우니 뒤로 좀 물러나 있을래? 난 '힘든 일도 해 보자'라고 말하는 다른 목소리를 들어야 하거든.' 그렇게 완벽이한테 말하고 나면 힘든 일도 할 수 있다고 응원하는 목소리가 더 커지더라고."

당신은 내면의 목소리를 구분하는 이 시나리오를 아이가 따를 리 없다고 생각할지도 모른다. 이러한 회의적인 시각 때문에 우리는 이런 시도를 자주 하지 못한다. 그런데 분명히 밝히건대, 이것은 내가 갑자기 생각해낸 것이 아니다. '완벽이'를 구분하는 접근 방식은 내면가족체계와 우리가 다양한 감정을 가지고 있다는 생각에서 영감을 받은 것이다(자세한 내용은 4장 참조). 우리의 '여러 부분'을 식별하면 우리 안에 다양한 모양의 마음이 있음을 알 수 있다. 그리고 아이들은 이 틀을 자주 사용한다. 그것이 아이 몸 안에서 실제로 일어나는 일을 떠올리게 하기 때문이다.

이러한 접근 방식은 아이에게 완벽주의를 거부하는 것이 아니라 잘 다루는 방법을 가르친다. 자신의 일부를 거부하는 것은 어쨌든 자기를 부인하는 듯한 기분을 주는데, 이 전략을 사용하면 완벽주의를 적으로 보지 않고, 완벽주의에 발동이 걸리더라도 그것을 다룰 수 있다고 생각하게 만든다.

한 걸음 더 나아가서 아이가 완벽이를 설명하고 싶은지, 혹은 심지어 그려 보고 싶은지도 물어보자. 많은 아이가 이런 활동을 즐기면서 혜택을 본다. 이 목소리를 의인화하면 아이는 더 안정감을 느끼고 자신을 이해할 수 있기 때문이다.

완벽주의와 정반대로 실행하기

어느 날 내 딸이 스페인어로 배운 단어 하나를 내게 가르쳐 주었는데 내가 "1점 획득"이라고 대꾸했다. 딸은 무슨 소리냐는 듯 나를 쳐다보았고, 나는 이렇게 설명했다.

"무엇을 모른다는 것은 내가 배울 수 있다는 것을 의미하고, 새로운 것을 배우는 것은 굉장한 일이야. 엄만 방금 한 가지를 배워서 1

점을 받았어!"

이 게임에서 '승리'란 '완벽하다'거나 이미 무언가를 알고 있는 것과 동일시되는 것이 아니라, 배움의 과정과 동일시된다. 모르는 것을 배울 수 있도록 해주는 '승리'의 기회로 보게 하는 데 큰 효과가 있다. 내 딸은 뭔가 배울 때 이 게임을 언급하는 것을 매우 좋아한다. "엄마, 저 2점 땄어요. 방금 수도 이름 2개 배웠어요!"

완벽주의와 정반대로 하는 방법에는 여러 가지가 있다. 모르는 것 말하기 게임이나 실수를 목표로 하는 게임, 실수에 5점 주는 게임 등이다.

일상에서 어떻게 적용할까?

맞춤법을 모른다고 글쓰기 자체를 포기하는 딸을 두고 엄마는 완벽주의를 버리기보다 그것을 알 수 있게 돕겠다고 다짐한다.

"철자가 몹시 어렵지. 엄마도 알아. 단어 하나하나 제대로 못 쓰면 못 넘어가겠지? 엄마도 여섯 살 때 그랬는데 기분이 아주 답답했어."

딸은 조금 진정된 듯하지만, 여전히 엄마가 단어 철자를 알려 주지 않으면 숙제를 하지 않겠다고 고집을 부렸다. 엄마는 정반대로 하기 전략을 쓰기로 했다.

"넌 유치원에 다니고 있어. 선생님은 철자를 정확하게 쓰라는 숙제가 아니라 글 쓰는 법을 배워야 한다고 하셨지. 넌 어떤 단어도 철자에 맞게 쓰면 안 돼. 하나라도 맞으면 안 되는 거야! 한 단어라도 맞히면 선생님께 메일 보내서 네가 착한 학생이 아니라고 할 거야. 알았지? 엄마는 지금 방에 가서 잠깐 할 일이 있는데, 돌아와서 네가 쓴 글을 좀 봐줄게."

엄마는 이 전략을 듣고 딸이 계속 울거나 칭얼거릴 거라고 예상했다. 그런데 놀랍게도 조용했다. 잠시 후 돌아와 보니, 딸이 두 문장을 써놓았다. 보니까 단어 일곱 개는 철자가 틀렸고, 세 개는 맞았다. 엄마가 말한다.

"철자가 맞는 단어가 너무 많잖아. 엄마 장난하는 거 아니거든. 네가 할 일은 배우는 거야! 그런데 이렇게 잘 맞추면 아무것도 못 배우잖아!"

엄마랑 딸이 모두 웃었다. 엄마는 이 순간이 대단히 성공적이라는 기분이 든다.

CHAPTER 27
분리불안이 있는 아이

"

다섯 살배기 아들이 드디어 유치원에 가게 되었다. 아들은 형들이 아침마다 학교에 가는 것을 지켜봐 온 터라 흥분해 있다. 어떤 아이들은 유치원에 들어갈 때 떨어지기 힘들어한다는 것을 아빠도 알지만, 괜히 아들에게 그런 생각을 미리 집어넣고 싶지 않아서 아무 말도 하지 않았다. 유치원에 도착하고 작별의 순간이 왔다. 그러자 아들이 아빠에게 매달리기 시작한다. 급기야 아빠 다리를 붙잡고 소리를 지른다. "아빠, 가지 마! 여기 있어!" 아빠는 어떻게 해야 할지, 어쩌다 이렇게 됐는지 몰라 난감하다.

"

분리는 힘들다. 유치원에 갈 때 울거나, 엄마가 출근할 때 매달리거나, 학교에 가야 하는데 미적거리며 집을 나서지 않는 아이에게 문제가 있는 것은 아니다. 이러한 모습들은 애착에 뿌리를 둔 행동이다. 아이의 몸에서는 '부모가 가까이 있는 한, 넌 보호받을 수 있어'라고 말하고 있어서 부모의 존재를 안전과 연관시킨다. 그런 부모와 이별하려면 아이는 새로운 환경이나 새로운 양육자, 교사에게서 안정감을 찾으려고 애써야 한다. 그것은 꽤 어려운 일인데도 부모들은 아이에게 그 과정을 바로 해내라고 요구하는 것이다.

아이가 분리를 감당할 수 있다고 느끼려면 부모가 곁에 있을 때 주로 느끼는 감정을 내면화해야 한다. 그래야 부모가 옆에 없을 때도 자기는 안전하다고 믿게 된다. 그 과정에서 눈물이 나고 힘들어지는 것은 놀랄 일이 아니다.

나는 안전감을 '한 줄기 빛'으로 설명한다. 아이가 부모 근처에 있을 때, 한 줄기 빛은 아이를 비춘다. 그러면 아이에게 탐험하고, 놀고, 성장할 수 있게 해주는 안전감이 생긴다. 부모가 앞에 있을 때만 빛이 비추는 것이 아니라, 부모와 떨어져 있을 때도 아이 내면에서 빛을 내면서 성장해 나가야 한다. 그 빛이 아이의 몸에 들어가 아이 자신의 것이 되기를 바라는 것이다.

내면화라는 개념은 아이가 성공적으로 분리되기 위해 무엇이 필요한지 이해하는 데 도움을 준다. 자녀가 부모와 분리될 때 부모와의 관계가 주는 좋은 감정에 의지할 수 있으려면, 부모가 주는 무언가를 말 그대로 '흡수'해야 한다.

영국의 소아과 의사이자 정신분석학자인 도널드 위니코트(Donald Winnicott)는, 자녀가 부모와 떨어진 상황에서도 부모 자녀 관계의 감정을 느끼기 위해 내적 표상(mental representation)을 만든다고 말했다. 집에서 가져온 담요나 봉제 인형 등의 특별한 물건은 부모와 자녀의 유대감을 물리적으로 표현하며, 부모가 바로 옆에 있지 않아도 여전히 자신을 위해 존재한다고 상기시킨다. 나도 자녀의 분리불안으로 고민인 부모에게 애착인형이나 담요 등의 물건을 사용하라고 권한다. 힘든 과도기를 좀 더 수월하게 넘기는 데 도움이 되기 때문이다. 결국 자녀의 분리불안을 완화하려면, 부모가 없는 동안에도 '부모를 의지할 수 있도록' 도와야 한다.

분리에 대한 반응은 형제여도 아이마다 다르다. 쉽게 헤어지는 아이가 있는가 하면 다가오는 이별을 생각만 해도 괴로워하는 아이가 있다. 이는 지극히 정상이다. 자녀가 부모와 떨어질 때의 반응을 예측할 때, 자녀의 기질을 고려하면 도움이 된다. 예를 들어 나의 자녀 중 한 명은 상당히 위험을 추구하는 성향이 있어서 새로운 것을 겁없이 시도하고 싶어 하고 심지어 푹 빠져 버린다. 반면 다른 녀석은 준비하는 속도가 느리고 신중하며 감정을 깊이 느낀다(아이 내면에서 강렬한 감각이 쉽게 활성화되고 더 오래 지속된다는 의미). 아이들을 유치원에 데려다 줄 때 다른 외부 요인이 모두 같더라도 남편과 나는 위험을 추구하는 아이가 더 쉽게 헤어지고, 눈물 바람인 날이 적을 것이며, 새로운 일상에 더 빨리 뛰어들 것이라고 예측할 수 있었다.

여기서 중요한 것은 가치 판단을 하지 않는 것이다. 잘 헤어지는 아이가 다른 아이보다 '더 나은' 것이 아니다. 그저 내면의 경험이 다를 뿐이다. 세상 하나밖에 없는 내 아이에 대해 아는 것은 매우 중요하다. 그래야 아이가 어떻게 이별할지 알 수 있고, 부모도 아이의 눈물에 마음이 흔들리지 않도록 다잡을 수 있다.

부모는 분리되는 과정, 즉 이별이라는 한 면만 보기 쉽다. 아이는 기분이 안 좋은 상태였더라도 감정을 조절하면서 회복하고 성장해 나간다. 부모와 헤어질 때 격렬하게 슬픔을 토로했더라도 수업에 열중하고 적극적으로 참여하는 아이들이 상당수다. 분리에서 중요한 부분은 내 자녀가 분리를 감당할 수 있다고 부모가 믿어 주는 것이다. 헤어질 때 본 아이의 감정이 학교나 어린이집에서 온종일 그대로 이어지지 않는다.

이 사실을 이해하면 부모는 의연한 모습을 보일 수 있을 것이다. 이것은 중요하다. 자녀와 헤어지는 것을 부모가 어떻게 느끼냐가 자녀의 경험에도 큰 영향을 미친다. 만약 부모가 주저하거나 긴장하거나 확신하지 못하는 모습을 아이가 보고 느끼면, 아이는 더 격렬하게 반응할 것이다. 아이는 부모의 불안을 흡수하기 때문이다.

헤어지는 순간에 자녀가 부모에게 "저 괜찮을까요?"라고 묻는다고 생각하라. 헤어지는 것을 불안해하는 듯한 부모와 떨어지는 것만큼 아이에게 무서운 일은 없다. 그것은 마치 부모가 "여기서 넌 안전하지 않아, 안녕!"이라고 말하는 것과 같다. 그러면 어떤 아이라도 무서울 것이다. 부모인 당신이 분위기를 조성한다는 사실을 기억하라. 분리란 누구에게나 어려울 수 있다. 하지만 상황 전환의 열쇠는 확신을 보이는 것이다.

부모와 떨어지면 패닉인 아이를 바꾸는 전략

부모 자신의 불안 확인하기

부모인 당신이 자녀와 헤어지는 것을 어떻게 느끼는지에 먼저 주목하라. 슬퍼하거나 긴장할 수 있다. 괜찮다! 어떤 감정이든 버릴 필요가 없다. 다만 그럴 때 무엇을 해야 하는지 알면 된다. 그래야 이별의 순간에 굳건한 지휘관의 모습을 아이에게 보여 줄 수 있다. 내가 자주 하는 방식이 있는데, 다음과 같이 불편한 감정을 정면으로 마주하는 것이다.

"안녕, 불안아. 너 거기에 있구나."

"안녕, 슬픔아. 우리 애가 자라서 잠시 나와 떨어진다니까 네가 불쑥 올라왔구나. 슬픈 마음이 들 수 있지. 그래도 나는 딸에게 학교에서도 안전하다는 것을 보여 주기 위해 의연할 수 있도록 널 잠시 외면할 거야."

자기감정을 받아들이는 데 도움이 될 수 있는 더 많은 전략은 10장을 참고해 보자.

이별에 따르는 여러 감정 이야기하기

분리되는 상황을 앞두고 자녀와 그에 관해 이야기하라. 예를 들면 첫 등교 일주일 전에 학교 생활에 관하여 이야기해 주는 식이다. 학교에 가는 방법, 선생님들의 이름(사진이 있다면 보여 준다), 교실은 어떻게 생겼고, 학교에 들어가는 것이 어떤 느낌인지 나누면 된다.

"며칠 후면 너는 학교에 갈 거야! 학교는 다른 친구들과 놀기도 하고 배우기도 하는 곳이야. 네가 학교에 있는 동안 너를 돌봐주는 선생님과 여러 어른이 있는 곳이지. 놀이터나 도서관, 학용품도 있고, 음악 시간에 사용할 악기도 있어. 네가 알아야 할 중요한 사실은 엄마는 너를 학교 입구까지 데려다주고 헤어졌다가 학교 활동이 끝나면 그때 너를 만난다는 거야. 엄마는 너랑 교실에 같이 있지 않아. 엄마 없이 처음 보는 선생님이랑 친구들이랑 함께 있는 건 낯선 일이라 네가 처음에는 조금 힘들 수 있어."

친구네 집에 하룻밤 자러 가거나 학교에서 수련회 가는 것을 준비시킬 때도 같은 전략을 적용할 수 있다. 미리 헤어질 것에 대해 이야기하라. 아이가 갈 곳의 사진을 보여 주고 어떤 기분이 들지 예상해 본다. 이렇게 말하면 좋을 것 같다.

"내일 밤에 친구네서 하룻밤 자기로 한 거 기억해? 재미있겠다! 네가 처음으로 친구네서 자다니! 친구 엄마가 친구 방 사진을 몇 장 보내 주셨어. 네가 어디서 자게 될지 미리 볼래? 오, 이것 봐. 파란색 이불이네. 네 이불이랑 정말 비슷해. 친구네는 자는 동안 방 한구석에 작은 등을 켜둔대. 흠, 그건 다르구나. 새로운 곳에서 자는 건 어떤 기분일까?"

루틴 만들기

헤어질 때 적응하기 쉬운 루틴을 만들어서 연습해 보자. 이별을 짧고 즐거운 과정으로 계획하고 적응시키는 것이다. 예를 들면 이렇다.

"우리가 헤어질 때, 아빠는 '이따 봐, 스파이더맨! 아빠는 꼭 돌아올 거야!'라고 말하면서 너를 한 번 안아 줄 거야. 그런 다음 아빠는 뒤돌아서 떠날 거야. 네 뒤에는 선생님들이 계실 텐데, 슬픈 마음이 생기면 선생님들이 널 도와주실 거야. 연습 한번 해보자!"

그런 다음 헤어지는 장면을 연기해 본다. 먼저 당신이 아이가 되고 아이가 어른이 되어 연기를 하고, 그 다음에는 역할을 바꾸어 다시 연기해 보는 식으로 연습해 본다. 연습은 그 과정을 좀 더 익숙하게 받아들이게 하고 결국은 완전히 적응하게 만들 것이다. 이렇게 하면 아이는 분리를 좀 더 안전하다고 느끼게 된다.

인형이나 담요 등 애착 물건 사용하기

봉제 인형이나 담요는 분리를 힘들어하는 아이에게 도움이 될 수 있다. 그것들은 집과 유치원이라는 환경을 오가며 둘 사이를 이어주는 역할을 할 수 있기 때문이다. 아이에게 가족사진을 줄 수도 있다(코팅을 하거나 투명 테이프를 붙이면 오래 간직할 수 있다). 아이는 사진을 보면서 가족은 늘 가까이 있음을 느낄 수 있다. 아이가 변화를 위한 물건을 직접 선택하도록 해 보자.

"유치원에서도 집이 생각나게 할 만한 것에 뭐가 있을까?"

헤어졌던 시간에 대해 이야기 나누기

아이를 데리고 와서 그날 헤어졌던 일에 관해 이야기하면 분리불안을 완화할 수 있다. 특히 아이가 헤어질 때 힘들어한 경우 그날 있었던 이야기를 들려준다. 집에서 부모와 함께 있으면서 마음이 진정되었을 때 유치원 등교 시간에 힘들게 이별했던 일을 떠올리며 이야기하라.

"오늘 작별 인사하기 좀 힘들었지? 그래도 괜찮아. 작별 인사를 하는 건 아주 낯선 일이라 슬픈 마음이 들 수 있지. 선생님께서 그러시는데, 그때 네가 우리 가족 사진을 보고서는 곧 이야기 활동에 참여했다며? 그리고 금방 시간이 흘러서 엄마가 돌아왔지. 거봐, 엄마가 돌아온다고 그랬잖아. 이제 우리는 집에 함께 있네."

아이가 캠핑에서 자고 온 다음 이렇게 말할 수도 있다.

"집을 떠나서 자고 오다니 정말 힘든 일을 해냈네. 우리 헤어질 때 눈물도 흘리고 그랬잖아. 그런데 아마 시간이 지나면서 너는 캠프에 익숙해지고 집이 조금씩 덜 그리워졌을 거야. 그리고 어느새 캠핑이 끝나고 집에 와 있네. 신나는 이야기들을 가지고서 말이야. 우린 이제 다시 만난 거야. 그때 말한 대로."

이런 이야기를 들려주면 아이는 이별의 순간이 더 큰 이야기의 일부일 뿐이며 그것으로 인해 경험 전체가 나빠지지 않았다는 사실을 깨달을 수 있을 것이다.

일상에서 어떻게 적용할까?

처음 유치원에 등원하면서 힘들어하는 아들을 보며 아빠는 이별에 대해 여러 가지 감정이 들 수 있다고 생각했다. 그리고 그날 밤 아들을 더 잘 준비시켜 보겠다고 생각했다.

다음 날 아빠는 아들의 눈높이에 맞춰 몸을 웅크리고 이렇게 말한다.

"아빠랑 헤어지기가 낯설지? 아빠는 네가 작별 인사하는 건 힘들어 해도 유치원에서는 멋진 하루를 보낼 거라는 거 알아."

그는 아들을 크게 안아 주면서 속삭인다.

"선생님이 네가 아빠랑 헤어질 때 도와주실 거야. 아빠가 선생님께 네가 <반짝반짝 작은 별> 노래를 좋아한다고 말씀드렸어. 네가 원하면 선생님께서 불러 주실 거야. 잘 기억해. 이제 아빠는 너를 한 번 안아 주고 작별 인사를 할 거야."

아빠는 심호흡하면서 자신의 마음도 다독였다. 그런 다음 아이에게 말했던 대로 했다. 그는 일어나면서 "아빠는 꼭 돌아올 거야"라고 말했다. 그리고 선생님에게 아들을 데려다 주었다.

그날 밤 아빠는 아들과 아침에 있었던 이야기를 나누면서 아들이 좋아하는 인형을 가지고 내일의 작별 인사를 연습했다. 아들이 좋아하는 레고 피규어를 가지고도 연습했다. 다음 날 아침, 긴장한 아들에게 아빠는 말했다.

"부모랑 헤어질 때 어떤 아이들은 울고, 어떤 아이들은 안 울어. 네 느낌대로 해도 돼. 그래도 괜찮아. 넌 안전할 거고, 즐거운 시간을 보낼 거야. 그리고 유치원 끝날 때 아빠가 널 데리러 올 거야."

CHAPTER 28
수면 문제로 씨름하는 아이

"

네 살 된 딸은 잠을 푹 자던 아이였다. 최근까지는 말이다. 지난 4주 동안 딸은 잠을 자지 않겠다고 떼를 쓰는가 하면, 책을 두 권이 아니라 열 권을 읽어 달라고 하고, 부모가 자리를 뜨면 울고, 새벽 2시에 깨서 엄마아빠 중 한 명은 자기랑 자야 한다고 떼를 썼다. 부모는 어찌할 바를 몰라 녹초가 되어 버렸다. 칭찬 스티커도 적용해 보고 혼도 내봤지만 소용이 없다. 이제는 친구에게 들은 조언을 고려해 보고 있다. 아이의 침실 문을 잠그는 것이다. 하지만 이것은 영 옳지 않은 것 같다. 도무지 어떻게 해야 할지 모르겠다.

"

온종일 아이를 보느라 지쳤는데, 밤에 아이가 자지 않으려 하거나 잠잘 시간에 꾸물거리고 있거나 한밤중에 깨서 보채는 것만큼 힘든 일도 없다. 만약 아이의 취침 저항이 감당하기 힘들다고 느낀다면, 당신만 그런 것이 아니다. 특히 그러한 저

향은 부모가 하루 중 간절히 기다리는 바로 그 순간, 마침내 휴식을 취하거나 책을 읽거나 자신을 위해 무언가를 할 수 있는 바로 그 순간에 찾아온다. 긴 하루를 마무리할 때, 부모는 아이와 떨어지길 원하지만 동시에 아이는 부모와 지속적인 관계를 원한다는 사실은 지독하게 역설적이다.

잠투정은 궁극적으로 분리와의 투쟁이다. 아이는 밤에 혼자, 게다가 몸이 잠에 빠져들 수 있을 만큼 충분히 안전하다고 느끼면서 10시간을 보내야 한다. 분리와의 투쟁이 수면 문제의 뿌리에 있기에 수면 문제의 '해결책'은 애착 이론의 이해를 중심으로 수립되어야 한다.

애착 체계는 근접성 추구를 기반으로 한다. 즉, 아이는 부모가 곁에 있을 때 가장 안전하다고 느낀다. 그러니 밤은 아이들에게 정말로 위험하게 느껴지는 시간이다. 어둠에서 혼자 있는 것, 늘어지는 몸, 맑아지는 정신, 무서운 생각의 출현, 심지어 영원성에 대한 존재론적 걱정("부모님은 내가 볼 수 없을 때도 정말로 존재하는 걸까?")까지 포함한다.

잠은 또한 아이가 일상에서 경험하는 불안과 투쟁을 표현하는 시간이기도 하다. 아이는 환경의 변화를 위협으로 인식한다. 그래서 기관을 다니기 시작하거나 부부싸움의 증가, 새로운 아기의 등장, 이사와 같은 변화가 이해되고, 새로운 환경이 안전해 보일 때까지 아이는 부모와 가까이 있으려 한다. 그 결과, 이러한 주요 순간들은 종종 수면 문제로 이어진다. 아이의 불안이 잠드는 데 필요한 휴식 상태에 이르는 것을 방해해서다. 주요 변화의 시기에 부모가 아이 옆에 머물며 애착과 안전감을 채워 주는 것이 도움이 된다. 이제 알겠는가? 부모 곁에 있는 것의 반대는 밤에 떨어져 있는 것이 된다.

나는 수면 변화를 2단계 과정으로 본다. 첫 단계는 아이가 안전하다고 느끼도록 돕는 단계다. 아이가 밤에 떨어져 있어도 될 만큼 충분히 안전하다고 느끼려면 낮 동안 아이가 대응 기술을 기를 수 있도록 도와야 한다. 그런 다음, 아니 그런 다음에만 우리는 취침 시간을 더 순조롭게 만들 수 있다.

우리는 너무나 자주 아이에게 일어나는 일에 대한 큰 그림은 놓친 채, 수면이라는 당장의 근시안적인 문제로만 아이를 대한다. 부모 스스로 좌절감에 사로잡혀 있기 때문이다. 부모의 반응이 이해는 되지만, 불행히도 수면 문제의 원인이 된 바로 그 문제들을 더 악화시킬 수 있다. 부모가 냉정하게 대하거나, 벌을 주거나, 발끈하면 혼자 잠자리에 들기 위해 이해와 도움을 간절히 바라는 아이는 더 외로워지고 위협을 느낀다. 그러면 아이는 부모의 존재가 더 필요해지고, 부모는 점점 더 좌절하게 된다. 이 악순환은 계속된다.

아주 많은 수면 관련 조언이 행동주의적 사고방식을 따르는데, 이는 수면과 관련한 문제 이면에 있는 아이의 힘겨운 투쟁을 외면하고 있어 결국 도움이 되지 않는다. 전문가들에게 아이의 두려움을 무시하라거나, 침실 문을 잠그라거나, 아이가 두려움에 떨며 소리를 질러도 절대 대응하지 말라고 배웠다는 부모들의 이야기를 나는 수도 없이 들었다. 이런 조언을 듣다니 마음이 아프다. 하지만 부모의 피로가 얼마나 쌓였으면 그러한 방법들마저 적용했겠는가. 그래서 나는 부모로서 옳게 느껴지고, 아이와 부모를 존중하며, 아이에게 유기 공포를 더 많이 주지 않고도 좀 더 독립적인 수면을 촉진하는 데 효과가 있는 수면 접근법을 열정적으로 찾아내려고 했다.

애착과 분리에 대해 다시 들여다보자. 분리가 힘든 아이는 부모 앞에서는 안전하다고 느끼지만 부모가 없으면 자주 두려움을 느낀다. 이 격차를 좁혀야, 즉 아이가 부모 자녀의 관계처럼 안전을 제공하는 여러 부분을 받아들여 안전감과 안정감, 신뢰감을 가질 수 있도록 도울 때 분리를 더 감당하기 쉽게 받아들인다.

만약 아이에게 주어지는 환경에 부모의 존재를 불어넣는다면, 아이는 부모가 없어도 부모와 함께 있을 때 얻던 진정 기능에 가까워질 수 있다. 이것이 목표다. 자녀의 수면을 돕기 위해 어떻게 개입할지 고민하고 적용할 때에는 이것이 부모의 부재를 용인할 수 있는 기술을 배우게 하는지, 혹은 아이의 공포를 가중하는 건 아닐지 생각해 보라. 여기서 내가 설명하는 전략 외에도 이러한 기준으로 판단하면 무엇이 도움이 될지 평가할 수 있게 될 것이다.

실행 전략에 뛰어들기 전에 알아두어야 할 일종의 주의사항이 있다. 내 목표는 자녀에게 안전감을 심어 주는 것이다. 나는 그것이 언제 더 나은 수면으로 '전환'될지 정확히 모른다. 내가 아는 것은 수면 변화가 이루어지기까지 예상보다 많은 시간이 걸릴 수 있다는 것이다. 그러는 사이, 즉 여전히 수면을 방해받을 당신은 자신을 위해 무언가를 준비해 두어야 한다. 배우자와 밤에 번갈아 일어나기로 하거나, 낮에 휴식 시간을 마련하거나, 하루 휴가를 내서 낮잠을 자는 등이다. 이들 중 어느 것도 밤의 수면을 대체하기에는 충분하지 않다. 그렇지만 아주 작은 자기 돌봄의 순간들이 축적되면 의미 있는 차이가 만들어지기도 한다.

잠 안 자고 부모를 힘들게 하는 아이를 바꾸는 전략

"네가 잠들면 엄마아빠는 어디에 있을까?" 이야기 나누기

아이는 부모가 눈에 보이지 않아도 늘 존재한다는 것을 당연하게 여기지 않는다. 아이는 자신이 잠들었을 때도 부모가 여전히 가까이 있다는 것을 모른다. 아이가 이를 이해할 수 있도록, 아이가 잠들면 부모는 어디에서 시간을 보내는지 이 주제로 이야기를 나눠 보자.

"네가 잠들면, 아빠는 부엌에 가서 차를 마시고 소파에서 책을 읽다가 안방으로 들어가 잠을 자. 네가 자고 있을 때 아빠는 항상 여기 있는 거지! 그리고 아침이 되어 일어나면 아빠는 널 데리러 네 방으로 가는 거야."

생활에서 변화가 있거나 환경이 바뀌는 일이 있는 시기라면 이런 말을 덧붙일 수도 있다.

"살다 보면 많은 변화를 겪게 돼. 그런데 변하지 않는 것이 있어. 네가 자고 있을 때, 아빠는 여전히 가까이 있다는 거지. 네가 눈을 감고 있을 때도, 아빠를 보지 못할 때도 아빠는 늘 여기 있어. 네가 잠에서 깰 때까지 아빠는 여기 있을 거야."

낮 시간의 분리 패턴을 살피기

아이가 잠들기 힘들어한다면 낮 시간에 분리 패턴을 살펴보자. 당신이 화장실에 가고 없으면 아이가 힘들어하는가? 등원할 때 떨어지기 어려워하는가? 부모가 마트에 잠깐 다녀오느라 보이지 않으면 힘들어하는가? 야간 분리 투쟁(수면 투쟁)을 다루기 전에, 낮에 일어나는 이러한 역학 관계를 해결해 보라. 밤에는 불안이 더 심해질 수 있으므로, 불안감이 덜 활성화되고 학습에 더 열린 상태인 낮에 분리 기술을 적용할 필요가 있다.

분리되는 경험을 대화로 나누고, 작별 인사 하는 연습을 하고, 아이에게 부모가 함께 있지 않을 때도 안전하고 떨어졌더라도 반드시 돌아온다는 확신을 주라. 낮에 분리불안을 낮추는 전략에 대해서는 27장을 참고하자.

역할 놀이하기

봉제 인형이나 트럭, 아이가 가지고 놀기 좋아하는 것이면 무엇이든 꺼내라. 취침 전 일과에 역할 놀이를 추가하고, 혼자 있을 때 올라올 부정적 감정을 진정하는 데 도움이 될 전략을 역할 놀이를 통해 전해 본다.

"아기 오리가 잠잘 준비하는 걸 도와주자!"

그런 다음 아기 오리를 보며 말한다.

"아기 오리야, 잠자는 시간은 네가 좋아하는 시간이 아니라는 거 알아. 잘 시간이 되면 슬프지? 그럴 수 있어. 하지만 엄마 오리가 네

방 바로 앞에 있다는 걸 기억해. 넌 안전해. 그리고 엄마 오리가 아침에 널 보러 올 거야. 좋아. 이제 잠잘 준비를 해보자."

그리고 오리에게 수면 루틴을 적용해 나간다.

"아기 오리한테 책을 두 권 읽어 주고 나서 이를 닦고, 노래 한 곡을 불러준 다음 잘 자라고 인사하자!"

아이가 힘들어하기 쉬운 순간이 있다면 자유롭게 포함시킨다. 딸이 항상 책을 더 읽어달라고 한다면, 아기 오리를 이용해 떼쓰는 연기를 하면서 그 마음에 공감하면서도 경계를 잡아 준다.

"아기 오리야, 책을 한 권 더 읽고 싶구나! 네가 나한테 저 책을 주면 내가 가지고 나갔다가 내일 아침에 들고 올게. 그때 우리 함께 읽자."

"아기 오리야, 책을 더 읽고 싶구나. 겨우 두 권 읽고 끝내긴 쉽지 않아. 그런데 지금은 더 못 읽겠어. 내일 아침에 읽어 줄게."

부모의 존재감을 담은 물건 두기

수면에 대한 내 접근법은 부모가 항상 곁에 있지 않아도 부모와 함께할 때 받던 편안함을 느낄 수 있도록 아이를 돕는 데 중점을 둔다. 아이의 방이나 침대에 부모의 존재를 느끼게 할 다양한 방법을 생각해 보라. 아이의 침대 옆에 가족사진을, 당신의 침대 옆에는 아이 사진을 두는 식이다. 낮 시간에 이렇게 말하면서 이 접근법을 시도할 수 있다.

"때때로 엄마는 네 생각이 나고 보고 싶어서 잠들기 힘들어. 침대 바로 옆에 네 사진이 있었으면 좋겠어. 사진을 보면 네가 곁에 있는 것 같아서 편안해지고, 아침이 되면 널 보게 된다고 생각할 테니까! 엄마는 우리 둘 다 서로 사진을 갖고 있으면 좋을 것 같아. 사진 액자를 만들어서 침대 곁에 둬 볼까?"

액자는 함께 만들어 보자. 화려할 것도 없다. 그냥 판지를 잘라서 주변에 스티커나 그림으로 장식하고 그 위에 사진을 붙이면 된다. 이런 식으로 당신의 존재는 당신 사진이 놓인 아이의 방에 스며들고, 당신과 작품을 만들던 과정의 기억, 부모와 연결된 듯한 기분과 안전감도 쌓인다. 그런 기분이 바로 밤 시간에 아이가 느끼기를 바라는 감정이다.

당신의 존재를 불어넣는 또 다른 방법은 아이가 잠든 후에 메모를 남기거나 아이의 이름이 적힌 그림을 그려 침대 옆에 두는 것이다. 이렇게 하면 한밤중에 깨어난 아이가 당신이 함께 있다는 증거를 보게 될 것이고, 당신이 자기 옆에 '존재할' 시간이 온다는 것을 알고 더 안전하게 느끼게 된다. 매일 밤 나의 딸은 자기 이름과 50에서 100개 사이의 하트(딸은 통제감을 느끼려는 방법으로, 매일 밤 나한테 그 개수를 알려 준다)가 적힌 쪽지를 남겨 달라고 한다. 이것은 내게 꽤 시간이 걸리는 일이지만, 딸 아이가 안정감을 느끼고 별다른 저항 없이 잠잘 수 있게 도와주었다. 할 만한 가치가 충분했다!

부모와 자녀를 위한 구호 만들기

구호는 크고 압도적으로 느껴질 수 있는 상황을 걷어내고, 감정을 통제하고 집중할 수 있는 작은 무언가를 제공한다. 나는 내 자녀들과 수년간 구호로 서로를 응원해 왔다. 이런 식으로 자녀가 말하게 하는 것이다.

"엄마는 가까운 데 있고, ○○이는 안전해. 내 침대는 아늑하고."

"엄마가 네 나이였을 때, 엄마가 잠자리에 들 때마다 너희 할머니가 특별한 노래를 자신에게 불러 주라고 알려 주셨어. 그래서 엄마는 할머니가 나가시면 그 노래를 반복해서 부르고는 했는데 이런 거야. '엄마는 가까운 데 있고, 베키는 안전해. 내 침대는 아늑하고~' 노래를 불러도 잠들기가 쉽지는 않았지만 점점 나아지더라고. 너는 이렇게 하면 어떨까. '엄마는 가까운 데 있고, 나는 안전하고, 내 침대는 아늑하지~'."

메시지도 그렇지만 리듬으로도 마음을 진정시킬 수 있다. 이 과정을 수면 루틴에 포함해 노래 부르듯 구호를 세 번 읊는 식으로 적용해 보자. 곧 아이는 구호처럼 안전함을 내면화하게 될 것이다.

이러한 구호는 어른에게도 좋다. 우리가 자녀와의 수면 습관을 잡는 힘겨운 시간을 보내는 동안 올라오는 좌절과 분노를 다스리는 데 도움이 된다. 나는 보통 이런 말을 나에게 건네는데, 이 힘듦도 결국 끝이 있다는 것을 상기시킨다.

"이 상황은 끝날 거야. 아이는 언젠가 잠들 거야. 나는 이걸 감당할 수 있어."

안전거리 유지하며 재우기

아이가 안정감을 느끼려면 부모가 가까이 있다고 느껴야 한다는 점에서 이 방법은 애착 이론의 원칙에 따라 작동한다. 아이의 방에서 시작해 며칠 밤 아이와 가까이 머물다가 점점 더 아이와의 거리를 (결국 방에서 나올 때까지) 늘린다. 아이에게는 이렇게 설명한다.

"네가 잠들기가 힘드니까 엄마가 네가 잠드는 동안 함께 있을게. 매일 이러지는 못하겠지만 당분간은 그렇게 해 줄게. 대신 여기 있는 동안 아무 말도 하지 않을 거야. 지금은 낮이 아니니까. 네가 안전하다는 걸 알게 하려고 여기 있어 주는 거거든."

다음은 단계별 안전거리다.

1. **아이가 거의 잠들었거나 완전히 잠들 때까지 아이 방에 머문다. 방에 있는 동안 아이를 바라보지는 않는다.** 이 시간 동안에는 자유롭게 할 일을 하거나 개인적인 문제들을 처리하며 시간을 보내라. 당신은 아이와 같이 뭔가를 하기 위해서가 아니라 그냥 곁에 있어 주기 위해 온 것이다. 아이는 당신한테 영원히 자기 방에 있어 달라고 하지는 않을 것이다. 일단 두려움이 줄면, 아이와의 허용 거리를 늘릴 수 있다. 독립(분리)은 의존(함께 있음)이 주는 안전감에서 나온다.
2. **첫날 밤은 아이가 안전하다고 느낄 만큼 가까이 머문다.** 아이가 조용하면 안전하다고 느끼는 것이다. 침대에 걸터앉아 아이의 등을 쓰다듬는 것으로 시작하면 된다. 3일 연속 이 거리를 유지하라.

3. **거리를 늘리기 시작한다.** 두 번째 '위치'는 아이에게 손을 떼고 침대에 앉거나 침대 곁에 앉는 것이다. 며칠 밤이 지나면 방문 근처가 될 수도 있다. 변화를 두기로 한 날 아침에는 아이에게 미리 알린다. "오늘 밤에는 네 침대에 앉아 있지 않을 거야. 네 방에 있긴 하겠지만 의자에 앉아 있을 거야. 넌 할 수 있어!"
4. **아이가 그래도 힘들어하면, 시선을 마주치지 말고 함께 만든 구호를 천천히 노래처럼 부드럽게 불러준다.** 아이가 여전히 겁을 먹고 있다면, 잠시 가까이 다가간다. 안전거리를 파악하면서 '거리를 늘렸다 줄였다' 하는 것이 정상이다.
5. **만약 당신이 좌절감이 들거나 화가 나는 것 같으면, 스스로에게 구호를 건네자.** "이 상황은 끝날 거야. 아이는 언젠가 잠들 거야. 나는 이걸 감당할 수 있어."
6. **이 과정을 계속한다.** 문 근처에 있다가, 문 안쪽에 있다가, 밤에 살짝 열린 문 바깥으로 나가는 등 이 과정을 반복한다.

위로 버튼 사용하기

어떻게 하면 부모가 방에 없을 때도 부모와 함께 있는 것처럼 좋은 감정을 들게 할 수 있을까? 나는 이를 위해 '위로 버튼'을 만들었다. 이것은 아이들이 소파나 침대에 있을 때도 부모의 존재를 느낄 수 있도록 돕는다.

작동 방법은 이러하다. 최소 30초 이상 녹음이 가능한 버튼을 구한다(인터넷에서 저렴하게 구매할 수 있다). 혼자 있는 조용한 시간을 갖는다. 그런 다음, 절제되고 편안한 목소리로 취침 시간을 위한 메시지를 녹음한다. 취침용 노래의 한 구절이 될 수 있고, 아이가 사용하는 구호가 될 수도 있고, 아침에 엄마아빠를 만날 것이라는 메시지가 될 수도 있다. 무엇이든 당신이 없는 동안 아이에게 위로가 될 수 있는 것이면 된다. 이 버튼을 수면 루틴에 넣자. 자녀는 당신이 방에 있을 때 한 번, 방에서 나가는 동안 한 번, 문밖에 있을 때 한 번 버튼을 눌러 메시지를 들을 수 있다. 위로 버튼 사용 횟수를 '거래'할 수도 있다.

"위로 버튼 사용하는 방법을 알아볼까? 네가 엄마를 부르기 전에 네 번은 위로 버튼을 들었으면 좋겠어. 엄마는 네 방문 밖에서 기다리고 있을 거라 네가 그걸 사용하면 알 수 있어. 그래도 상황이 안 좋으면 엄마를 불러. 그러면 엄마가 들어가서 네 등을 만져 주고 아무 일 없다고 말해 줄게. 그리고 다시 한번 해보는 거야."

이 버튼은 말 그대로 없을 때도 아이 방에 부모의 존재를 전해 애착 관계가 주는 진정 기능을 전달한다. 아이는 외롭고 무력한 채, 안전감을 주는 것 하나 없이 남겨지는 게 아니라 버튼을 누르고 당신 목소리를 들을 수 있는 방법을 갖게 된 것이다.

일상에서 어떻게 적용할까?

지난밤에도 수면 전쟁을 벌인 아이를 두고 엄마아빠는 아침 식사를 하면서 아이에게 벌어지는 상황에 대해 의견을 나누었다. 부부는 아이가 두려워한다는 것을 알고, 두려움을 더하는 것이 아니라 누그러뜨리는 데 도움이 될 계획이 필요함을 깨달았다. 그리고 낮 시간에 몇 가지 전략을 적용해 보기로 했다.

부부는 최근 아이가 엄마에게 더 집착한다는 데 주목했다. 그래서 더 세분화된 분리 훈련 계획을 세웠다. 낮 시간에 아이 침실에서 분리 연습을 하기로 했다. 밤이 아니어서 연습이 더 편하고 장난스럽게 느껴졌다. 인형을 가지고 노는 것을 좋아하는 아이이기에 엄마는 인형으로 수면 루틴의 과정과 자기 전 구호 건네기 연습을 역할극으로 보여 주었다. 연습하는 모습을 보여 주니 아이는 흔쾌히 그것을 시도해 보려고 했다.

녹음 가능한 버튼을 주문해서 평소 잠잘 때 불러 주는 노래와 구호를 녹음해 아이에게 선물했다. 아이는 이 버튼을 받으며 확연히 안도하는 표정을 지었다. 아이의 표정을 보면서 아이가 밤에 얼마나 간절히 엄마아빠를 '느끼고' 싶어 하는지 알게 되었다. 아이의 수면 문제는 며칠 지속되었지만 조금씩 빈도가 줄었다. 부부는 안도하며 희망이 보인다고 생각했다. 그리고 이 방법을 적용하는 과정이 바르고 아이와 부모 모두에게 좋다고 느껴졌다.

CHAPTER 29
감정을 이야기하기 싫어하는 아이 (감정을 깊이 느끼는 아이)

"

여섯 살짜리 첫째 딸과 네 살짜리 둘째 딸이 가까이서 놀고 있다. 그러다 큰아이가 동생의 발가락을 간지럽히기 시작한다. 그러더니 동생을 꼬집고 가볍게 민다. 엄마가 아이들 사이에 끼어들며 말한다. "엄마는 네가 동생을 때리지 못하게 할 거야. 네가 속상해하더라도 어쩔 수 없어. 때리게 놔두지 않을 거야." 하지만 첫째는 진정되지 않고 오히려 소리를 지르기 시작한다. "그렇게 말하지 마! 그만해! 저리 가란 말이야!" 엄마는 발끈해서 큰아이에게 묻는다. "왜 너는 무슨 말만 하면 항상 그렇게 흥분하는 거야?!" 큰아이는 계속 화를 내며 엄마를 발로 차고 소리친다. "엄마 싫어! 엄마 싫어, 정말이야!" 엄마는 어떻게 해야 할지 모르겠다. 큰아이에게 필요한 것이 무엇일까? 무슨 일이 일어나는 걸까? 어쩌다가 이 순간이 몇 초 만에 장난에서 폭력으로 변해 버린 걸까?

"

어떤 아이는 다른 아이보다 감정을 더 깊이 느끼고 더 빨리 활성화되며, 그러한 강렬한 감각은 더 오래 지속된다. 이 말이 당신의 자녀를 떠올리게 하는가? 당신의 자녀가 다른 아이들보다 더 자주, 더 오래, 더 격렬하게 폭발하는가? 분명한 건, 당신의 아이에게는 아무런 문제가 없다. 당신에게도 아무런 문제가 없다.

나는 보통 꼬리표 붙이기를 좋아하지 않지만, 이런 유형의 아이를 묘사하는 말이 있으면 부모가 소통하고 지지받는 데 도움이 된다는 것을 알게 되었다. 그래서 이렇게 감정을 더 강렬하게 느끼는 아이들에게 '깊이 느끼는 아이(Deeply Feeling Kids)'라는 이름을 붙였다. 이 말은 '깊이 느끼는 아이'가 세상을 어떻게 경험하는지, 왜 종종 압도당하고 더 쉽게 '위협' 또는 '투쟁' 또는 '도피' 상태가 되는지 설명해 준다.

'깊이 느끼는 아이'는 까다롭다. 감정을 정확히 말해 주거나 지지해 주는 전략들을 '깊이 느끼는 아이'에게 그대로 적용한다면 이미 불붙은 상황을 더욱 악화시킬 수 있다. '깊이 느끼는 아이'의 부모라면 다른 전략이 필요하다. 아이의 핵심 공포는 무엇인지, 아이가 가장 힘든 순간에 찾고 있는 것이 무엇인지, 그렇게 강렬하게 고조되는 이유는 무엇인지 이해하는 데 뿌리를 둔 전략이다.

이 아이는 종종 도움을 받아들이기 힘들어하고, 부모가 감정에 대해 말하면 "그만해!"라고 외치고, 누가 봐도 아주 작은 문제로도 1층에서 60층까지 순식간에 감정이 고조된다. 중요한 사실이 하나 더 있다. 부모가 '잘못해서' 그런 게 아니다. 부모가 말을 잘못했거나 말투가 잘못되어서가 아니다. '깊이 느끼는 아이'는 압도적인 감각에 완전히 사로잡힌 나머지 부모가 제공하는 정서적 지원을 받아들이지 못하는 것이다.

나는 이것이 사람을 얼마나 좌절하게 하고, 얼마나 지치게 하고, 얼마나 거절감이 들게 하는지 안다. 그리고 이런 순간에는 부모로서 자녀에게 주었던 상처, 후회되는 말을 했거나 옳게 느껴지지 않는 방식으로 아이에게 반응했던 순간이 떠올라 더 괴로워진다는 것도 안다.

좋은 소식이 있다. 장담하건대 '깊이 느끼는 아이'도 감정 조절하는 법을 배울 수 있고, 평온해지고 안정감을 찾을 수 있으며, 다른 사람들과 잘 어울릴 수 있다. 단지 부모의 도움이 필요할 뿐이다. 그리고 새로운 접근 방식을 배우려는 부모의 의지와 아이 내면은 역시 선하다는 확고한 믿음이 필요하다.

깊이 느끼는 아이에게 있어 취약성은 수치심과 연결되어 있다. 수치심은 인간을 원시적인 방어 상태에 놓이게 한다. 자신을 보호해야 한다고 생각하기 때문에 그러한 상태에 놓이는 것이다. 이는 일을 멈추거나, 다른 사람을 공격하거나, 사람들과의 교류를 중단함으로써 표현된다. 아이가 이런 상태를 보인다면 세상을 위험하게 느끼고 있다는 것이다. 심지어 부모의 도움이 필요하면서도 그 도움을 폭력적으로 느껴서 부모를 밀어낸다.

게다가 이러한 아이는 자신이 '나쁜 아이'가 된 것 같은 마음이 들 때 취약해진다. 자신을 압도하는 느낌이 다른 사람까지 압도할까 봐 걱정하고, 자신의 감정이 다른 사람들을 밀어낼 것 같아서 두려워한다. 이 아이는 자신의 단점과 사랑스럽지 못한 점을 크게 두려워한다. 그리고 부모가 자기를 '견딜' 수 있는지, '감당'할 수 있는지, 든든한 버팀목이 되어 줄 수 있을지 걱정한다.

물론 이들 두려움 중 어느 것도 분명하게 표현되는 것은 없다. 나는 '깊이 느끼는 아이' 중에서 부모에게 다음과 같이 말하는 아이를 단 한 명도 본 적이 없다. "저는 종종 제 감정에 압도당해요. 그리고 그것들이 다른 사람들을 압도할까 봐 걱정돼요. 그래서 이런 강렬한 공포나 공격 상태에 들어가는 거예요. 제가 사랑스럽고 선한 아이고, 이 세상을 잘 살아갈 거라고 배울 수 있게 저를 조금만 참아 주세요." 어떤 아이도 자신을 이렇게 이해하지 못한다(솔직히 어른도 자신에 대해 이렇게 분명히 말하기는 어려울 것이다). 그럼에도 이것이 '깊이 느끼는 아이'에 대한 핵심적인 진실이다.

다음은 이러한 강렬한 감정과 반응이 어떻게 작용하는지 보여 주는 예다. 감정을 깊이 느끼는 당신의 딸이 무언가를 공유하는 것을 어려워해서 친구의 손에서 장난감을 빼앗더니 돌려주지 않는다. '깊이 느끼는 아이'가 아닌 경우에는 부모가 "알아, 나누는 건 어렵지! 엄마가 여기 있으니 도와줄게"라고 말하며 개입하면 아이가 (경계와 위로의 형태로)도움을 받을 수 있다. 그러나 감정을 '깊이 느끼는 아이'는 이렇게 도와주겠다고 제안하면 감정이 폭발해 버릴 수 있다. '깊이 느끼는 아이'의 몸에서, 취약한 상태는 강한 수치심('나는 장난감을 원했어… 그래서 그것을 가져왔어… 그러지 말았어야 했는데…')을 불러일으킨다. 그래서 장난감을 나누는 이 문제의 시나리오에서 부모가 아이에게 다가가면, 아이는 아마 "저리 가!" "싫어, 저 장난감 내놔, 엄마 미워!"라고 울면서 마치 생존을 위해 싸우는 동물처럼 행동할 것이다. 이 순간 '깊이 느끼는 아이'는 크고 무섭게 느껴지는 자신의 감정에 압도되어, 외부에서 벌어지는 일은 그저 냉정하고 부당하게만 보인다.

논리는 감정을 이해하는 데 있어 결코 우리 편이 아니다. '깊이 느끼는 아이'에게 있어서는 더욱 그렇지 않다. '깊이 느끼는 아이'의 감정 고조나 공격적인 행동, 나쁜 말은 어른들 눈에는 아주 별일 아닌 일이 벌어진 이후에 나타나기 때문에 종종 거부당하고 무시당한다. 부모는 이렇게 소리치기 쉽다. "알았어, 엄마 도움이 필요 없다면 안 할게." "네 방에 있다가 진정되면 나와!" "유난 좀 떨지 마!" "너 때문에 힘들어 죽겠다!"

'깊이 느끼는 아이'에게 가장 큰 두려움 중 하나는 자기를 압도하는 감정이 다른 사람도 압도할 것이라는 느낌이다. 즉, 아주 나쁘고, 통제할 수 없다고 느껴지는 상황이 '실제로 그렇게 되고 있다'는 느낌 말이다. '깊이 느끼는 아이'와 그렇지 않은 아이 모두 자기가 믿을 수 있는 어른이 자신의 감정에 어떻게 반응하는지 지켜봄으로써 감정 다루는 법을 배운다. '깊이 느끼는 아이'가 부모로부터 고함이나 거친 말을 듣거나 거절당하면, 조절 문제의 패턴은 더욱 심해질 뿐이다.

친구한테 장난감을 뺏은 '깊이 느끼는 아이'의 예로 돌아가 보자.

부모가 개입하려고 하자 아이가 "미워!"라고 소리치며 반응했다고 하자. 이 아이가 실제로 말하고 있는 것은 이러하다. "나는 압도당했어. 그 장난감을 너무 갖고 싶은데 나한텐 없으니까 가져간 거야. 게다가 이제 나쁜 사람이 되어서 사랑받지 못할지도 모른다는 두려움이 싹트고 있어. 이 두려움이 내 몸을 위협하고 있어서 나는 이제 어떤 대가를 치르더라도 나 자신을 보호해야 해." 지금 '깊이 느끼는 아이'는 부모가 자신을 이해해 주기를 바라고 있다. 겉으로 봐서는 아이가 통제 불능인 데다 심지어 공격적이지만, 사실은 위협을 느끼고 두려워하며 어찌할 바를 모르는 것이다.

이 아이는 부모의 도움이 필요하지만, 위협을 느끼는 상태거나 주변 사람들이 모두 적으로 느껴지는 한 직접적인 도움을 받을 수 없다. '깊이 느끼는 아이'의 부모는 말 그대로 아이 곁에 남아서 공간을 차지하고 머물러 주는 '공간 확보'를 연습해야 한다. 그리고 문제를 해결하는 대신 그로 인한 피해를 제한하는 데 전념해야 한다. 겉으로 드러나는 것보다 아이의 투쟁이라는 더 큰 범위에 초점을 맞출 필요가 있다.

감정이 격렬하게 폭발하는 아이를 바꾸는 전략

비난에서 호기심으로 태도 바꾸기

자녀의 문제 행동을 두고 부모는 이것을 자기 탓으로 보아야 하는지, 아이를 나무랄 일인지 갈팡질팡한다. '나에게 뭔가 문제가 있어.

내가 우리 애를 영원히 망치고 있는 거야.' '우리 애한테 뭔가 문제가 있어. 애가 이상해. 커서도 저러면 어쩌지?'

반면 호기심으로 본다면 이렇게 전환할 수 있다. '우리 아이한테 무슨 일이 일어나고 있는 걸까?' '아이가 행동하는 것을 보니 아이 마음이 어떤지 알겠어. 와, 너무 감당이 안 되고 기분이 나쁠 것 같아.' '대체 마음속에서 무슨 일이 벌어지고 있는 걸까? 우리 딸에게는 뭐가 필요한 걸까?'

'깊이 느끼는 자녀'에게 어려운 일이 생겼을 때 우선 부모인 당신의 내면을 들여다보고 자신이 어떤 상태에 있는지 알아보라. 자신을 향한 비난에 친절히 마주하라. "안녕, 비난아. 네가 지금 나를 휘두르고 싶은 거 알아! 내가 호기심을 가질 수 있게 넌 좀 뒤로 물러나 있어. 내 안에는 호기심도 있거든." 그런 다음 질문을 시작하라.

억제할 공간으로 이동시키기

'깊이 느끼는 아이'는 막무가내로 떼를 쓴다. 이 아이는 순식간에 감정이 고조되면서 발버둥치기, 발로 차기, 물건 던지기 등 온갖 조절되지 않는 행동은 다 한다. 아이가 이런 상태에 있을 때, 우선 억제해야 한다. 그러려면 부모는 자신이 해야 할 가장 중요한 일이 아이를 안전하게 지키는 것이라는 사실을 떠올려야 한다. 예를 들면 아이를 그 상황에서 빼내서 더 작은 방으로 데려간 다음, 함께 앉아서 감정의 폭풍에 대비하는 것이다.

분명히 말하지만, 아이는 이것을 좋아하지 않을 것이다. 저항하고 애원할 것이다. "날 데리고 나가지 마. 싫어, 싫어, 싫어! 알았어, 안 그러면 되잖아!!!" 하지만 부모는 '끝까지 해내야' 한다. 아이를 '이기고' 싶어서가 아니고, 아이가 사람을 조종해서가 아니고, '아이에게 위아래를 확실히 보여 주기 위해서'가 아니다. 부모가 아이의 조절되지 못한 감정에 압도당하지 않는다는 것을 아이에게 알려야 해서 이것을 반드시 해내야 한다.

아이는 스트레스를 받을 때 자기를 돌봐줄 수 있는 든든한 버팀목이 있다는 사실을 알아야 한다. 아이가 겉으로는 자기 방으로 데려가지 말라고 요구한다고 해도 속으로는 이렇게 말한다고 상상해 보자. "제발 제게 필요한 든든한 버팀목이 되어 주세요. 전 분명히 좋은 결정을 내릴 수 있는 상황이 아니에요. 감당하기 힘든 제 감정이 전염되지 않는다는 걸 제발, 제발, 제발 보여 주세요."

그 순간, 무슨 일이 일어나고 있는지 아이에게 설명하라.

"엄마가 널 방까지 데려다줄 거야. 넌 아무 문제 없어. 엄마가 너랑 함께 앉아 있을게. 넌 힘든 시간을 보내고 있지만 여전히 착한 아이야."

"넌 힘든 시간을 보내고 있는 착한 아이야"라고 말해 주기

'깊이 느끼는 아이'는 다른 무엇보다도 힘든 순간을 겪고 있는 자신을 부모가 어떻게 바라보는지 잘 알아차린다. 아이는 자기감정에 너무 압도되어 있고 자신이 나쁜 아이가 되는 것을 두려워하기 때문에, 자신의 가장 깊은 두려움을 확인한 부모가 보내는 신호라면 뭐든지 극도로 경계한다.

"넌 힘든 시간을 보내는 착한 아이야"라고 말해 주는 전략은 다소 복잡하다. '해야 할 일'이 한 가지만 있지 않다. 하지만 부모가 아이를 바라보는 시선은 하나여야 한다. 고통과 두려움에 떨고 있는 아이다. '힘든 시간을 보내는 착한 아이'로 바라보면 돕고자 하는 욕구가 일어나지만, '나쁜 짓을 하는 나쁜 아이'가 있다고 생각하면 비난하거나 처벌하고 싶어진다.

힘든 순간에 아이에게 "넌 착한 아이야"라고 말하거나, 아이가 크게 떼를 쓴 후 이런 생각을 말해 줄 수 있다.

"오늘 아침에 힘들었지. 엄마도 알아. 넌 힘든 시간을 보냈지만 여전히 좋은 아이야. 엄만 언제나 널 사랑해."

힘들어하는 아이의 곁에 머물 때, 부모는 이런 말을 자신에게 건네며 평온을 유지할 수도 있다.

'나에게는 힘든 시간을 보내고 있는 착한 아이가 있어.'

때로는 부모가 자녀를 위해 할 수 있는 최선이 이런 것이다. 그저 아이를 사랑하는 마음으로 바라보면서 아이가 어려움을 헤쳐나갈 수 있도록 돕겠다고 생각하는 것 말이다.

곁에서 머무르기

'깊이 느끼는 아이'와 상호작용할 때 단 하나의 전략만 기억해야 한다면, '부모의 존재만큼 강력한 것은 없다'는 사실이 될 것이다. 최대한 인내할 수 있고 충분한 사랑을 전할 부모라는 존재는 어떤 말이나 화려한 전략이 없더라도, 그 자체만으로 가장 중요한 양육 '수

단'이다. 존재가 선함을 전한다. 곁에 머무르는 것만으로도 이렇게 말을 건네는 효과가 있다. "난 네가 무섭지 않아, 넌 나쁘지 않아. 아빠가 바로 네 옆에 있잖니. 이건 네가 착하고 사랑스럽다는 것을 보여 주는 거란다."

부모는 자녀에게 '네가 버겁지 않다' '네 감정이 나를 압도하지 않는다'는 메시지를 전달해야 한다. 모든 아이, 특히 '깊이 느끼는 아이'에게 무엇보다 필요한 것은 힘든 시간을 보낼 때 부모가 곁에서 함께 머무는 것이다. 부모의 존재는 그 어떤 말보다 많은 것을 전한다. "넌 훌륭해. 넌 사랑스럽고, 지나치지도 않아. 넌 혼자가 아니야. 나는 너를 사랑하고 너를 위해 여기 있어." 이 메시지는 '깊이 느끼는 아이'가 갈망하는 것이자, 받아들이기 힘든 것이기도 하다.

물론 함께 있다고 해서 아이가 때리면 맞아 준다거나 위험에 처하는 것을 허용한다는 의미는 절대 아니다. 그리고 당신이 혼자만의 시간을 가질 수 없다는 의미도 아니다. 예를 들어 엄청나게 떼를 쓰는 아들과 한 방에 앉아 있다면, 아들에게 이렇게 말하면서 '부모의 중간 휴식 시간'을 시작할 수 있다.

"사랑하는 아들, 엄마는 지금 심호흡을 할 공간이 필요해. 잠시 나갔다가 올게."

이 말은 "네가 이러면 엄마는 너랑 같이 있을 수 없어!"라고 소리지르는 것과는 천지 차이다. 잠시 휴식을 취하는 데 있어 중요한 요소는 다음과 같다. 당신의 몸을 진정시켜야 할 필요성을 설명하고, 비난하지 말고, 다시 돌아올 거라고 분명히 말하는 것이다.

엄지 위/아래/옆으로 움직이기

'깊이 느끼는 아이'는 감정에 대해 말하기 싫어하는 경향이 있다. 감정이 너무 과하고, 너무 강렬하고, 너무 거슬리는 느낌이라서 그렇다. '깊이 느끼는 아이'에게 있어 감정은 취약성에 가깝다. 이러한 취약성은 수치심과 너무 가까워서 아이를 꼼짝 못 하게 만든다. 그러면 어떻게 해야 할까? 감정에 관해 이야기하기 싫어하는 아이와 어떻게 감정에 대해 대화할 수 있을까? 감정에 대해 나누어야 감정 조절에 도움이 되는데 말이다!

'엄지 위/아래/옆으로 움직이기' 게임을 해 보자. 자녀와 감정에 관하여 이야기하려고 할 때 다음과 같은 말로 시작해 보자.

"엄마는 뭔가 다른 것을 하고 싶어. 누워서 엄마 쳐다보지 말고 눈도 마주치지 말아 봐. 몇 가지 말할 게 있는데, 너도 그렇게 생각하면 엄지를 올리고 아니면 엄지를 내려. 맞기도 하고 틀리기도 하면 엄지를 옆으로 누이면 돼."

이 게임을 하는 동안 아이가 침대 밑에 숨고 싶어 하면, 반드시 허락하라! 아이가 자기를 얼마만큼 보여 줄지 통제하려는 것이다. 그렇게 하도록 허용하면 아이를 조금 더 많이 관찰할 수 있을 것이다. 그러고 나서 말도 안 되는, 그러니까 엄지를 내릴 것 같은 이야기를 건네 본다. 예를 들면 이런 이야기면 될 것이다.

"오늘 이모가 아이스크림 백 숟가락을 들고 집에 왔는데 엄마한테는 겨우 한 숟가락만 주는 거 있지. 그래서 무지 화났어."

아마 아이가 피식 웃거나 조금 웃을 것이다. 이는 긴장을 풀고 공간을 훨씬 더 안전하게 느끼도록 하는 데 효과가 있다. 이제 당신은 이런 말을 건넬 틈이 보일 것이다.

"오늘 엄마는 말이야, 이모 있지? 엄마 여동생 말이야. 이모한테 화가 많이 났어. 여동생이 있으면 힘들어. 때로는 우리 가족에 나만 있었으면 좋겠어. 넌 어때?"

잠시 멈춘다. 그리고 시간이 좀 흐르게 놔둔다. 만약 당신이 대답을 듣거나 아이가 엄지손가락을 치켜세우면, 앞으로 나아가라. 이때 말로 다 하려고 들지 말라. 그러기가 힘들면 그냥 "알았어" "나도 이해해" 같은 말만 해도 된다. 당신은 감정이나 취약성, 연결에 대한 아이의 인내심을 서서히 키우고 있는 것이다.

일상에서 어떻게 적용할까?

동생을 꼬집고는 이를 엄마가 말리자 소리 지르는 큰아이를 보며 엄마는 '억제부터 하라'라는 말을 기억해냈다. 엄마는 큰아이에게 다가가 말했다.

"엄마가 너를 네 방으로 데려갈 거야. 넌 아무 문제 없어. 엄마가 같이 앉아 있을게. 넌 힘든 시간을 보내고 있는 착한 아이야. 엄마는 지금도 널 사랑해."

큰아이는 "싫어, 싫어!"라고 소리쳤지만, 엄마는 자신이 딸을 겁내지 않는 든든한 지휘관이라는 사실을 아이에게 보여 주기 위해 큰아이를 데리고 방으로 들어가 문을 닫았다. 그리고 아이에게 일어나는 일을 바꾸려고 하지 않고 엄마 자신의 몸을 진정시키는 데 집중하기로 했다.

상황이 조금 진정되자 엄마는 큰아이에게 동생을 확인해 보고 바로 돌아오겠다고 말했다. 떠나기 전에 아이에게 이 말도 건넸다. "사랑해. 괜찮아." 동생을 보러 간 엄마는 잠시 후 언니와 다시 함께 있어 줘야 한다고 설명한 후 큰아이 방으로 돌아왔다. 그리고 계속해서 큰아이의 감정 폭풍이 잦아들기를 기다렸다. 계속해서 자신에게도 말을 건넸다. '나는 아무 문제 없어. 내 아이에게도 아무 문제 없고. 나는 이 문제를 감당할 수 있어.'

그날 밤 늦게 상황이 진정되고 나서 엄마는 큰아이와 '엄지 위/아래/옆으로 움직이기' 게임을 했다. 게임을 통해 엄마는 아이가 학교에서 몸싸움을 했다는 것을 알게 되었다. 학교 운동장에서 게임하다가 고학년 아이가 딸을 밀었다는 것이다. 엄마가 이 사실을 알게 되었다고 해서 큰아이가 동생을 공격적으로 대한 것이 괜찮아지는 것은 아님을 알지만, 적어도 엄마는 어떤 맥락에서 일이 벌어진 것인지 더 잘 이해하게 되었다. 아이는 힘든 시간을 보내고 있는 착한 아이라는 사실도 되새겼다.

나오는 글

후회와 죄책감을 느끼는 부모에게 양육 지침서 이상의 치유서가 되기를

우리는 이 책을 통해 많은 내용을 살펴보았다. 정보는 힘을 주지만, 격한 감정에 휩싸이게 할 수도 있다. 새로운 것을 학습하면서 우리는 과거에 상황을 어떻게 이해했고 어떻게 접근해 왔는지를 두고 여러 감정이 밀려오게 된다. '나는 형편없는 부모야' '내가 아이를 망가뜨렸어'라는 죄책감이나 수치심에 빠질 수도 있다. 이런 감정과 생각은 너무 강렬해서 종종 우리는 얼어붙는다. 고통을 준다고 생각하는 새로운 정보를 외면하고 싶어진다. 이것은 악순환이다.

상황을 다른 방식으로 처리하고 싶다. → 양육 문제를 이전까지 어떻게 처리해 왔는지 자신의 모습을 돌아보고 비판한다. → 고통스러운 감정과 생각의 홍수를 경험한다. → 부정적인 내적 감정에서 벗어나기 위해 변화를 외면한다. → 다시 오래된 패턴으로 돌아간다.

이 악순환의 고리를 끊는 몇 가지 좋은 방법이 있다. 그것은 내 첫 번째 원칙, 선한 내면에서 나온다. 나는 여전히 당신을 이렇게 바라본다. '당신은 내면이 선하다.' 이 말에는 변화를 일으킬 모든 잠재력이 담겨 있다.

당신은 내면이 선하다. 당신이 아이에게 소리를 지를 때도 당신은 선하다. 아이 하원 시간에 맞추지 못해 늦었고, 엄마가 해주는 것에 감사할 줄 모른다고 다그쳤던 때도 당신은 선하다. 그리고 당신이 이 책을 읽으면서 변화를 생각하고 고통스러운 감정을 마주하고 있을 때, 확실히 당신은 선하다. 당신은 자신의 선한 내면을 되찾고 있고, 이것이 우리를 어떻게 변화시키고 더 나아지게 할 수 있는지를 알아차릴 어른 중 한 사람이다.

변화하려면 우리의 내면이 선하다고 느껴야 한다. 이건 일종의 역설이다. 내일의 변화를 일으킬 만큼 용감해지려면 우리는 자신에게 친절하고 오늘 자신의 모습을 받아들여야 한다. 죄책감이나 수치심을 느끼는 상태에서는 바뀔 수 없다. 그런 감정은 양육이나 다른 삶의 영역에서도 효과가 없다. 나는 우리 모두가 이 사실을 직관적으로 알고 있다고 생각한다. 그래서 우리는 오랫동안 자책의 자리에서 벗어나려고 노력해 왔다! 그냥 잘 안 됐을 뿐이다.

변화의 열쇠는 우리를 엄습하는 죄책감이나 수치심을 견디는 데 있다. 즉, 이러한 감정을 성장의 적이 아니라 변화 과정의 일부로 보아야 한다. 이러한 감정들과 친구가 되어야 한다. 그런 감정을 우리가 성장하고 있다는 신호로 보는 것이다. 어떻게 그것이 가능할까? 그 열쇠는 두 가지 모두 진실이라는 두 번째 원칙에 있다.

우리는 겉으로 보기에는 상반된 두 가지 진실을 동시에 지니고 있어야 한다. 나는 자랑스럽지 않은 일을 한 적이 있다. '그래도' 나의 내면은 선하다. 나는 과거의 양육에 대해 죄책감을 느낀다. '동시에' 미래의 양육에 대해 희망을 느낀다. 나는 계속 최선을 다해 왔다. '그래도' 나는 더 잘하고 싶다. 자신을 위한 '두 가지 모두 진실'인 문장을 떠올려 보라. '올바르게' 하지 않아도 된다. 올바른 것이란 없다. 목표는 단지 두 가지 진실을 모두 지니는 연습을 하는 것뿐이다. 하나는 지금까지의 양육에 대한 감정을 인정하는 것이고, 다른 하나는 앞으로 나아가고자 하는 욕구를 인정하는 것이다.

우리의 행동이 우리를 정의하지 않는다. 최근에 고함친 소리가 당신은 아니다. 당신은 최근에 고함을 친 선한 사람이다. 당신은 당신이 부린 고집이 아니다. 당신은 자기를 보호하기 위해 고집을 부릴 수 있는 선한 사람이다. 당신이 선한 내면에 기반을 두면 자신의 행동에 책임을 질 수 있게 된다. 일단 우리가 내면이 선하다는 걸 받아들이고 나면, 우리는 조금 더 자기를 반성하며 솔직하게 자신의 행동을 둘러볼 수 있다.

'난 내가 후회하고 있는 일들을 많이 해 왔어. 자랑스럽지 못한 행동을 해 왔지. 하지만 그것이 내 본모습은 아니야. 그렇다고 내 잘못을 책임지지 않아도 되는 건 아니지. 오히려 그 때문에 나는 내 잘못을 책임져야 해. 그것만이 내가 변화를 일으키도록 책임을 질 수 있는 유일

한 방법이기 때문이야. 나는 여전히 선하고 앞으로도 선할 거야.'

이 책은 양육 지침서라기보다 당신 삶의 어떤 영역에서든 내면이 선하다고 느끼기 위한 지침서다. 결국 자신의 내적 선함을 되찾는 것이 우리 내면의 변화를 위한 열쇠고, 그다음으로 자녀 세대를 변화시킬 열쇠다. 일단 우리가 자신을 선하다고 느끼면, 아이의 내면에서 좋은 점이 보이기 시작한다. 그렇다고 해서 허용적인 부모가 되는 건 절대 아니다. 그저 우리를 현실적이고 든든한 지휘관이자, 힘든 순간에도 경계를 유지하는 동시에 자녀의 마음에 공감해 주고 연결되는 부모가 되게 한다.

나는 당신이 시간을 내서 자신을 돌보기를 바란다. 자기반성은 용감하고 어려운 일이고, 어린 자녀를 키우면서 자기 자신을 위해 시간을 내기란 엄청나게 힘들다. 본래 힘든 일이라 힘든 것이다.

나를 당신의 가정에 초대해 주어 고맙다. 당신 같은 사람을 알게 되고, 당신의 이야기를 듣고, 당신의 고통과 투쟁과 성공에 대해 알게 되어 영광이었다. 당신은 세대를 이어 전해질 의미 있는 변화가 가능할 뿐만 아니라 그것이 활발하게 일어나고 있다는 것을 보여 주었다. 당신은 그 일을 하고 있다. 당신은 놀라운 사람이다. 나는 우리가 계속해서 함께 무엇을 만들어낼지 너무나 기대된다.

아이도 부모도 기분좋은 원칙
연결 육아

1판 1쇄 2023년 9월 25일 발행

지은이 · 베키 케네디
옮긴이 · 김영정
펴낸이 · 김정주
펴낸곳 · (주)대성 Korea.com
본부장 · 김은경
기획편집 · 이향숙, 김현경
디자인 · 문 용
영업마케팅 · 조남웅
경영지원 · 공유정, 임유진

등록 · 제300-2003-82호
주소 · 서울시 용산구 후암로 57길 57 (동자동) (주)대성
대표전화 · (02) 6959-3140 | **팩스** · (02) 6959-3144
홈페이지 · www.daesungbook.com | **전자우편** · daesungbooks@korea.com

ISBN 979-11-90488-48-8 (03590)
이 책의 가격은 뒤표지에 있습니다.

Korea.com은 (주)대성에서 펴내는 종합출판브랜드입니다.
잘못 만들어진 책은 구입하신 곳에서 바꾸어 드립니다.